普通高等教育高职高专“十三五”规划教材

电气安全技术

主　编　王　敏　叶德云
副主编　范明树

中国水利水电出版社
www.waterpub.com.cn
·北京·

内 容 提 要

本教材为普通高等教育高职高专“十三五”规划教材。本教材共分7章，主要内容包括概论、电气安全常识、电气安全用具、电气工作安全措施、电气火灾及防火防爆、现场紧急救护知识和供电企业电力安全管理。

本教材主要作为高职高专院校电力类专业及其他相关专业教学用书，也可作为电力企业员工安规培训教材或参考用书。

图书在版编目（CIP）数据

电气安全技术 / 王敏，叶德云主编. -- 北京 : 中国水利水电出版社，2018.9（2024.1重印）
普通高等教育高职高专“十三五”规划教材
ISBN 978-7-5170-6974-4

Ⅰ. ①电… Ⅱ. ①王… ②叶… Ⅲ. ①电气安全—高等职业教育—教材 Ⅳ. ①TM08

中国版本图书馆CIP数据核字(2018)第232361号

书　名	普通高等教育高职高专“十三五”规划教材 **电气安全技术** DIANQI ANQUAN JISHU
作　者	主　编　王　敏　叶德云　副主编　范明树
出版发行	中国水利水电出版社 （北京市海淀区玉渊潭南路1号D座　100038） 网址：www.waterpub.com.cn E-mail：sales@mwr.gov.cn 电话：(010) 68545888（营销中心）
经　售	北京科水图书销售有限公司 电话：(010) 68545874、63202643 全国各地新华书店和相关出版物销售网点
排　版	中国水利水电出版社微机排版中心
印　刷	清淞永业（天津）印刷有限公司
规　格	184mm×260mm　16开本　12.75印张　302千字
版　次	2018年9月第1版　2024年1月第5次印刷
印　数	11001—17000册
定　价	**49.50**元

前言 QIANYAN

教材事关国家和民族的前途命运，教材建设必须坚持正确的政治方向和价值导向。本书坚持党的二十大精神，全面贯彻党的教育方针，落实立德树人根本任务，为党育人，为国育才，弘扬劳动光荣、技能宝贵、创造伟大的时代风尚。

本教材是依据国家有关法律法规，在总结和整理了大量电力行业实际经验、电力经营和用电状况、电力技术发展、电气安全状况以及现行电力体制的基础上编写而成的。适合高职高专院校电力类专业及其他相关专业教学使用，也可作为电力企业员工安规培训教材或参考用书。

本教材共分7章：第1章介绍电气安全方针与原则及相关的法律法规，第2章介绍人身触电及防护措施等电气安全常识，第3章介绍电气安全用具的正确使用，第4章介绍电气工作安全组织措施、技术措施和操作安全技术及变电所的事故处理等，第5章介绍扑灭电气火灾的方法及防火防爆措施，第6章介绍现场紧急救护知识，第7章阐述供电企业电力安全管理。

本教材由广东水利电力职业技术学院王敏和叶德云担任主编，第1章、第5章、第6章由叶德云编写，第4章由王敏编写，第2章、第3章由广东水利电力职业技术学院范明树编写，第7章由珠海供电局高级工程师蒋芳玉编写。广东水利电力职业技术学院何毅廷参与全书的校对及文字修订工作。全书由王敏统稿。

本教材在编写过程中收集和参阅了大量的资料，也得到了有关电力企业领导和工程技术人员的大力支持和帮助。在此一并致以衷心的感谢！

由于编者水平所限，本教材难免有疏漏和不足之处，恳请广大读者批评、指正。

编者

2018年4月

目录 MULU

前言

第 1 章　概论………………………………………………………… 1

1.1　电气安全技术概述……………………………………………… 1

1.2　电气安全方针与安全生产原则………………………………… 3

1.3　电气安全与法制 ………………………………………………… 5

1.4　电工作业人员条件与职责要求………………………………… 7

思考题 …………………………………………………………………… 15

第 2 章　电气安全常识 ………………………………………………… 16

2.1　触电伤害 ………………………………………………………… 16

2.2　防止人身触电的基本措施 ……………………………………… 24

2.3　过电压及其保护 ………………………………………………… 47

2.4　静电伤害及安全防护 …………………………………………… 61

2.5　电磁辐射对人体的伤害 ………………………………………… 67

思考题 …………………………………………………………………… 70

第 3 章　电气安全用具 ………………………………………………… 72

3.1　电气安全用具的作用、分类及用途、管理办法……………… 72

3.2　基本安全用具 …………………………………………………… 75

3.3　辅助安全用具 …………………………………………………… 79

3.4　一般防护安全用具 ……………………………………………… 82

3.5　临时遮拦、标示牌和安全色的使用 …………………………… 90

3.6　电工安全用具的保管 …………………………………………… 92

第 4 章　电气工作安全措施 …………………………………………… 95

4.1　电气工作安全组织措施 ………………………………………… 95

4.2　电气工作安全技术措施………………………………………… 108

4.3　电气倒闸操作的安全技术……………………………………… 110

4.4　变电所安全制度及事故处理…………………………………… 120

思考题…………………………………………………………………… 134

第 5 章　电气火灾及防火防爆………………………………………… 135

5.1　消防基本常识 ………………………………………………… 135

5.2　消防设施 ……………………………………………………… 142

5.3　电力系统主要设备的防火防爆与灭火 …… 145
思考题 …… 159
第6章　现场紧急救护知识 …… 160
6.1　触电及急救 …… 160
6.2　外伤急救 …… 166
6.3　烧伤急救 …… 167
6.4　昏厥、中暑、溺水急救 …… 170
6.5　冻伤急救 …… 173
6.6　动物咬伤急救 …… 174
思考题 …… 177
第7章　供电企业电力安全管理 …… 178
7.1　安全生产作业过程控制法及标准卡管理 …… 178
7.2　危险点分析 …… 181
7.3　安全风险评估 …… 182
7.4　现代安全管理理论的学习和应用 …… 188
7.5　电力事故管理 …… 191
参考文献 …… 196

第1章

概　论

1.1　电气安全技术概述

1.1.1　电气安全及主要工作内容

电气安全，即不因电气事故引起人员伤亡、设备损坏、财产损失或环境损害。因此，从事电气安全工作的研究，最大限度保障人身及财产安全具有重大的意义。

从研究和预防角度看，电气安全工作的主要任务有：

（1）研究各种电气事故及其发生的机理、原因、规律、特点和防护措施。

（2）研究运用电气方法，即电气监测、电气检查和电气控制等方法来评价电力系统的安全性和解决生产中用电的安全问题。

为满足现实安全生产建设需要，电气安全工作的内容包括：

（1）研究并采取各种有效的安全技术措施。

（2）研究并推广先进的电气安全技术，提高电气安全水平。

（3）制定并贯彻安全技术标准和安全技术规程。

（4）建立并执行各种安全管理制度。

（5）开展有关电气安全思想和电气安全知识的教育工作。

（6）分析事故实例，从中找出事故原因和规律。

1.1.2　电气安全的发展情况

人们的生产活动和日常生活与电息息相关，电气设备作为当今社会处处可见的必需品，不仅提高了人们的工作质量，也改善了人们的生活质量。然而伴随着电气设备的普及，各种危险因素和电气事故也如影随形。电气设备如果在安装、操作、使用、维修中存在安全隐患，尤其是电气工作人员若缺乏必要的电气安全知识，不仅会造成电能浪费，而且会引起触电、火灾、爆炸等电气事故，造成人身安全和国家财产的严重危害和损失，在报纸和电视等媒体上，经常能看到火灾和触电事故的新闻，往往是之前存在着电气事故的隐患，却没有得到重视，才酿成的惨剧。因此，消除电气事故隐患，确保电气安全，已成为当前刻不容缓且具有广泛而深远意义的重要任务和长久课题。于是，电气安全技术应运而生。目前，我国电气安全的工程现状还存在着很多不足，如认识不足、技术标准落后、知识系统不完善等。

我国电气安全的发展可分为以下几个阶段：

第一阶段是起步探索阶段（20世纪50—70年代）。在20世纪50年代，开始出版一些电气安全方面的书籍，如1951年的《电气安全参考资料》、1955年的《电力装置的安全技术》（译自俄语）等。这期间的电气安全仅局限在电力生产领域和电力应用领域。20世纪60年代后，电气安全的发展较为缓慢，少有专业书籍问世，人们也开始认识到电气安全的重要性，并开始较为系统的学习。20世纪70年代，各个出版社争相出版电气安全的书籍，有的甚至建立了电气安全栏目或专题，如1971年，上海人民出版社出版的《接地和接零》；1977年，石油化学工业出版社出版的《用电安全技术》等。

第二阶段是体系建立阶段（20世纪80年代至90年代中期）。这一阶段，我国的电气安全研究逐渐走向成熟，并成功建立了自己的学科体系。20世纪80年代以来，各个高校相继设立电气安全工程系或安全工程专业，并开设电气安全课程。电气安全方面的书刊呈现百家争鸣的盛况，得到了极大的发展，如1983年的《电气安全技术》、1986年的《危险场所的电气安全与仪器防护》（译自英语）等。20世纪80年代后期，电气安全培训得到了极大的发展。一些专业工作者参考了IEC（国际电工委员会）的标准，根据我国的需要，制定了一系列国家标准。到20世纪90年代中期，这一工作达到高峰。

第三阶段是全面发展阶段（20世纪90年代中期至今）。在这一阶段，电气安全开始向其他专业领域发展，如1997年的《家庭用电安全》、2002年的《煤矿电气安全》等。

电气安全在分支专业上也逐渐深化，如2003年的《电磁辐射的污染及防护与治理》、2006年的《防雷及接地装置》。电气安全方面的专业学者均努力推动电气安全学科的向前发展，使得电气安全逐步从成熟走向发展。

目前，我国对电气安全的研究已经形成了一个独立的学科，并按照我国自己的特色体系不断向前发展。在完善传统电气安全的基础上，逐渐深化电磁辐射和静电的安全研究。并运用现代自动化技术和计算机技术，加强对电气事故的检测与监测，逐步实现电气安全自动化。

1.1.3　国内外电气安全标准简介

随着市场经济和对外贸易的发展，我国的电子电气产品大量出口到国外，在电子电气产品的设计与生产过程中，就要求相关的电气安全要符合其他国家的电气安全标准。因此，我国的电气安全标准的制定要在符合我国标准的基础上，与国际接轨，采用国际标准和国外先进标准，将对应的ISO和IEC国际标准转化为我国标准。目前，我国已建立了较为完善的电气安全标准体系，主要包括基础技术标准（即通用标准）、规范和产品技术标准，各个标准基本上都有对应的IEC标准。这种方式有一定的积极意义：一方面，可以采纳发达国家在电气安全方面已经取得的先进理念，在一定程度上提高出口产品的质量；另一方面，也可以利用国家之间的检测结果互认体系和相关双边协定，在一定程度上减少合格评定过程中的重复检验，降低企业的成本。

然而，这种采用IEC标准作为国家标准的发展方式带来的副作用也是很明显的。IEC中所制定的电气安全标准是在西欧发达国家的主导下进行的，其电气安全理论和实践的发展均走在世界的前列。不管是从经济水平、社会发展还是地理环境，IEC标准几乎都是为西欧量身定制的，而这些都与我国的国情不相符。而我国一味地翻译国外电气安全标准，却忽视了我国的经济、文化和地理等各方面的因素。我国大多数的中小型企业生产水平和科技含量比较低，使得他们无法在可接受的成本范围内生产出符合IEC安全标准的产品。此时，电气安全国标就显得形同虚设，导致了脱轨的现象。

此外，西欧等发达国家中各种电气产品的生产企业都有自己的产品安全标准，这些标准往往比国标更为细致、严格，但是涉及商业机密，是绝对不可能泄露的，因此，国标的通用标准并不能涵盖各种电气产品的特殊性。而我国电气安全的标准照搬 IEC 的标准，当涉及某一些具体产品的电气安全标准时，往往都是参照通用标准。

美国和加拿大以工业、社会等因素的差异为由，凭借其在科技和经济方面的强大优势，维持自己本国现有的 UL 电气安全体系，游离在 IEC 主导下的标准体系之外。文献中就美国和加拿大在电源插头、开关、插头中的使用电流、设备线和电源线等方面的标准进行了相应的介绍，可以看出，美国和加拿大的电气安全标准制定，非常细致和全面，是我国电气安全标准的制定无法比拟的。这与国家和企业的重视程度也是分不开的。

日本的电气安全标准体系与我国国家标准、IEC 标准以及美国和加拿大的 UL 标准都有所不同，其标准仅适用于本国，体系也较为封闭。日本的电气安全标准在结构上与我国的 GB 4706 系列标准等（基本等同于 IEC 60335－1）大致相同，但是在对产品的安全考核上有一些差异，即试验设置项目如正常使用时的温升变化等都相同，但是在具体的试验方法上却有很大的差异。此外，日本的电气安全标准对产品材料的特性非常重视，对各种产品的特殊要求都做了较为符合本国特点的相应规定，其标准对产品电气安全非常具有指导性和监督作用。

1.1.4 电气安全试验与评价

电气产品的安全情况是否符合电气安全标准，需要通过一定的试验来判断，并通过这些试验对该产品的电气安全情况作出相应的评价。我国的电气安全标准中规定了相应的电气安全试验准则，如《电气设备安全通用试验导则》（GB/T 25296—2010），其中包括绝缘的基本测量与试验，耐电痕化试验和外壳防护试验等。在电气产品出厂前应根据标准进行电气安全试验，以确保符合电气安全标准，合格出厂。在电气设备的运行过程中，应定期进行电气安全试验，防止绝缘老化、接地不良等问题引发电气事故。

电气安全评价包括两个方面，即经济性和有效性。电气安全评价的经济性在于在符合电气安全标准的同时，是否经济，是否有较低的成本。电气安全评价的有效性，是指从电气安全的角度进行评价，电气设备系统中各个部分的布置是否合理，采取的防护措施是否合理，能否实现协调工作等，简单来说就是对电气产品可能存在的潜在电气危险因素进行辨识，预测可能发生的电气事故及其后果，并提出整改建议和实施防护措施。

1.2 电气安全方针与安全生产原则

1.2.1 电气安全方针

电气安全方针遵循安全生产方针和消防方针。

1.2.1.1 安全生产方针

《中华人民共和国安全生产法》第三条明确了我国安全生产工作应当以人为本，坚持安全发展，坚持安全第一、预防为主、综合治理的方针。

“安全发展”强调稳步上升同时无重大风险、可行性论证和不可行性论证并举、统筹兼顾，非畸形凸起的持续健康发展。“安全第一”的内涵首先是要求正确认识安全与生产辩证统一的关系，在安全与生产发生矛盾时，坚持“安全第一”的原则。“预防为主”的内涵主要是要求安全工作要做好事前预防，要依靠安全科学技术手段，加强安全科学管理，提高员工素质；从本质安全入手，加强危险源管理，有效治理隐患，强化事故预防措施，使事故得到预先防范和控制，保证生产安全化。而将“综合治理”纳入安全生产方针，标志着对安全生产的认识上升到一个新的高度，是贯彻落实科学发展观的具体体现，秉承“安全发展”的理念，从遵循和适应安全生产的规律出发，综合运用法律、经济、行政等手段，人管、法管、技防等多管齐下，并充分发挥社会、职工、舆论的监督作用，从责任、制度、培训等多方面着力，形成标本兼治、齐抓共管的格局。

安全第一、预防为主、综合治理是开展安全生产管理工作总的指导方针，是一个完整的体系，是相辅相成、辩证统一的整体。安全第一是原则，预防为主是手段，综合治理是方法。安全第一是预防为主、综合治理的统帅和灵魂，没有安全第一的思想，预防为主就失去了思想支撑，综合治理就失去了整治依据。预防为主是实现安全第一的根本途径。只有把安全生产的重点放在建立事故预防体系上，超前采取措施，才能有效防止和减少事故。只有采取综合治理，才能实现人、机、物、环境的统一，实现本质安全，真正把安全第一、预防为主落到实处。

1.2.1.2 消防方针

《中华人民共和国消防法》规定了我国的消防方针是：预防为主，防消结合。

“预防”就是要从设备、设施、工艺等本质方面有高性能的防火措施，如用防爆电器、阻燃材料、自动喷淋系统等。“消”就是要在可能发生火灾的场所，备有灭火措施，如设置和配备消防系统、救火系统等。

1.2.2 安全生产原则

1.2.2.1 安全与生产的辩证关系

生产的发展是通过人来实现的，没有人的安全与健康，就谈不上发展生产，而离开生产活动，也就无所谓安全。

由此可见，要搞好生产，就一定要坚持“生产必须安全，安全促进生产”的观点，在生产与安全发生矛盾时，坚持将安全放在第一位，各级领导必须将安全工作作为企业的头等大事来抓。只有这样，才能保证企业的安全生产。

1.2.2.2 生产与安全统一的原则

在安全生产的具体实践中，要坚持“生产与安全统一的原则”。即在安全生产管理中要落实“管生产必须管安全”，即分管生产的各级领导要同时分管安全工作；“搞技术必须搞安全的原则”，即进行技术工艺和设备、设施的设计、制造、运行和使用等环节过程中，要同时考虑和保障技术安全。

1.2.2.3 “三同时”原则

劳动法、安全生产法对工程建设项目都提出了“三同时”的要求。这是为确保建设项目（工程）符合国家规定的职业安全卫生标准，保障劳动者在生产过程中的安全与健康的重要措施。

所谓“三同时”，就是指新建、扩建、改建工程的劳动安全卫生设施必须与主体工程同时设计、同时施工、同时投入生产和使用。因此，企业在搞新建、改建、扩建基本建设项目（工程）、技术改造项目（工程）和引进工程技术项目时，项目中的安全卫生设施必须与主体工程实施“三同时”。

1.2.2.4 “五同时”原则

要求生产经营单位负责人和各级企业管理人员，在计划、布置、检查、总结、评比生产的同时，要计划、布置、检查、总结、评比安全生产工作。

1.2.2.5 “三同步”原则

企业在考虑自身的经济发展，进行机构改革，进行技术改造时，安全生产方面要相应地与之同步规划、同步组织实施、同步运作投产。

1.2.2.6 安全否决权原则

安全否决权原则是指安全工作是衡量企业经营管理工作好坏的一项基本内容，该原则要求，在对企业进行各项指标考核、评选先进时，必须要首先考虑安全指标的完成情况。安全生产指标具有一票否决的作用。

1.3 电气安全与法制

1.3.1 电气安全相关法律法规

《中华人民共和国电力法》

《中华人民共和国安全生产法》

《电力供应与使用条例》

《电力安全事故应急处置和调查处理条例》

《电网调度管理条例》

《电力设施保护条例》

《电力监管条例》

《民用建筑节能条例》

《国家大面积停电事件应急预案》

1.3.2 国家标准和行业标准

1.3.2.1 设计技术

《交接电气装置的接地》（DL/T 621—1997）

《供配电系统设计规范》（GB 50052—2009）

《10kV 及以下变电所设计规范》（GB 50053—1994）

《低压配电设计规范》（GB 50054—2011）

《35～110kV 变电站设计规范》（GB 50059—2011）

《3～110kV 高压配电装置设计规范》（GB 50060—2008）

《电力装置的继电保护和自动装置设计规范》（GB 50062—2008）

《并联电容器装置设计规范》（GB 50227—2008）

《电力设备过电压保护设计技术规范》（SDJ 7—1979）

《电测量仪表装置设计技术规范》(SDJ 9—1987)

说明：DL/T——电力行业标准

GB——国家标准

SDJ——部颁技术规程

1.3.2.2 施工验收技术

《电气装置安装工程电气设备交接试验标准》(GB 50150—2006)

《电气装置安装工程接地装置施工及验收规范》(GB 50169—2006)

《电气装置安装工程电缆线路施工及验收规范》(GB 50168—2006)

《电气装置安装工程旋转电机施工及验收规范》(GB 50170—2006)

《电气装置安装工程盘、柜及二次回路接线施工及验收规范》(GB 50171—2012)

《电气装置安装工程蓄电池施工及验收规范》(GB 50172—2012)

《电气装置安装工程 35kV 及以下架空电力线路施工及验收规范》(GB 50173—92)

《电气装置安装工程高压电器施工及验收规范》(GB 50147—2010)

《电气装置安装工程电力变压器、油浸电抗器、互感器施工及验收规范》(GB 50148—2010)

《电气装置安装工程母线装置施工及验收规范》(GB 50149—2010)

《电气装置安装工程低压电器施工及验收规范》(GB 50254—2014)

《电气装置安装工程电气照明装置施工及验收规范》(GB 50259—2009)

《电气装置安装工程电力变流设备施工及验收规范》(GB 50255—1996)

《电气装置安装工程 1kV 及以下配线工程施工及验收规范》(GB 50258—1996)

1.3.2.3 电业安全工作

《电力安全工作规程发电厂和变电站电气部分》(GB 26860—2011)

《电力安全工作规程电力线路部分》(GB 26859—2011)

《电力安全工作规程高压试验室部分》(GB 26861—2011)

《电业生产事故调查规程》(DL 558—1994)

《电力系统安全稳定导则》(DL 755—2001)

《农村低压安全用电规程》(DL 493—2015)

《电力设备典型消防规程》(DL 5027—2015)

1.3.2.4 运行技术

《电力变压器运行规程》(DL/T 572—2010)

《架空配电线路及设备运行规程（试行)》(SD 292—1988)

《电力设备预防性试验规程》(DL/T 596—1996)

《架空输电线路运行规程》(DL/T 741—2010)

《继电保护和安全自动装置运行管理规程》(DL/T 587—2016)

《农村低压电力技术规程》(DL/T 499—2001)

1.3.2.5 电能质量

《电能质量电力系统频率允许偏差》(GB/T 15945—2008)

《电能质量供电电压允许偏差》(GB/T 12325—2008)

《电能质量电压允许波动和闪变》（GB 12326—2008）

《电能质量三相电压允许不平衡度》（GB/T 15543—2008）

《电能质量公用电网谐波》（GB/T 14549—1993）

1.3.2.6 合理用电技术

《用电设备电能平衡通则》（GB/T 8222—2008）

《产品电耗定额制定和管理导则》（GB/T 5623—2008）

1.4 电工作业人员条件与职责要求

1.4.1 电工从业人员应具备的基本条件

（1）事业心、责任心强、工作认真负责，踏实肯干。

（2）年满十八周岁，身体健康，精神正常，无癫痫、精神病、高血压、心脏病、实发性昏厥及其他妨碍电工作业的病症和生理缺陷。

（3）熟悉电气安全规程和设备运行操作规程。

（4）能熟练掌握和运用触电急救法和人工呼吸法。

（5）具有初中以上文化程度，掌握相应的电工作业安全技术、电工基础理论和专业技术知识，并具有一定的实践经验。通过安全技术培训考试合格后已取得《特别作业人员安全技术操作证》，并经定期复审合格，才能从事允许作业类范围内的电工工作。

1.4.2 电气安全方面电工作业人员的职责

在电气安全方面电工作业人员应熟记并自觉地履行以下各项职责：

（1）无证不准上岗操作；如果发现非电工人员从事电气操作，应及时制止，并报告领导。

（2）严格遵守有关安全法规、规程和制度，不得违章作业。

（3）对管辖区电气设备和线路的安全负责。

（4）认真做好巡视、检查和消除隐患的工作，并及时、准确地填写工作记录和规定的表格。

（5）架设临时线路和进行其他危险作业时，应完备审批手续，否则应拒绝施工。

（6）积极宣传电气安全知识，有权制止违章作业和拒绝违章指挥。

1.4.3 反习惯性违章活动

根据事故统计分析，90%的事故是由于直接违章所造成的，尤其突出的是，这些违章大都是频发性或重复性的出现。消除习惯性违章行为，对确保安全生产有重大的作用。

1.4.3.1 习惯性违章

习惯性违章是指固守旧有的不良作业传统和工作习惯，工作中违反有关规章制度，违反操作规程、操作方法的行为。

一些班组开展反习惯性违章活动多年，但只是把它作为一种口号性的号召，对于岗位工人来说，还是不清楚何为习惯性违章，原来怎样操作还是怎样操作，没有一丝改变。久而久之，习惯性违章就成了生产中最大的安全隐患。另外，习惯性违章行为有的容易界定，有的则深藏不露，极不容易判别，直到发生了事故，才分析出这是习惯性违章。职工们就纳闷，每周、每月的安全检查为什么不说这是习惯性违章呢？因此，要深入到每一个岗位，让职工真正明白操作中哪些行为属于习惯性违章。

1.4.3.2 习惯性违章的种类

习惯性违章按其性质分为以下三类。

1. 作业性违章

职工工作中的行为违反规章制度或其他有关规定，称作业性违章。如进入生产场所不戴或未戴好安全帽、高处作业不系安全带；操作前不认真核对设备的名称、编号和应处的位置，操作后不仔细检查设备状态、仪表指示；未得到工作负责人许可工作的命令就擅自工作；热力设备检修时不泄压、转动设备检修时不按规定挂警告牌等。

2. 装置性违章

设备、设施、现场作业条件不符合安全规程和其他有关规定，称装置性违章。如厂区道路、厂房通道无标示牌、警告牌，设备无标示牌，井、坑、孔、洞的盖板、围栏、遮拦没有或不齐全，电缆不封堵，照明不符合要求，转动机械没有防护罩等。

3. 指挥性违章

指挥性违章是指工作负责人违反劳动安全卫生法规、安全操作规程、安全管理制度，以及为保证人身、设备安全而制定的安全组织措施和安全技术措施所进行的违章指挥行为。

统计表明，习惯性违章作业、违章指挥是造成人身伤亡事故和误操作事故的主要原因。企业安全生产的基点在班组，因此夯实班组安全工作的基础，必须加大反习惯性违章工作的力度。

1.4.3.3 造成违章作业的原因

违章现象在日常工作中的表现是无组织无纪律，其思想根源是主客观相脱离。

1. 主观心理因素

(1) 因循守旧，麻痹侥幸。一些职工的口头禅是“过去多少年都是这样干的，也没出事，现在按条条框框干太麻烦，不习惯”，因此，就很容易习惯成自然，下意识地仍按老的操作经验和方法操作，不知不觉地违反了操作规程。还有的职工不接受“不怕一万，就怕万一”的经验教训，认为偶尔违章不会产生什么后果，往往“领导在时我注意，领导不在我随意”，或者看到别人这么做没有出事，就随大流，无视警告，无视有关的操作规程。

(2) 马虎敷衍，贪图省事。有的职工工作不精心，我行我素，将岗位安全注意事项、操作规程抛在脑后，把领导和同事的忠告、提醒当作“耳旁风”。还有的职工不愿多出力，耍小聪明，总想走捷径，操作时投机取巧，图一时方便。尝到甜头后，就会长此以往，重复照干，形成习惯性违章。

(3) 自我表现，逞能好强。个别职工总认为自己“有一手”，喜欢在别人面前“露一手”，表现一下自己的“能力”。特别是一些青年职工，在争强好胜心理支配下，头脑发热，干出一些冒险的事情。

(4) 玩世不恭，逆反心理。个别职工对领导的说服教育或企业安全管理的措施方法等产生逆反心理，出现对抗情绪，偏偏去做那些不该做的事情。

2. 客观因素

(1) 操作技能不熟练。由于培训教育不够，操作者没有掌握正确的操作程序，对设备性能、状况、操作规程不熟悉，不能根据指示仪器仪表所反映的信息对设备运行状况进行调整。

(2) 制度不完善。作业标准和规章制度不完善，使职工无章可循，无法可依。

(3) 安全监督不够。对一些习惯性违章现象熟视无睹，对一些严重违章现象存在漏查或查处力度不够的情况，特别是在生产任务重、时间紧的情况下，一味强调按时完成生产任务，从而使部分职工滋生了忽视安全的习惯和心态。

拓展阅读

安全生产管理的基本理论与原则

安全生产管理作为管理的主要组成部分，遵循管理的普遍规律，既服从管理的基本原理和原则，又有其特殊的原理和原则。

安全生产管理原理是从生产管理的共性出发，对生产管理中安全工作的实质内容进行科学分析、综合、抽象概括所得出的安全生产管理规律。安全生产管理的原理有系统原理、人本原理、预防原理、强制原理和责任原理。

1. 系统原理

(1) 系统原理的概念。系统原理是指人们在从事管理工作时，运用系统的理论、观点和方法，对管理活动进行充分的分析，以达到管理的优化目的，即用系统的理论观点和方法来认识和处理管理中出现的问题。

系统是指由若干个相互联系、相互作用的要素组成的具有特定结构和功能的有机整体。一个系统可分为若干个子系统和要素，如安全生产管理系统是企业管理的一个子系统，安全生产管理系统又包括各级安全管理人员、安全防护设施与设备、安全管理规章制度、安全生产操作规范和规程以及各类安全生产管理信息等。

系统理论认为现代管理的管理对象总是处于各个不同的大系统之中，任何一个管理对象均可看成一个系统，人们在分析和解决问题时，应从整体出发去研究事物间的联系。

安全贯穿生产活动的方方面面，电力建设安全生产管理是全方位、全天候和涉及全体人员的管理。

(2) 系统原理的运用原则。运用系统原理时应遵循整分合原则、动态相关性原则、反馈原则、封闭原则。

1) 整分合原则。整分合原则是指首先在整体规划下明确分工，在分工基础上再进行有效的综合。该原则在安全管理工作中的意义如下：

整——企业领导确定整体目标、制定规划与计划、进行宏观决策。此阶段，要把安全放在首要位置加以考虑。

分——明确分工，层层落实。

合——展现全员的凝聚力，对各部分、人员进行协调控制，实现有效的、全面的安全管理。

运用该原则，要求企业管理者在制定整体目标和进行宏观决策时，必须把安全生产纳入其中，在考虑资金、人员和体系时，都必须将安全生产作为一项重要内容考虑。

2）动态相关性原则。动态相关性原则是指任何安全管理系统的正常运转，不仅要受系统自身条件和因素的制约，而且还要受到其他有关系统的影响，并随着时间、地点以及人们的不同努力程度而发生变化。因此，要提高安全生产管理的效果，必须掌握各个管理对象要素之间的动态相关特征，充分利用各要素之间的相互作用。安全管理应从以下两个方面认识动态相关性原则：

a. 系统各要素的动态相关性是事故发生的潜在原因，由于企业内部各要素处于动态变化中，并相互影响，才使得事故有发生的可能性。

b. 掌握与安全有关的所有管理要素之间的动态相关特征，充分利用相关因素的作用，搞好安全管理工作。

3）反馈原则。反馈是指被控制过程对控制机构的反作用，即由控制系统把信息输送出去，又把其作用结果返送回来，并对信息的再输出产生影响，起到控制作用，以达到预定的目的。

管理中的反馈原则是指为了实现系统目标，把行为结果传回决策机构，使因果关系相互作用，实行动态控制的行为准则。

成功高效的安全管理工作，离不开灵活、准确、迅速的信息反馈。现代企业管理是一个复杂的系统工程，其内部条件和外部环境在不断变化，管理系统必须及时捕获、反馈各种安全生产信息，及时采取行动，保证安全目标的实现。

4）封闭原则。封闭原则是指在任何一个管理系统内部，管理手段、管理过程等必须构成一个连续封闭的回路，才能形成有效的管理活动。

2. 人本原理

（1）人本原理的概念。人本原理就是在管理活动中必须把人的因素放在首位，体现以人为本的指导思想。以人为本有两层含义：一切为了人和一切依靠人。

1）一切为了人是指一切管理活动均是以人的需要为目的展开的。人既是管理者，又是被管理者，每个人都处在一定的管理层次上，离开人的需要，就没有管理的目的。

2）一切依靠人是指在管理活动中，作为管理对象的诸要素（资金、物质、时间、信息等）和管理系统的诸环节（组织机构、规章制度等），都是需要人去掌管、运作、推动和实施的。

（2）人本原理的运用原则。运用人本原理时应遵循能级原则、动力原则和激励原则。

1）能级原则。能级原则是指一个稳定而高效的管理系统必须是由若干分别具有不同能级的不同层次有规律地组合而成的。

现代管理的任务就是建立一个合理的能级，使管理的内容动态地处于相应的能级中。在现代管理系统中，各元素的活动必须满足高效率、高可靠的要求，所以管理系统，能级的划分不是随意的，它们的组合也不是随意的。

稳定的管理能级结构一般分为四个层次：决策层、管理层、执行层和操作层。四个层次能级不同，使命各异，必须划分清楚，不可混淆。

能级原则告诉我们：在管理系统中要根据各单位和个人能量的大小安排其地位和任

务，即建立一套合理的能级，做到才职相称，才能发挥不同能级的能量，保证管理结构的稳定性和高效性，也是我们常说的“因才适用”。

2）动力原则。动力原则是指推动管理活动的基本力量是人，管理必须有能激发人的工作能力的动力。动力的产生来自于物质、精神和信息，相应就有三类基本动力，即：

a. 物质动力，以适当的物质利益刺激人的行为动机。

b. 精神动力，运用理想、信念、鼓励等精神力量刺激人的行为动机。

c. 信息动力，通过信息的获取与交流产生奋起直追或领先他人的行为动机。

管理者要综合协调运用这三种动力，正确认识处理个体动力与集体动力、暂时动力与持久动力的关系，掌握好各种刺激的量值，才能实现有效的管理。

3）激励原则。激励原则是指利用某种外部诱因的刺激调动人的积极性和创造性，以科学的手段，激发人的内在潜力，使其充分发挥出积极性、主动性和创造性。

企业管理者运用激励原则时，要采用符合人的心理活动和行为活动规律的各种有效的激励措施和手段。激励企业员工积极性发挥的动力主要来自于三个方面：内在动力、外在压力和吸引力。这三种动力是相互联系的，管理者要善于体察和引导，因人而异、科学合理地采取各种激励方法和激励强度，从而最大限度地发挥出员工的内在潜力（图1.1）。

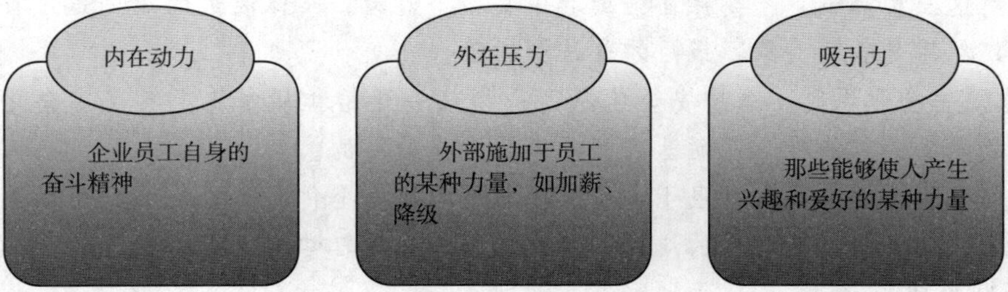

图1.1 激励员工积极性的三种动力

3. 预防原理

（1）预防原理的概念。预防原理是指安全管理工作应当以预防为主，即通过有效的管理和技术手段，防止人的不安全行为和物的不安全状态出现，从而使事故发生的概率降到最低。在可能发生人身伤害、设备或设施损坏以及环境破坏的场合，事先采取措施，防止事故的发生。

（2）预防原理的运用原则。运用预防原理时应遵循偶然损失原则、因果关系原则、3E原则和本质安全化原则。

1）偶然损失原则。事故后果以及后果的严重程度都是随机的、难以预测的。反复发生的同类事故，并不一定产生完全相同的后果，这就是事故的偶然性。偶然损失原则告诉我们，无论事故损失的大小，都必须做好预防工作。

2）因果关系原则。事故的发生是许多因素互为因果连续发生的最终结果，只要诱发事故的因素存在，发生事故是必然的，只是时间或迟或早而已，这就是因果管理原则。

一个因素是前一因素的结果，而又是后一因素的原因，环环相扣，导致事故的发生。事故的因果关系决定了事故发生的必然性，即事故因素及其因果关系的存在决定了事故或早或迟，但必然要发生。

在安全生产管理中，要从事故的因果关系中认识必然性，发现事故发生的规律性，变不安全条件为安全条件，把事故消灭在早期起因阶段。

因果关系原则的应用：工人甲，长期违章不戴安全帽进行作业，一直没出什么事故，他也一直毫不在乎，还经常在工友面前炫耀。可是有一天，右岸某边坡出现落石，正好砸到甲头上，导致甲重伤，并留下轻度脑震荡后遗症。

3）3E原则。3E原则是指针对造成人的不安全行为和物的不安全状态（其原因可归结为四个方面：技术原因、教育原因、身体和态度原因以及管理原因）所采取的三种防止对策，即工程技术对策、教育对策和法制对策。

a. 工程技术对策：运用工程技术手段消除生产设施设备的不安全因素，改善作业环境条件，完善防护与报警装置，实现生产条件的安全和卫生。

b. 教育对策：提供各种层次的、各种形式和内容的教育和训练，使职工牢固树立“安全第一”的思想，掌握安全生产所必需的知识和技能。

c. 法制对策：利用法规、标准以及规章制度等必要的强制性手段约束人们的行为，从而达到消除不重视安全、违章作业等现象的目的。

在应用3E原则时，要针对人的不安全行为和物的不安全状态的四种原因，综合地、灵活地运用这三种对策，不要片面强调其中某一个对策。具体改进的顺序是：首先是工程技术对策，然后是教育对策，最后才是法制对策。

4）本质安全化原则。本质安全化原则是指从一开始和从本质上实现安全化，从根本上消除事故发生的可能性，从而达到预防事故发生的目的。

本质安全化的概念不仅局限于设备、设施的本质安全化，而应扩展到诸如新建工程项目，新技术、新工艺、新材料的应用，甚至包括人们的日常生活等各个领域。

4. 强制原理

（1）强制原理的概念。强制原理是指采取强制管理的手段控制人的意愿和行动，使个人的活动、行为等受到安全管理要求的约束，从而实现有效的安全管理。

所谓强制，就是无需做很多的思想工作来统一认识、讲清道理，被管理者必须绝对服从，不必经被管理者同意便可采取行动。

一般来说，管理均带有一定的强制性，只有强制才能有效地抑制被管理者的无拘个性，使其调动到符合整体管理利益和目的的轨道上来。由于事故损失的偶然性、人的冒险心理和事故损失的不可挽回性，安全管理更需要具有强制性。

（2）强制原理的运用原则。运用强制原理时应遵循安全第一原则和监督原则。

1）安全第一原则。安全第一原则是指当生产和其他工业与安全发生矛盾时，要以安全为主，生产和其他工作要服从安全。

该原则就是要求企业的领导者要高度重视安全，把安全工作当作头等大事来抓，将安全作为一项有“否决权”的指标，把保证安全作为完成各项任务、做好各项工作的前提条件，即不安全不准生产。

2）监督原则。监督原则是指在安全工作中，为了使安全生产法律法规得到落实，必须明确安全生产监督职责，对企业生产中的守法和执法情况进行监督。

安全管理带有较多的强制性，只要求执行系统自动贯彻实施安全法规，而缺乏强有力的监督系统去监督执行，则法规的强制威力是难以发挥的。在这种情况下，必须建立专门的监督机构，配备合格的监督人员，赋予必要的强制威力，以保证其履行监督职责，才能保证安全管理工作落到实处。

监督原则的应用：某日，某施工现场，张某在高台进行拆除作业，既不系安全带，又未采取其他安全防护措施。安监员发现后立即向张某发出警告，并要求他立刻停工，佩戴好安全带、安全帽等防护措施方可继续作业。张某听从安监员的指示，佩戴好安全带、安全帽，继续作业，在即将完工时，张某站立不稳，从平台上坠落，因其佩戴了安全带和安全帽，身上只有轻微擦伤，并无大碍。如果当时没有安监员的及时制止，后果将不堪设想。

5. 责任原理

安全管理的责任原理是指在安全管理活动中，为实现管理过程的有效性，管理工作需要在合理分工的基础上，明确规定组织各级部门和个人必须完成的工作任务和相应责任。责任原理与整分合原则相辅相成，有分工就必须有各自的责任，否则所谓的分工就是“分”而无“工”。

责任即包含个人的责任，又包含单位（集体）的责任，通常可以从以下两个层面来理解：

(1) 责任主体必须完成的工作，如岗位职责。

(2) 责任主体没有完成自己的工作应承担的后果，如事故责任。

根据责任原理的要求，企业安全管理应该做到以下三点：

(1) 明确每个人的安全职责。

(2) 责、权、利、能四者要匹配。

(3) 奖惩要公开、公正而及时。

在安全管理活动中，运用责任原理，建立健全安全管理责任制，构建落实安全管理责任的保障机制，促使安全管理责任主体到位，且强制性地安全问责、奖罚分明，才能推动企业履行应有的社会责任，提高安全监管部门监管力度和效果，激发和引导好广大社会成员的责任心。

此外，国际社会推行的SA8000社会责任标准，也是责任原理的具体体现。SA8000即“社会责任标准”，是全球首个道德规范国际标准，是以保护劳动环境和条件、保障劳工权利等为主要内容的管理标准体系，其主要内容包括对童工、强迫性劳动、健康与安全、结社自由和集体谈判权、歧视、惩戒性措施、工作时间、工资报酬、管理系统等方面的要求。其中与安全相关的有：

(1) 企业不应雇用或者支持雇用童工，不得将其置于不安全或不健康的工作环境或条件下。

(2) 企业应具备避免各种工业与特定危害的知识，为员工提供健康、安全的工作环境，采取足够的措施，最大限度地降低工作中的危害隐患，尽量防止意外或伤害的发生；为所有员工提供安全卫生的生活环境，包括干净的浴室、厕所、可饮用的水；洁净安全的宿舍；卫生的食品存储设备等。

(3) 企业支付给员工的工资不应低于法律或行业的最低标准，必须满足员工基本需求，对工资的扣除不能是惩罚性的。

SA8000规定了企业必须承担的对社会和利益相关者的责任，其中有许多与安全生产紧密相关。目前，我国的许多企业均发布了年度社会责任报告。

在安全管理活动中，运用责任原理，建立健全安全管理责任制，构建落实安全管理责任的保障机制，促使安全管理责任主体到位，且强制性地安全问责、奖罚分明，才能推动企业履行应有的社会责任，提高安全监管部门监管力度和效果，激发和引导好广大社会成员的责任心

6. 事故致因理论

事故发生有其自身的发展规律和特点，只有掌握了事故发生的规律，才能保证安全生产系统处于有效状态。

(1) 冰山理论。造成死亡事故与严重伤害、未遂事件、不安全行为形成一个像冰山一样的三角形，一个暴露出来的严重事故必定有成千上万的不安全行为掩藏其后，就像浮在水面的冰山只是冰山整体的一小部分，而冰山隐藏在水下看不见的部分，却庞大得多。

(2) 海因里希因果连锁理论。美国人海因里希（W. H. Heinrich）提出了事故因果连锁理论，认为伤害事故的发生是一连串的事件，是按一定因果关系依次发生的结果。海因里希因果连锁理论认为事故的发生不是一个孤立的事件，而是一系列互为因果的原因事件相继发生的结果。即：人员伤亡的发生是事故的结果，事故的发生是由于人的不安全行为和物的不安全状态，其中人的不安全行为或物的不安全状态是由于人的缺点造成的而人的缺点是由于不良环境诱发的，或是由先天的遗传因素造成的。因此，企业安全工作的中心就是防止人的不安全行为，消除机械的或物的不安全状态，中断事故连锁的进程而避免事故的发生。

海因里希理论基于海因里希提出的300∶29∶1法则。这个法则意思是说，当一个企业有300个隐患或违章，必然要发生29起轻伤事故或故障，在这29起轻伤事故或故障当中，必然包含有一起重伤、死亡或重大事故。

这一法则完全可以用于企业的安全管理上，即在一件重大的事故背后必有29件"轻度"的事故，还有300件潜在的隐患。可怕的是对潜在性事故毫无觉察，或是麻木不仁，结果导致无法挽回的损失。了解海因里希理论的目的，是通过对事故成因的分析，让人们少走弯路，把事故消灭在萌芽状态。

(3) 能量意外释放理论：人受伤害的原因只能是某种能量的转移。

(4) 系统安全理论。

1) 在事故致因理论方面，改变了人们只注重操作人员的不安全行为，而忽略硬件故障在事故致因中的作用的传统观念，开始考虑如何通过改善物的系统可靠性来提高复杂系统的安全性，从而避免事故。

2) 没有任何一种事物是绝对安全的，任何事物中都潜伏着危险因素。通常所说的安全或危险只不过是一种主观的判断。

3) 不可能根除一切危险源，可以减少现有危险源的危险性。要减少总的危险性而不是只消除几种选定的风险。

4) 由于人的认识能力有限，有时不能完全认识危险源及其风险，即使认识了现有的危险源，随着生产技术的发展，新技术、新工艺、新材料和新能源的出现，又会产生新的

危险源。安全工作的目标就是控制危险源，努力把事故发生概率降到最低，即使万一发生事故，也可以把伤害和损失控制在较轻的程度上。

7. 事故预防与控制的基本原则

事故预防是指通过采用技术和管理手段使事故不发生；事故控制是通过采取技术和管理手段使事故发生后不造成严重后果或使后果尽可能减小。对于事故的预防与控制，应从安全技术、安全教育和安全管理等方面入手，采取相应对策。

安全技术对策着重解决物的不安全状态问题；安全教育对策和安全管理对策则主要是着眼于人的不安全行为问题。安全教育对策主要是使人知道哪里存在危险源、如何导致事故、事故的可能性和严重程度如何、对于可能的危险源应该怎么做。安全管理措施则是要求必须怎么做。

思 考 题

1. 电气安全工作的核心、主要任务和工作内容是什么？
2. 为什么反习惯性违章特别重要？
3. 简述电气安全方面电工作业人员的职责。

第2章

电气安全常识

2.1 触电伤害

2.1.1 电流对人体伤害的种类

当人体发生触电时，电流会对人体造成程度不同的伤害，一般可分为电击和电伤两种类型。

2.1.1.1 电击

电击是指电流通过人体时所造成的内部伤害，它会破坏人的心脏、呼吸及神经系统的正常工作，甚至危及生命。电流通过人体，会引起麻感、针刺感、压迫感、打击感、痉挛、疼痛、呼吸困难、血压异常、昏迷、心律不齐、窒息、心室颤动等症状。当人体触及带电导线、漏电设备的金属外壳和其他带电体，或离高压电距离太近，以及遭遇雷击或电容器放电等，都可能导致电击。

心室颤动是小电流电击使人致命最多见和最危险的原因。发生心室颤动时，心脏每分钟颤动1000次以上，但幅值很小，而且没有规则，血液实际上中止循环。电流通过心脏，可直接作用于心肌引起心室颤动；电流也可能经中枢神经系统反射引起心室颤动。机体缺氧也可能导致心室颤动。如有电流通过胸部，持续时间较长即可能引起窒息，进而由机体缺氧和中枢神经反射导致心室颤动或心脏停止跳动。由于电流的瞬间作用而发生心室颤动时，呼吸可能持续2～3min。人在丧失知觉前，有时还能叫喊几声，有时还能走几步，但是，由于其心脏已进入心室颤动状态，血液已终止循环，大脑和全身迅速缺氧，病情将急剧恶化，如不及时抢救，很快将导致死亡。

绝大部分触电伤亡事故都是由电击造成的。对低压系统，在通电电流较小、通电时间不长的情况下，电流引起人的心室颤动是电击致死的主要原因；在触电时间较长、触电电流更小的情况下，窒息也会成为电击致死的原因。

按照电气设备的状态，电击可分为直接接触电击和间接接触电击。前者是人体触及正常状态下带电的带电体时发生的电击；后者是人体触及正常状态下不带电而故障状态下意外带电的带电体时发生的电击。因此，前者又称为正常状态下的电击，后者又称为故障状态下的电击。

直接电击多发生在误触碰相线、闸刀或其他设备带电部分。间接电击大都发生在大风刮断架空线或接户线后，断线搭落到金属物上；相线和电杆拉线搭连；电动机等用电设备的线圈绝缘损坏而引起外壳带电等情况下。在触电事故中，直接电击和间接电击都占相当大的比例，因此采取安全措施时要全面考虑。

2.1.1.2 电伤

电伤是指触电时电流的热效应、化学效应以及电刺激引起的生物效应对人体造成的伤害。包括电弧烧伤、烫伤、电烙印、皮肤金属化、电气机械性伤害、电光眼等不同形式的伤害。电伤多见于肌体外部，而且往往在肌体上留下难以愈合的伤痕。与电击相比，电伤多属局部性伤害，但电伤往往与电击同时发生。

电弧烧伤也称电灼伤，是最常见也最严重的一种电伤，大多是由电流的热效应引起的。电弧烧伤既可以发生在高压系统，也可以发生在低压系统。在低压系统，带负荷（尤其是感性负荷）拉开裸露的闸刀开关时，产生的电弧会烧伤操作者的手部和面部；当线路发生短路，开启式熔断器熔断时，炽热的金属微粒飞溅出来会造成灼伤；因误操作引起短路也会导致电弧烧伤等。在高压系统，由于误操作，会产生强烈的电弧，造成严重的烧伤；人体过分接近带电体，其间距小于放电距离时，直接产生强烈的电弧，造成电弧烧伤，严重时会因电弧烧伤而死亡。还有电弧燃烧所产生的有毒气体（一氧化碳、铝及铜蒸气等）对人的呼吸系统也能造成伤害。

电烙印是电流通过人体后，因电流的化学效应和机械效应作用，在皮肤表面接触部位留下与接触带电体形状相似的斑痕，如同烙印，故称电烙印。斑痕处皮肤呈现硬变，表层坏死，失去知觉。

皮肤金属化是由于高温电弧使周围金属熔化、蒸发并飞溅渗透到皮肤表层内部造成皮肤变得粗糙坚硬并呈现特殊颜色（多为青黑色或褐红色），受伤部位呈现粗糙、张紧。

电气机械性伤害多数是由于电流作用于人体，使肌肉产生非自主的剧烈收缩所造成的。其损失包括肌腱、皮肤、血管、神经组织断裂以及关节脱位乃至骨折等。

电光眼的表现为角膜和结膜发炎。弧光放电时辐射的红外线、可见光、紫外线都会损伤眼睛。在短暂照射的情况下，引起电光眼的主要原因是紫外线。

2.1.2 电流对人体伤害程度的影响因素

电流对人体伤害程度与通过人体电流的大小、电流通过人体的持续时间、电流通过人体的途径、电流的频率、作用于人体的电压及人体的状况等多种因素有关，而且各种因素之间有着密切的关系。

2.1.2.1 伤害程度与电流大小的关系

通过人体的电流越大，人体的生理反应越明显、感受越强烈、伤害越严重。对于交流电，按通过人体的电流强度的不同以及人体呈现的反应不同，将作用于人体的电流划分为三级：

（1）感知电流。引起人的感觉（麻、刺、痛）的最小电流称为感知电流。人接触这样的电流会有轻微麻痹。实验表明，对应于概率50%的感知电流，成年男性对于交流电的平均感知电流有效值为1.1mA，成年女性约为0.7mA，直流电均为5mA。感知电流一般不会对人造成直接伤害，但由于突然的刺激，人在高空、水边或者其他危险环境中，可能造成坠落等间接事故。

（2）摆脱电流。电流超过感知电流并不断增大时，触电者会因肌肉收缩、发生痉挛而紧握带电体，不能自行摆脱电源。人触电后能自行摆脱电源的最大电流称为摆脱电流。一般成年男性平均摆脱电流为16mA，成年女性约为10mA，儿童摆脱电流较成年人小。

摆脱电流是人体可以忍受而一般不会造成危险的电流，人摆脱电源能力随着触电时间的延长而降低。若通过人体的电流超过摆脱电流且时间过长，会造成昏迷、窒息，甚至死亡，一旦触电后不能及时摆脱电源，后果将十分严重。

(3) 致命电流。人体发生触电后，在较短的时间内危及生命的最小电流称为致命电流（室颤电流）。一般情况下，通过人体的工频电流超过 50mA 时，心脏就会停止跳动，出现致命的危险。实验证明：电流大于 30mA 时，心脏就会发生心室颤动的危险，因此 30mA 是致命电流的又一极限。漏电保护器的电流漏电脱扣器电流定为 30mA，就是此理。

电流大小对人体伤害程度的影响见表 2.1。

表 2.1　不同电流对人体伤害程度的影响

电流/mA	交流电（50Hz）	直　流　电
0.6～1.5	开始有感觉，手指有麻感	无感觉
2～3	手指强烈麻刺，颤抖	无感觉
5～10	手指痉挛，手部剧痛，勉强可以摆脱带电体	感觉痒、刺痛、灼热
20～25	手迅速麻痹，不能摆脱带电体，剧痛，呼吸困难	手部轻微痉挛
50～80	呼吸麻痹，心室开始颤动	手部痉挛，呼吸困难
90～100	呼吸麻痹，持续 3s 或更长时间则心脏麻痹，心室颤动	呼吸麻痹

2.1.2.2　伤害程度与电流作用于人体时间的关系

电流对人体的伤害与电流作用于人体的时间长短有密切关系，见表 2.2。通电时间越长，由于人体发热出汗和电流对人体的电解作用，人体电阻逐渐降低，流过人体的电流也就越大，对人体组织的破坏越厉害，后果也就越严重，通常可用电流大小与触电时间的乘积（称为电击能量）来反映触电的危害程度。通电时间越长，电击能量积累增加，越容易引起心室的颤动。电击能量超过 50mA·s 人就有生命危险。所以，电流通过人体的持续时间越长，后果也就越严重。触电急救时，强调要争分夺秒，最大限度地缩短电流通过人体的时间。

表 2.2　允许电流与持续时间的关系

允许电流/mA	50	100	200	500	1000
持续时间/s	5.4	1.35	0.35	0.054	0.0135

根据人体生理机能，人体中的心脏搏动周期有约 0.1s 的间歇时间，对流过的电流最敏感。若触电电流在这 0.1s 瞬间通过心脏，即会引起心室震颤或麻痹。通电时间越长，心室震颤越厉害，人体皮肤角质层越会遭到破坏，致使通过人体的触电电流进一步增大。故触电时间越长，对人体的危害越大。

2.1.2.3　伤害程度与电流途径的关系

电流通过人体的途径不同，对人体的伤害程度也不同。电流通过大脑是最危险的，它会立即引起死亡（这种触电事故极为罕见）。绝大多数情况是由于电流刺激人体心脏引起心室纤维性颤动致死。电流通过心脏会引起心室颤动，较大的电流还会使心脏停止跳动，这两者都会使血液循环中断而导致死亡。

经研究表明，电流流经人体不同部位造成的伤害中，以对心脏的伤害为最严重。表2.3列举了电流通过人体的途径与流经心脏电流的比例关系。

表 2.3 不同途径下流经心脏电流的比例

电流通过人体的途径	通过心脏的电流占通过人体总电流的比例/%
从一只手到另一只手	3.3
从左手到脚	6.7
从右手到脚	3.7
从一只脚到另一只脚	0.4

可见，当电流从手到脚（其中尤以从左手到脚）及从一只手到另一只手时，触电的伤害最为严重。电流纵向通过人体，比横向通过时更易发生室颤，故危险性更大；电流通过脊髓时，很可能使人截瘫；若通过中枢神经，会引起中枢神经系统强烈失调，造成窒息，导致死亡。

2.1.2.4 伤害程度与电流频率的关系

触电的伤害程度与电流的频率有关。交流电的危险性比同样电压的直流电更大一些。频率在30～300Hz的交流电最易引起人体室颤，而工频交流电（50～60Hz）最为严重。在此范围外，频率越高或越低，对人体的危害程度反而会越小一些，但并不是说就没有危险性，高压高频依然是十分危险的。不同频率下的死亡率见表2.4。

表 2.4 不同频率下的死亡率

频率/Hz	10	25	50	60	80	100	120	200	500	1000
死亡率/%	21	70	95	91	43	34	31	22	14	11

2.1.2.5 伤害程度与电压的关系

一般来说，当人体电阻一定时，人体接触的电压越高，通过人体的电流越大。实际上，通过人体的电流与作用在人体上的电压不成正比，这是因为随着作用于人体电压的升高，皮肤会破裂，人体电阻急剧下降，电流会迅速增加。当人体接近高压时，会有感应电流的影响，也是很危险的。

2.1.2.6 伤害程度与人体电阻的关系

当人体触电时，流过人体的电流与人体的电阻有关，人体电阻越小，通过人体的电流就越大，也就越危险。

人体电阻主要包括人体内部电阻和皮肤电阻。人体内部电阻是固定不变的，与外界条件无关，约为500～800Ω。皮肤电阻主要由角质层决定，角质层越厚，电阻就越大，其值一般为1000～1500Ω。因此，人体电阻一般为1500～2000Ω（为保险起见，通常取800～1000Ω）。如果皮肤角质层有破损，则人体电阻将大为下降。除了皮肤厚薄外，皮肤潮湿、多汗、有损伤、带有导电性粉尘等都会降低人体电阻。清洁、干燥、完好的皮肤电阻值就较高。触电面积大、电流作用时间长会增加发热出汗，从而降低人体电阻值；触电电压高，会击穿角质层增加肌体电解，人体电阻会降低；另外，人体电阻也会随电源频率的增大而降低。

以上介绍了电流对人体伤害程度的六种主要影响因素。除此之外，人体本身的状况与触电对人体的伤害程度有着密切的关系，如性别、年龄、健康状况、心理和精神状况等。

2.1.3 人体触电方式

发生触电事故的情况是多种多样的，触电事故可以分为七种情形：单相触电、两相触电、跨步电压触电、接触电压触电、剩余电荷触电、感应电压触电和静电触电。

2.1.3.1 单相触电

单相触电是指人体接触到地面或其他接地导体的同时，人体的另一部位触及某一相带电体所引起的电击。根据国内外的统计资料，单相触电事故占全部触电事故的 70%以上。因此，防止触电事故的技术措施应将单相触电作为重点。在电力系统电网中，有中性点直接接地和中性点不接地两种情况。

中性点直接接地电网的单相触电，如图 2.1 所示。这种触电情况在使用家用电器时最为常见。一般城市低压电网均采用变压器中性点直接接地的供电系统，因此，接在这种电网上的电器就处于这样的运行条件下。下述三种常见的触电情况都属于这一类型的单相触电。

(1) 用手插、拔电器插头时不慎碰到插头上外漏的带电铜片。

(2) 由于电线长期使用、弯折、磨损，外包绝缘损坏，人的手接触到裸露的带电相线。

(3) 由于电器的绝缘损坏造成相线带电部分接触金属外壳，而人体又接触到带电的金属外壳。

中性点不接地电网中的单相触电，如图 2.2 所示。由于变压器中性点没有接地，因此当人们接触到某一相的电压时，没有直接构成电气回路的途径，一般来说，这样是比较安全的，不至于造成危险。在电网为架空线供电，布线不太长、绝缘良好的情况下，不会造成危险。

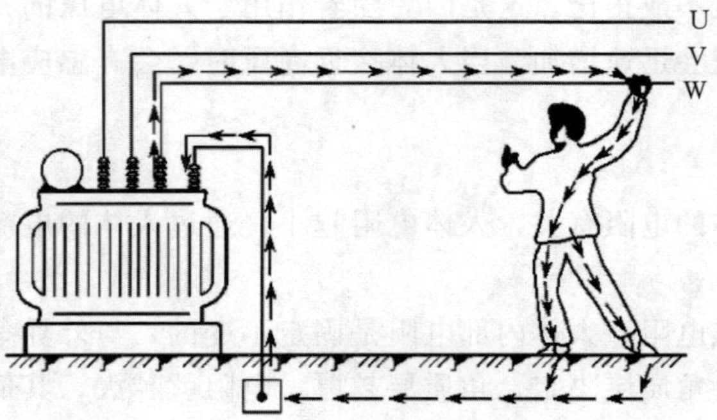

图 2.1 中性点直接接地电网的单相触电

图 2.2 中性点不接地电网的单相触电

对于高压带电体，人体虽未直接接触，但由于间距小于安全距离，高电压对人体放电，造成单相接地引起的触电，也属于单相触电。

2.1.3.2 两相触电

人体同时与两相导线接触时，电流就从一相导线经人体到另一相导线，不论中性点接地与否、人体对地是否绝缘，这种触电方式都是最危险的，如图 2.3 所示。

在高压系统中，人体同时接近不同相的任意两相带电体时，若发生电弧放电，两相间经人体形成回路，由此而形成的触电也属于两相触电。

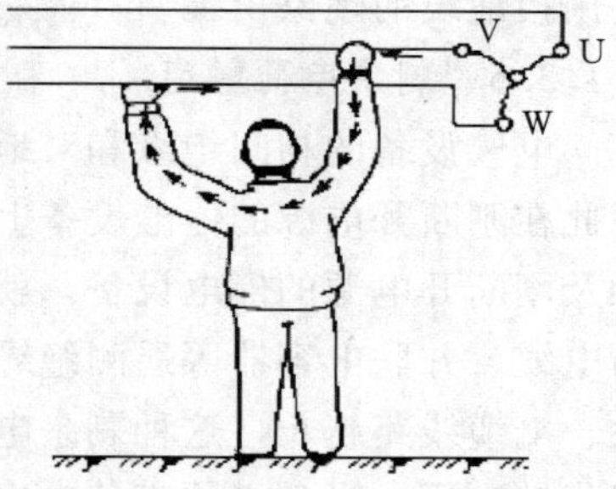

图 2.3 两相触电

2.1.3.3 跨步电压触电

当电气设备或带电导线发生接地短路故障时，接地电流通过接地点向大地流散，以接地点为圆心，在地面上形成若干同心圆的分布电位，离接地点越近，地面电位越高，若人在接地点周围行走，其两脚间的电位差，就是跨步电压。设备或导线的工作电压越高，跨步电压就越大。由跨步电压引起的人体触电，称为跨步电压触电，如图 2.4 所示。

由于人体的体格差异，跨步大小不一，为了统一跨步电压的标准，我国规定：以 0.8m 距离间的电位差为这个距离的跨步电压。经测定，距故障点 20m 的地方跨步电压为零。安全规程也规定：设备发生接地故障或带电导线落地时，室外工作人员不得接近故障点 8m，室内不得接近故障点 4m；工作需要必须进入时要穿绝缘鞋，戴绝缘手套。

若跨步电压值较小，危险性就小。若跨步电压值较高，人会因两脚发生抽筋而跌倒，由于头脚之间的距离大，使头脚间形成更大的电位差，同时电流流经人体的途径将变为经过人体的心脏，危险性显著增大，甚至在很短时间内就致人死亡。此时应尽快将双脚并拢或单脚着地跳出危险区。

2.1.3.4 接触电压触电

电气设备由于绝缘损坏造成接地故障时，如果人体两个部分（手和脚）同时接触设备外壳和地面时，造成人体两部分的电位差，这个电位差引起的人体触电，称为接触电压触电，如图 2.5 所示。

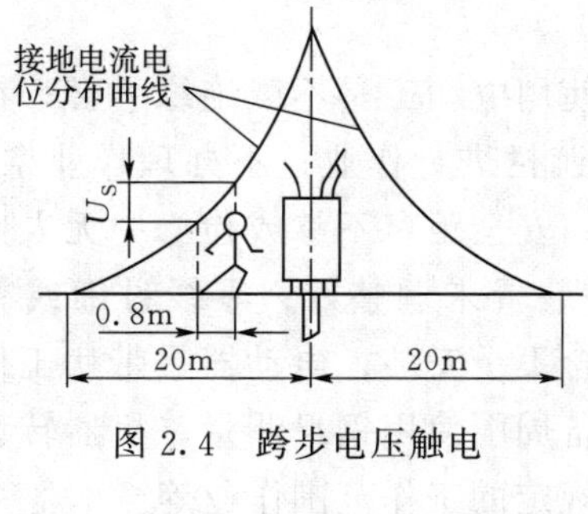

图 2.4 跨步电压触电

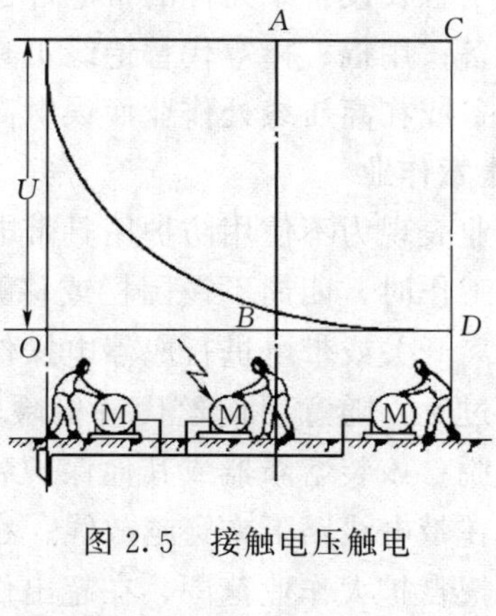

图 2.5 接触电压触电

当一台电动机发生碰壳接地故障时，因三台电动机的接地线连在一起，故它们的外壳都会带电且为相电压。由于地面电位分布不同，左边人体承受的电压是电动机外壳与地面之间的电位差，即等于零；而右边人体所承受的电压与之大不相同，因他站在离接地体较远的地方用手触摸电动机外壳，由于该处地面电位几乎为零，故他承受的电压实际上就是电动机外壳的对地电压，显然会发生人身触电事故。因此，在实际中要尽量避免多台设备共用接地线的现象出现。

2.1.3.5　剩余电荷触电

电气设备的相间绝缘和对地绝缘都存在电容效应。由于电容器具有储存电荷的性能，因此在刚断开电源的停电设备上，都会保留一定量的电荷，称为剩余电荷。如果此时有人触及刚断开电源的停电设备，就有可能遭受剩余电荷的电击。另外，大容量电力设备和电力电缆、并联电容器等遥测绝缘电阻后或耐压试验后都会有剩余电荷的存在。设备容量越大、电缆线路越长，这种剩余电荷的积累电压就越高。因此，在遥测绝缘电阻或耐压试验工作结束后，设备必须充分放电，以防剩余电荷触电。

2.1.3.6　感应电压触电

带电设备的电磁感应和静电感应作用，能使附件的停电设备上感应出一定的电位，称为感应电压。感应电压往往是在电气工作者缺乏思想准备的情况下出现的，因此，具有相当大的危险性。在电力系统中，感应电压触电事故屡有发生，甚至造成伤亡事故。

2.1.3.7　静电触电

静电电位可高达数万伏特乃至数十万伏特，可能发生放电，产生静电火花，引起爆炸、火灾，也可能对人体造成电击伤害。静电电击不是电流持续通过人体的电击，而是由于静电放电造成的瞬时冲击性电击，能量较小，通过人体时不会造成人体心室颤动而致人死亡，但是往往造成诸如高处坠落或其他机械性伤害，因此同样具有较大的危险性。

2.1.4　造成触电事故的原因

2.1.4.1　缺乏用电安全知识或用电安全意识淡薄

缺乏用电安全知识或用电安全意识淡薄主要表现为不懂电气知识或安全用电技术，而又摆弄电器、乱接电器、乱拉电线、玩弄带电电器、胡乱修理电器；安装或检修设备时，操作错误；接线时误将火线接到外壳上；带电移动或检修电机、水泵、电灯、电扇或临时用电设备；手触及设备或元件的带电部位或用手拿断落在地面的带电导线；用湿手检修或操作电气设备；用棍、棒等代替绝缘工具操作跌落式熔断器；用剪刀割剪带电导线；过于接近高压设备或在高压线处作业而误触高压导线以及带电搭火、错误使用插销等。

2.1.4.2　违章作业

违章作业表现为不使用防护用具带电作业；使用电动工具不戴绝缘手套；在室外地面高压设备上工作时，四周不设围栏或移开、越过遮拦进行作业；不办理作业票盲目作业；带负荷拉隔离开关或带电进行应停电操作的作业；安全距离不够或检修中无人监护；保险丝容量选用过大，随意用铜丝代替保险丝或保护装置未调整好；零线过细或零线接触不良、线头松脱；该装熔断器或其他保护装置的场合不予安装；电动器具带病工作；不采取安全措施，在带电线路下方穿越放线；在带电设备周围使用钢尺测量；机器转动时拆装或校正皮带；擅自扩大作业范围，在超出作业票上规定的工作范围作业等。

2.1.4.3　工作态度不认真，思想麻痹

工作态度不认真，思想麻痹主要表现为部分电气工作人员嫌安全措施多余、麻烦；作业中没有遵守操作规程；敬业精神差，操作和作业时马马虎虎，不求甚解，缺乏认真细致的检查与测试；发现异常不按规程进行处理，埋下事故隐患及心存侥幸、冒险蛮干等。

2.1.4.4 维护保养不善

维护保养不善表现为设备或线路的绝缘损坏、老化不能及时发现、修理或更换；电气设备内部接线松脱，导体碰壳；导线失修，连接不牢或导线架得过紧或过松；绝缘受机械损伤或树木碰线；保险丝盒缺损，无插尾或开关胶盖缺损、丢失；灯座、插头护壳残缺或接线桩头外露；电气设备受潮，被雨水淋或受有害物质腐蚀以及导线选择过细不能适合负荷增加等。

2.1.4.5 环境恶劣

环境恶劣表现为电气设备处于光线昏暗或光线过强、狭窄、无通风场所；电气设备处于潮湿或高温场所；作业场地烟雾弥漫，视物不清；危险场所作业时没有采用安全电压；电气设备处于易受机械损伤或鼠害的场所；在危险场所作业，无人监视以及工具、制品、材料堆放不安全。

2.1.4.6 操作错误、忽视安全和警告

操作错误、忽视安全和警告表现为未经许可开动、关停、移动机器；开动、关停机器时不给信号；忘记关闭设备或开关未锁紧，造成意外转动、通电或泄漏；按钮、阀门、扳手或把柄等操作错误；忽视警告标志、警告信号；机器超速运转；用手代替工具操作；拆除安全装置或调整错误造成安全装置失效等。

2.1.4.7 偶然因素

偶然因素表现为雷击、导线断落触及人体，接近高压导线断落的地面以及静电感应等。

2.1.5 发生触电事故的一般规律

2.1.5.1 季节性明显

一般每年以第二、三季度事故发生较多，6—9 月最集中。因为夏秋两季天气湿润多雨，降低了电气设备的绝缘性能；人体多汗，皮肤电阻降低，容易导电；天气炎热，负荷量和临时线路增多；操作人员常不穿戴工作服和绝缘护具；农村用电量和用电场所增加，使触电事故增多。

2.1.5.2 低压触电多于高压触电

据资料统计，1kV 以下的低压触电事故远多于高压触电事故。主要因为低压设备多，低压电网广，与人接触机会多；低压设备简陋且管理不严，思想麻痹；多数群众缺乏电气安全知识。

2.1.5.3 农村触电事故多于城市

据统计，农村触电事故约为城市的 16 倍。这主要是由于农村用电条件差，设备简陋，技术水平低，管理不严，电气安全知识缺乏。

2.1.5.4 青年和中年触电事故多

一方面是因为中青年多数是主要操作者，且大都接触电气设备；另一方面这些人多数已有几年工龄，不再如初学时那么小心谨慎，但经验不足，电气安全知识尚较欠缺。

2.1.5.5 单相触电事故多

据统计，各类触电方式中，单相触电事故占触电总事故的 70%以上。

2.1.5.6 携带式设备和移动式设备触电事故多

这主要是因为这些设备经常移动，工作条件较差，容易发生故障。另外，在使用时需

要用手紧握进行操作。

2.1.5.7　误操作事故多

这主要是由于防止误操作的技术措施和管理措施不完善造成的。

2.1.5.8　事故点多在电气连接部位

电气事故点多数发生在分支线、接户线、地爬线的接线端或电线接头，以及接触器、开关、熔断器、灯头、插座处，易出现短路、闪弧或漏电等情况。

2.1.5.9　事故多由两个以上因素构成

统计表明 90%以上的事故是由两个以上原因引起的。构成事故的四个主要因素是：缺乏电气安全知识、违反操作规程、设备不合格、维修不善。其中，仅一个原因的不到 7%，两个原因的占 35%，三个原因的占 38%，四个原因的占 20%。应当注意的是，由操作者本人过失所造成的触电事故是较多的。

2.1.5.10　事故与生产部门性质有关

冶金、矿业、建筑、机械等行业，由于潮湿、高温、生产现场较混杂、移动式与便携式设备多、现场金属设备多等不利因素，相对触电事故的次数也较多。

根据事故发生的规律，管理部门可以采取相应的措施有重点和有针对性地落实安全措施和开展安全监察。

2.2　防止人身触电的基本措施

2.2.1　绝缘措施

2.2.1.1　绝缘防护的作用及配合

电气设备是由导电体和绝缘体这两个不可缺少的基本部分构成的。绝缘防护就是用绝缘材料将带电导体封护或隔离起来，使电气设备及线路正常工作时，防止发生人身触电的措施。绝缘防护是安全保护的一项重要措施。当然，良好的绝缘必须与其工作电压相符，与周围环境和运行条件相适应，这就需要进行合理的绝缘配合。

绝缘配合是指根据设备的使用和周围环境条件来选择设备的电气绝缘特性。绝缘配合涉及电压、频率、承受电压作用的时间、污秽（污染）等诸多环境条件的认定；涉及电气间隙和爬电距离（或爬电比距）的确定；还涉及相应的试验和测量。只有当电气设备能够承受预期使用寿命中各种条件下的作用强度的检验时，它的设计才可以被认为是实现了绝缘配合要求。

绝缘材料的电气性能主要表现在电场作用下材料的导电性能、介电性能及绝缘强度。它们分别以绝缘电阻率 ρ 、介电常数 ε_r、介质损耗角 $\tan\delta$ 及击穿场强 E_B 四个参数表示。绝缘电阻率和绝缘电阻是电气设备和电气线路最基本的绝缘电气性能指标，足够的绝缘电阻能把电气设备的泄露电流限制在很小的范围内，防止由漏电引起的触电事故。介电常数是表明电介质极化特征的性能参数。介电常数越大，电介质极化能力越强，产生的束缚电荷就越多。在交流电压作用下，电介质中的部分电能不可逆转地变成热量，这部分能量称为介质损耗，通常用介质损耗角 $\tan\delta$ 衡量电介质的介质损耗性能。施加于电介质上的电场强度高于临界值，会使通过电介质的电流突然猛增，这时绝缘材料被破坏，完全失去了绝缘性能，这种现象称为电介质击穿。发生击穿时的电压称为击穿电压，击穿时的电场强度称为击穿场强。

2.2.1.2 绝缘的结构形式

绝缘的结构包括工作绝缘、保护绝缘、双重绝缘、加强绝缘以及另加总体绝缘等五种形式。

工作绝缘又称基本绝缘，是带电体与不可触及金属件之间的绝缘，是保证电气设备正常工作和防止触电的基本绝缘。保护绝缘又称附加绝缘，是不可触及金属件与可触及金属件之间的绝缘，是用于工作绝缘损坏后防止触电的独立绝缘。双重绝缘是兼有工作绝缘和保护绝缘的绝缘。加强绝缘是增强了绝缘性能和机械强度的具有与双重绝缘同等防触电能力的单一绝缘。另加总体绝缘是指若干个设备在其本身工作绝缘的基础上另外装设的一套防止电击的附加绝缘物。

具有加强绝缘的设备属于Ⅱ类设备。按其外壳特征又分为以下三种类型：

(1) 绝缘外壳基本上连成一体的Ⅱ类设备。其外壳上除铭牌、螺钉、铆钉等小金属件外，其他金属件都在绝缘外壳内，外壳成为加强绝缘的补充或全部。

(2) 金属外壳基本上连成一体的Ⅱ类设备。其外壳与带电体之间尽量采用双重绝缘；无法采用双重绝缘的部件可采用加强绝缘。

(3) 兼有绝缘外壳和金属外壳两种特征的Ⅱ类设备。

2.2.1.3 常用绝缘材料

电工技术上将电阻率在 $10^7\Omega \cdot m$ 以上的材料称为绝缘材料，其品种很多，按形态可分为气体绝缘材料、液体绝缘材料和固体绝缘材料。按化学性质可分为无机绝缘材料、有机绝缘材料和混合绝缘材料。

常用的气体绝缘材料有空气、氮气、氢气、二氧化碳、六氟化硫等。空气用于裸导体之间的绝缘及裸导体对地绝缘，靠安全距离来保证绝缘要求。六氟化硫有良好的绝缘性能和灭弧性能，用它作为开关电器的绝缘材料，体积特别小。

液体绝缘材料有变压器油、断路器油、电容器油、电缆油、硅油、蓖麻油、十二烷基苯、二芳基乙烷等。

固体绝缘材料用得最多。无机固体绝缘材料有电瓷、玻璃、云母、石棉、大理石、硫黄等；有机固体绝缘材料有棉纱、纸、麻、蚕丝、漆胶等天然纤维及橡胶、塑料等。混合固体绝缘材料由上述无机和有机绝缘材料加工而成，主要用于制造电器的底座、外壳等部件。固体绝缘材料的制成品，如黄（黑）腊布带、黄蜡绸带、各种玻璃漆布（带）、聚酯薄膜、青壳纸、酚醛层压纸（柿）、各种玻璃布板、各种云母带、虫胶换向器云母板、各种浸渍绝缘漆及覆盖漆等。

2.2.1.4 绝缘的破坏

绝缘的破坏可能导致电击、电烧伤、短路、火灾等事故。绝缘破坏有击穿、老化、损伤三种形式。

固体绝缘材料被击穿有四种基本形式：热击穿、电击穿、电化学击穿和放电击穿。热击穿指绝缘材料在外加电压作用下，产生泄漏电流使绝缘材料发热，若发热量大于散热量，使温度上升，导致绝缘材料局部熔化、烧焦或烧裂，最后造成击穿。电击穿指绝缘材料在强电场作用下，其内少量处于导电的电子剧烈运动，破坏中性分子的结构，发生碰撞电离，并迅速扩展导致击穿。电化学击穿是固体绝缘材料在强电场作用下，由于电离、发热和化学反应等因素的综合效应造成的击穿。放电击穿是固体绝缘材料在强电场作用下，内部气泡首先发生电离而放电，继而加热其他杂质，使之汽化形成气泡，由气泡放电进一步发展导致的击穿。

绝缘老化指绝缘材料经过长时间使用，受到热、电、光、氧、机械力（包括超声波）、辐射线、微生物等因素的作用，发生一系列不可逆的物理和化学变化，逐渐丧失原有电气性能和机械性能而破坏。电气设备绝缘材料的老化机理有热老化和电老化两种。热老化一般在低压电气设备中，促使绝缘材料老化的主要因素是热。热老化包括材料中挥发性成分的逸出，材料的氧化裂解、热裂解和水解，还包括材料分子链继续聚合等过程。每种绝缘材料都有其极限耐热温度，当超过这一极限温度时，其老化将加剧，电气设备的寿命就缩短。电老化主要是由局部放电引起的。在高压电气设备中，促使绝缘材料老化的主要原因是局部放电。局部放电时产生的臭氧、氮氢化物、高速粒子都会降低绝缘材料的性能，局部放电还会使材料局部发热，促使材料性能恶化。

绝缘损坏是绝缘物受外界腐蚀性液体、气体、蒸汽、潮气、粉尘的污染和侵蚀，或受到外界热源、机械因素的作用，在较短或很短的时间内失去其电气性能或机械性能的现象。另外，动物和植物以及工作人员错误操作也可能破坏电气设备或电气线路的绝缘。

为检查电气设备或线路的绝缘指标是否符合要求，避免绝缘损坏而造成的事故，必须进行绝缘检测和绝缘试验。绝缘检测和绝缘试验主要包括绝缘电阻试验、耐压试验、泄漏电流试验和介质损耗试验。其中，绝缘电阻试验是最基本的绝缘试验；耐压试验是检验电气设备承受过电压的能力，主要用于新品种电气设备的形式试验及投入运行前的电力变压器等设备、电工安全用具等；泄漏电流试验和介质损耗试验只对一些要求较高的高压电气设备才有必要进行。

2.2.1.5　预防电气设备绝缘事故的措施

（1）不使用质量不合格的电气产品。

（2）按规程和规范安装电气设备或线路。

（3）按工作环境和使用条件正确选用电气设备。

（4）按照技术参数使用电气设备，避免过电压和过负荷运行。

（5）正确选用绝缘材料。

（6）按规定的周期和项目对电气设备进行绝缘预防性试验。

（7）改善绝缘结构也是积极的绝缘防护措施之一。

（8）在搬运、安装、运行和维修中避免电气设备的绝缘结构受机械损伤、受潮、脏污。

（9）在中性点不接地的电力系统中装设绝缘监察装置。

2.2.2　安全距离

为了防止人体触及或接近带电体造成触电事故，避免车辆、器具碰撞或过分接近带电体造成放电和短路事故，在带电体与地面之间、带电体与其他设施及设备之间、带电体与带电体之间，必须保持一定的安全距离。

安全距离的大小，主要是根据电压的高低（留有裕度）、设备状况和安装方式来决定，并在规程中作出明确规定。凡从事电气设计、安装、巡视、维修以及带电作业的人员，都必须严格遵守。

2.2.2.1 线路安全距离

（1）架空线路。架空线路的导线与地面、各种工程设施、建筑物、树木、其他线路之间，以及同一线路的导线与导线之间，均应保持一定的安全距离。架空线路导线与地面或水面的距离不应低于表2.5所列数值。

表2.5 导线与地面或水面的最小距离

线路经过地区	线路电压/kV				
	<1	10	35～110	154～220	330
居民区/m	6	6.5	7.0	7.5	8.5
非居民区/m	5	5.5	6.0	6.5	7.5
不能通航或浮运的河、湖（至冬季水面）/m	5	5.0	5.5	6.0	7.0
不能通航或浮运的河、湖（至50年一遇的洪水水面）/m	3	3.0	3.0	3.5	4.5
交通困难地区/m	4	4.5	5.0	5.5	6.5

注 居民区——工业企业区，港口、火车站、市（镇）、乡村等人口密集地区。
非居民区——上述居民区以外的地区，均属非居民区。虽然时常有人、车辆或农业机械到达，但未建房屋或房屋稀少的地区，亦属非居民区。
交通困难地区——车辆、农业机械不能到达地区。

在未经相关管理部门许可的情况下，架空线路不得跨越建筑物。架空线路与有爆炸、火灾危险的厂房之间应保持必要的防火间距，且不得跨越具有可燃材料屋顶的建筑物。架空线路导线与建筑物的最小距离见表2.6。

架空线路导线与街道或厂区树木的距离，不应低于表2.7中的数值。校验导线与树木之间的垂直距离，应考虑树木在修剪周期内的生长高度。

表2.6 导线与建筑物的最小距离

线路电压/kV	<1	1～10	35	60～110	154～220	330
垂直距离/m	2.5	3.0	4.0	5.0	6.0	7.0
水平距离/m	1.0	1.5	3.5	4.0	5.0	6.0

表2.7 导线与树木的最小距离

线路电压/kV	<1	10	35～110	154～220	330	550
垂直距离/m	1.0	1.5	4.0	4.5	5.5	7.5
水平距离/m	1.0	2.0	3.5	4.0	5.0	7.0

架空线路导线与铁路、道路、通航河流、电气线路及其特殊管道等设施之间的最小距离，有关规程中都有规定。同杆架设不同种类、不同电压的电气线路时，电力线路应位于弱电线路的上方，高压线路应位于低压线路的上方。

架空线路的防护区为导线边线向两侧延伸一定距离所形成的两平行线内的区域，延伸距离：10kV 及以下线路为 5m；35～110kV 线路为 10m；154～330kV 线路为 15m。架空线路经过工厂、矿山、港口、码头、车站、城镇等人口密集的地区，不规定防护区。

在未考虑做交通道路的地点，直接在架空线路下面通过的运输车辆或农业机械及人员与导线间的距离：10kV 及以下线路为 1.5m；35～110kV 线路为 2.0m；154～220kV 线路为 2.5m；330kV 线路为 3.5m。如通过的车辆或机械（包括机上人员）的高度超过 4.0m，应事先取得电力线路运行单位的同意。

（2）低压配电线路。从配电线路到用户进线处第一个支持点之间的一段架空导线称为接户线，从接户线引入室内的一段导线称为进户线。接户线对地最小距离应符合表 2.8 中的规定。

表 2.8　　接户线对地最小距离

接户线电压		最小距离/m
高压接户线		4.0
低压接户线	一般	2.5
	跨越通车街道	6.0
	跨越通车困难街道、人行道	3.5
	跨越胡同（里、弄、巷）	3.0

低压接户线与建筑物、弱电回路的安全距离应符合表 2.9 中的规定。

表 2.9　　低压接户线（绝缘线）与建筑物、弱电回路的最小距离

敷设方式		最小允许距离/m
水平敷设	距下方窗户的垂直距离	300
	距上方窗户的垂直距离	800
	距下方弱电线路交叉距离	600
	距上方弱电线路交叉距离	300
垂直敷设时至阳台、窗户的水平距离		750
沿墙或构架敷设时至墙或构架的距离		50

相关规程对户内低压配电线路与地面、生产设备和建筑物之间的距离都有要求，在此不再一一论述。

2.2.2.2　变配电装置安全距离

（1）室外配电装置安全距离。其中：

1）室外配电装置的各项安全净距不应小于表 2.10 中的规定，尺寸 A、B、C、D、E 如图 2.6 所示。

2）当电气设备的套管和绝缘子最低绝缘部位距地面小于 2.5m 时，应装设固定围栏。

3）围栏向上延伸线距地 2.5m 处与围栏上方带电部分的净距不应小于表 2.10 中的 A_1 值。

4）设备运输时，其外廓至无遮拦裸导体的净距不应小于表 2.10 中的 B_1 值。

5）不同时停电检修的无遮拦裸导体之间的垂直交叉净距不应小于表 2.10 中的 B_1 值。

6）带电部分至建筑物和围栏顶部的净距不应小于表 2.10 中的 D 值。

表 2.10　　室外配电装置的最小安全净距

设备额定电压/kV	0.4	1～10	15～20	35	60	110J	110	154J	154	220J
带电部分至接地部分 A_1/mm	75	200	300	400	650	900	1000	1300	1450	1800
不同相的带电部分之间 A_2/mm	75	200	300	400	650	1000	1100	1450	1600	2000
带电部分至栅栏 B_1/mm	825	950	1050	1150	1350	1650	1750	2050	2150	2550
带电部分至网状遮拦 B_2/mm	175	300	400	500	700	1000	1100	1400	1500	1900
无遮拦带电体至地面 C/mm	2500	2700	2800	2900	3100	3400	3500	3800	3900	4300
不同时停电检修的无遮拦导体间 D/mm	2000	2200	2300	2400	2600	2900	3000	3300	3400	3800

注　1. 额定电压数字后带“J”字指中性点直接接地电网。

2. 海拔超过 1000m 时，A 值应按每升高 100m 增大 1%进行修正，B、C、D 值应分别增加 A_1 值的修正值。35kV 及以下的 A 值，可在海拔超过 2000m 时进行修正。

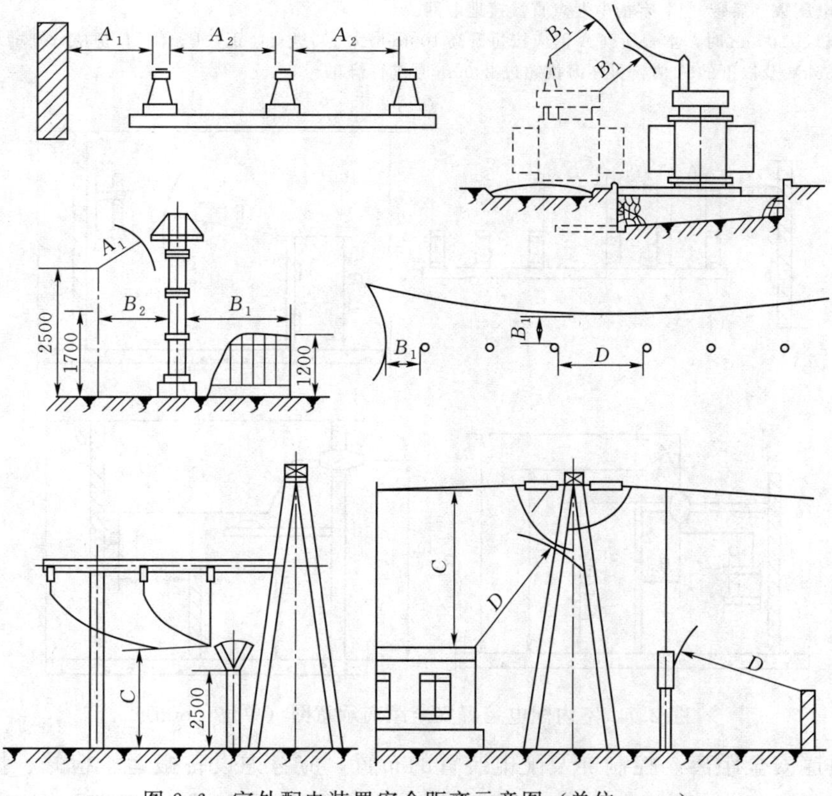

图 2.6　室外配电装置安全距离示意图（单位：mm）

室外配电装置、变压器的附近若有冷水塔或喷水池时，其位置宜布置在冷水塔或喷水池冬季主导风向的上风侧，最小距离分别为 25m 和 30m。若布置在下风侧，最小距离为 40m 和 50m。

变压器与露天固定油罐之间无防火墙时，其防火净距不应小于 15m，与其他火灾危险场所的距离不应小于 10m。

（2）室内配电装置安全距离。室内配电装置各项安全净距不应小于表 2.11 中的数值，尺寸 A、B、C、D、E 如图 2.7 所示。

表 2.11　室内配电装置的最小安全距离

设备额定电压/kV	0.4	1～3	6	10	16	35	60	110J	110
带电部分至接地部分 A_1/mm	20	75	100	125	150	300	550	850	950
不同相的带电部分之间 A_2/mm	20	75	100	125	150	300	550	900	1000
带电部分至栅栏 B_1/mm	800	825	850	875	900	1050	1300	1600	1700
带电部分至网状遮拦 B_2/mm	100	175	200	225	250	400	650	950	1050
带电部分至板状遮拦 B_3/mm	50	105	130	155	180	330	580	880	980
无遮拦带电体至地面 C/mm	2300	2375	2400	2425	2450	2600	2850	3150	3250
不同时停电检修的无遮拦导体间 D/mm	—	1875	1900	1925	1950	2100	2350	2650	2750
穿墙套管至室外通道路面 E/mm	3650	4000	4000	4000	4000	4000	4500	5000	5000

注　1. 额定电压数字后带"J"字指中性点直接接地电网。
2. 海拔超过 1000m 时，本表所列 A 值应按每升高 100m 增大 1%进行修正，B、C、D 值应分别增加 A_1 值的修正值。35kV 及以下的 A 值，可在海拔超过 2000m 时进行修正。

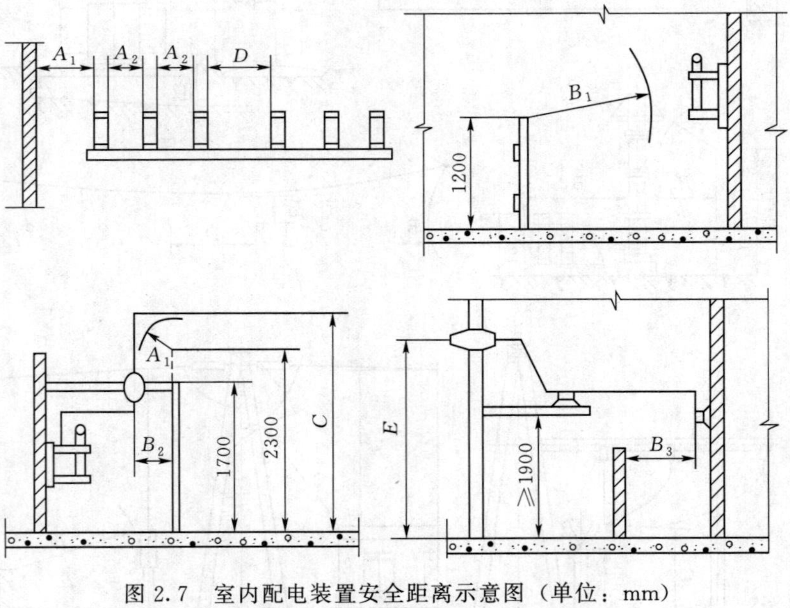

图 2.7　室内配电装置安全距离示意图（单位：mm）

（3）通道安全距离。控制屏及配电装置的布置，应考虑设备搬运、检修、操作和试验的便利。为了工作人员的安全，必须留有安全通道。控制屏与通道间的安全距离见表 2.12。

当采用成套手车式开关柜时，操作通道的最小宽度（净距）不应小于下列数值：一面有开关柜时，单车长＋900mm；两面有开关柜时，双车长＋600mm。

室内安装的变压器，其外廓与变压器室四壁之间的距离，应不小于表 2.13 中的数值。

室外安装的变压器，其外廓之间的距离一般不应小于 1.5m，外廓与围栏或建筑物的间距应不小于 0.8m，室外配电箱底部离地面的高度一般为 1.3m。

表 2.12　　控制室各控制屏间及通道间的安全距离　　单位：m

设施部位	屏正面	屏背面	墙
屏正面	1.6～1.8（2.0～2.2）	1.3～1.5	1.3～1.5（1.5～1.7）
屏背面	—	0.8（1.0）	1.0～1.2
屏边	—	—	1.0～1.2

注　1. 直流屏和低压屏采用括号内数字。
　　2. 控制屏正面与墙净距宜不小于 3m。

表 2.13　　变压器外廓与变压器室四壁之间的最小距离

项　目	变压器容量	
	≤1000kVA	≥1250kVA
变压器与后壁、侧壁之间/m	0.6	0.8
变压器与变压器室门之间/m	0.8	1.0

通道内的裸导体高度低于 2.2m 时应加遮拦，遮拦与地面的垂直距离应不小于 1.9m；通道的一面装有配电装置，其裸露导电部分离地面低于 2.2m 且没有遮拦时，则裸露导电部分与对面的墙或无裸露导电部分的设备之间的距离不应小于 1.0m；通道的两面均装有配电装置，或一面装有配电装置，另一面装有其他设备，其裸露导电部分离地面低于 2.2m 且没有遮拦时，则两裸露导电部分之间的距离不应小于 1.5m；高压配电装置宜与低压配电装置分室安装，如在同一室内单列布置，两者之间的距离不应小于 2.0m。

配电装置的排列长度大于 6m 时，其维护通道应有两个出口，但当维护通道的净宽为 3m 及以上时则不受限制。两个出口的距离不宜大于 15m。

2.2.2.3　检修安全距离

为防止运行及检修人员接近带电体而发生触电事故，《电业安全工作规程》中规定了有关的安全距离。在带电区域中的非带电设备上进行检修时，工作人员正常的活动范围与带电设备的距离应大于表 2.14 中的规定。用绝缘杆进行电气操作时，人体与带电体之间的安全距离应大于表 2.15 中的规定。

表 2.14　　工作人员正常活动范围与带电设备的安全距离

电压等级/kV	≤10	20～35	60～110	220	330	500
安全距离/m	0.70	1.00	1.50	3.00	4.00	5.00

表 2.15　　人体与带电体的安全距离

电压等级/kV	≤10	20～35	44	60～110	154	220	330
安全距离/m	0.40	0.60	0.70	1.00	1.40	1.80	2.60

在带电线路杆塔上工作时的安全距离见表2.16。使用钳形电流表测量电流时，其电压等级应与被测对象的电压相等。测量时应戴绝缘手套。测量高压电缆的线路电流时，钳形电流表与高压裸露部分的距离不应小于表2.17中的规定。

表2.16　在带电线路杆塔上工作的安全距离

电压等级/kV	≤10	20～35	60～110	220	330	500
安全距离/m	0.7	1.0	1.5	3.0	4.0	5.0

表2.17　钳形电流表与高压裸露部分最小允许距离

电压等级/kV	1～3	6	10	20	35	60	110
安全距离/mm	500	500	500	700	800	1000	1300

2.2.3 屏护

配电线路和电气设备的带电部分，如果不便于包以绝缘或者绝缘不足以保证安全时，就需要采用屏护措施。屏护是用屏护装置控制不安全因素，即采用遮拦、护罩、护盖、箱匣等将带电体同外界隔离开来，以防止人体触及或接近带电体所引起的触电事故。屏护还起到防止电弧伤人，防止弧光短路或便于检修工作的作用。

屏蔽能防止人体无意识或有意识触及或过分接近带电体；障碍只能防止人体无意识触及或过分接近带电体，而不能防止有意识移开或越过该障碍触及或过分接近带电体。从这一点来说，屏蔽属于一种完全的防护，障碍是一种不完全的防护。

屏护装置有永久性的，如配电装置的遮拦、开关的罩盖等；也有临时性的，如检修工作中使用的临时屏护装置和临时设备的屏护装置。有固定屏护装置，如母线的护网；也有移动屏护装置，如跟随起重机移动的滑触线的屏护装置。

屏护装置主要用于电气设备不便于绝缘或绝缘不足以保证安全的场合。如开关电器的可动部分一般不能包以绝缘，因此需要屏护。对于高压设备，由于全部绝缘往往有困难，如果人接近至一定距离时，即会发生严重的触电事故。因此，不论高压设备是否有绝缘，均应采取屏护或其他防止接近的措施。室内、外安装的变压器和变配电装置应装有完善的屏护装置。当作业场所邻近带电体时，在作业人员与带电体之间、过道、入口等处均应装设可移动的临时性屏护装置。

屏护装置是最简单，也是很常见的安全装置。为了保证其有效性，屏护装置须符合以下安全条件：

（1）屏护装置不直接与带电体接触，对所用材料的电气性能没有严格要求，但它所用材料应有足够的机械强度和良好的耐火性能。为防止因意外带电而造成触电事故，对金属材料制成的屏护装置必须实行可靠的接地或接零措施。

（2）屏护装置应有足够的尺寸和强度。遮拦高度不应低于1.7m，下部边缘离地不应超过0.1m。对于低压设备，网眼遮拦与裸导体距离不宜小于0.15m；10kV设备不宜小于0.35m，20～30kV设备不宜小于0.6m。户内栅栏高度不应低于1.2m，户外不应低于1.5m。屏护装置应紧固到位，其材料和结构必须具有足够的稳定性和耐久性，以承受在正常使用中可能出现的机械应力、碰撞和不当操作引起的应力应变。

(3) 与带电体保证足够的安装距离。对于低压设备，栅栏与裸导体距离不宜小于0.8m，栏条间距离应不超过0.2m。户外变电装置围墙高度一般不应低于2.5m。装设在现场的临时阻挡物不必采取特殊的固定措施，但应防止有人无意碰倒或移位。

(4) 接地。凡用金属材料制成的屏护装置，为了防止屏护装置意外带电造成触电事故，必须将屏护装置接地（或接零）。

(5) 标志。遮拦、栅栏等屏护装置上，应根据被屏护对象挂上“高压，生命危险”“止步！高压危险”“禁止攀登！高压危险”等标示牌。被屏护的带电部分应有明显标志，标明规定的符号或涂上规定的颜色。

(6) 屏护装置。应配合采用信号装置或连锁装置。前者一般使用灯光或信号、表计指示有电，后者是采用专门装置，当人体越过屏护装置可能接近带电体时，被屏护的装置自动断电。屏护装置上锁的钥匙应由专人保管。

对于遮拦内的储能设备或部件，当打开遮拦有可能触及这些部分时，必须采取能量释放措施，并保证在触及这些部分之前将电压降至50V以下。在偶尔需要开启更换熔断器、指示灯等部件的地方，可以设置中间遮拦，这个遮拦不用钥匙或工具应不能开启或除去。

2.2.4 安全电压

2.2.4.1 安全电压值

在一些触电危险性较大的场所，使用移动的或手持的电器设备（如行灯、电钻等）时，为了预防人身触电事故，可用安全低电压作电源。把可能加在人身上的电压限制在某一范围内，使得在该电压下通过人体的电流不超过允许的范围，这一不危及人身安全的电压称为安全电压，也称为安全特低电压或安全超低电压。采用安全电压供电，是一种对直接和间接触电兼顾的防护措施。具有安全电压的设备属于Ⅲ类设备。

在触电电源不会自动消除的情况下，我国规定的基本安全电压为50V（交流有效值），这个电压称作“约定接触极限电压”，它是允许长期保持的接触电压最大值。这一限值是根据人体允许电流30mA和人体电阻1700Ω的条件定的。同时考虑到人所处的环境不同，又对四种不同接触状态下的安全电压值作了规定，见表2.18。

表2.18 不同接触状态下的安全电压值

类别	接触状态	通过人体允许电流/mA	人体电阻/Ω	安全电压/V
第一种	人体大部分浸入水中的状态	5	500	2.5以下
第二种	人体显著淋湿，人体一部分经常接触到电气装置金属外壳和构造物的状态	50	500	25以下
第三种	除第一、二两种状态以外的其他情况，对人体有接触电压后，危险性高的状态	30	1700	50以下
第四种	除第一、二两种状态以外的其他情况，对人体有接触电压后，危险性低或无危险性的状态	不规定		无限制

我国还规定工频有效值42V、36V、24V、12V、6V安全电压的额定值。如无特殊安

全结构或安全措施，应采用 42V 或 36V 安全电压；金属容器内、隧道内、矿井内等潮湿、工作地点狭窄、行动不便，以及周围有大面积接地导体的环境，应采用 24V 或 12V 安全电压。当电气设备采用 24V 以上的安全电压时，必须采取直接接触电击的防护措施。

国际电工委员会还规定了直流安全电压的上限值为 120V。

2.2.4.2　电源及回路配置

(1) 安全电压电源。通常采用安全隔离变压器作为安全电压的电源。这种变压器原、副边之间有良好的绝缘；其间还可以用接地的屏蔽隔离开来。除隔离变压器外，具有同等隔离能力的发电机、蓄电池、电子装置等均可做成安全电压电源。但不论采用什么电源，安全电压侧均应与高压侧保持加强绝缘的水平。为了进行短路保护，安全电压电源的原、副边均应装熔断器。

(2) 回路配置。安全电压回路的带电部分必须与较高电压的回路保持电气隔离，并不得与大地、保护接零（地）线或其他电气回路连接。但变压器外壳及其原、副边之间的屏蔽隔离层应按规定接零或接地。安全电压的配线最好与其他电压等级的配线分开敷设。否则，其绝缘水平应与共同敷设的其他较高电压等级配线的绝缘水平一致。

(3) 插座。安全电压设备的插座不得带有接零或接地插头或插孔。为了保证不与其他电压的插座有插错的可能，安全电压应采用不同结构的插座，或者在其插座上有明显的标志。

2.2.4.3　功能特低电压

如果电压值与安全电压值相等，而由于功能上的原因，电源或回路配置不完全符合前述要求，则称之为功能特低电压。其补充安全要求为：装设必要的屏护或加强设备的绝缘，以防止直接接触电击；当该回路同原边保护零线或保护地线连接时，原边应装设防止触电的自断电装置，以防止间接接触电击。其他要求与安全电压相同。

2.2.5　电气隔离

电气隔离指工作回路与其他回路实现电气上的隔离。电气隔离是通过采用 1∶1（即原、副边电压相等）的隔离变压器来实现的。其保护原理是在隔离变压器副边构成了一个不接地的电网，因而阻断了在副边工作的人员单相触电时电击电流的通路。

单独的供电电源有的仅对单一设备供电，有的同时对多台设备供电。对这两种情况，在安全条件上有其通用的要求，也有各自的特殊要求。

2.2.5.1　通用要求

(1) 电气上隔离的回路，其电压不得超过 500V 交流有效值。

(2) 电气上隔离的回路必须由隔离的电源供电。使用隔离变压器供电时，隔离变压器必须具有加强绝缘的结构，其温升和绝缘电阻要求与安全隔离变压器相同。

(3) 被隔离回路的带电部分保持独立，严禁与其他电气回路、保护导体或大地有任何电气连接。应有防止被隔离回路发生故障接地及窜入其他电气回路的措施。

(4) 软电线电缆中易受机械损伤的部分的全长均应是可见的。

(5) 被隔离回路应尽量采用独立的布线系统。

(6) 隔离变压器的二次侧线路电压过高或线路过长都会降低回路对地绝缘水平，增大故障接地的危险。因此，必须限制二次侧电压和二次侧线路长度。按照规定，电压与长度的乘积不应超过 100000V·m。此时，布线长度不应超过 200m。

2.2.5.2 特殊要求

（1）对单一电气设备隔离的补充要求。当实行电气隔离的为单一电气设备时，设备的外露可导电部分严禁与系统或装置中的保护导体或其他回路的外露可导电部分连接，以防止从隔离回路以外引入故障电压。若设备的外露可导电部分易于与其他回路的外露可导电部分形成接触，则触电防护就不应再依赖于电气隔离，而必须采取电击防护措施，例如实行以外露可导电部分接地为条件的自动切断电源的防护。

（2）对多台电气设备隔离的补充要求。

1）当实行电气隔离的为多台电气设备时，必须用绝缘和不接地的等电位连接导体相互连接。如果没有等电位连接线，当隔离回路中两台相距较近的设备的外壳将带有不同的对地电压。当有人同时触及这两台设备时，则承受的接触电压为线电压，具有相当大的危险性。还须注意，等电位连接导体严禁与其他回路的保护导体、外露可导电部分或任何可导电部分连接（图 2.8）。

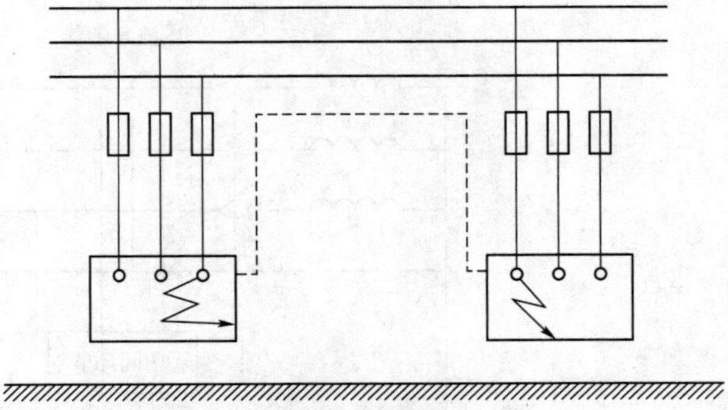

图 2.8 电气隔离的等电位连接

2）回路中所有插座必须带有供等电位连接用的专用插孔。

3）除了为Ⅱ类设备供电的软电缆之外，所有软电缆都必须包含一根用于等电位连接的保护芯线。

4）设置自动切断供电的保护装置，用于在隔离回路中两台设备发生不同相线的碰壳故障时，按规定的时间自动切断故障回路的供电。

2.2.6 剩余电流动作保护装置

剩余电流动作保护装置是有效防止低压触电、漏电事故的重要保护电器装置。剩余电流动作保护的断路器能够在接地故障电流小至几毫安时，就能动作跳闸，断开故障电路。剩余电流保护装置在正常发挥作用时，其保护范围是：当电路中发生相对地漏电所产生的剩余电流超过规定值时，能够自动切断电源或报警。

2.2.6.1 剩余电流动作保护装置的组成及原理

图 2.9 所示为漏电保护装置的组成框图。其构成主要有三个基本环节，即检测元件、中间环节（包括放大元件和比较元件）和执行机构。其次，还有辅助电源和试验装置。

（1）检测元件。它是一个漏电（零序）电流互感器，作用是将漏电电流信号转换为电压或功率信号输出给中间环节。

（2）中间环节。该环节对来自零序电流互感器信号进行处理。中间环节通常包括放大元件、比较元件等，不同型式的漏电保护装置在中间环节的具体构成上形式各异。

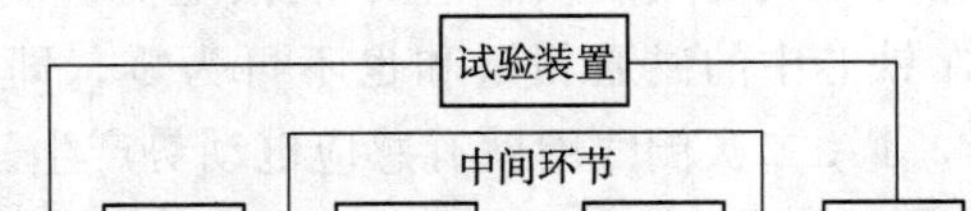

图 2.9 漏电保护装置的组成框图

(3) 执行机构。该机构用于接收中间环节的指令信号，实施动作，自动切断故障处的电源。执行机构多为带有分励脱扣器的自动开关或交流接触器。

(4) 辅助电源。当中间环节为电子式时，辅助电源的作用是提供电子电路工作所需的低压电源。

(5) 试验装置。这是对运行中的漏电保护装置进行定期检查时所使用的装置。通常是用一只限流电阻和检查按钮相串联的支路来模拟漏电的路径，以检验装置是否正常动作。

图 2.10 是某三相四线制供电系统的漏电保护装置的工作原理示意图。下面针对此电路图，对漏电保护装置工作的原理进行说明。

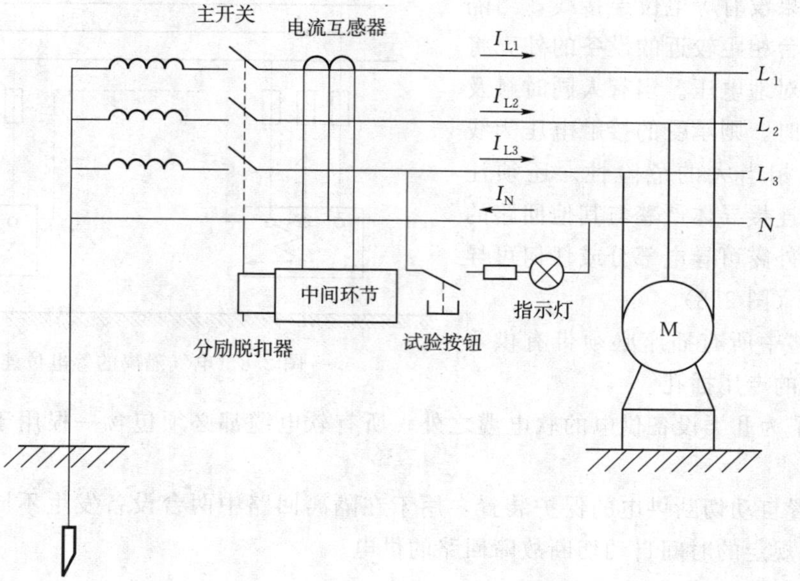

图 2.10 漏电保护装置的工作原理图

在被保护电路工作正常、没有发生漏电或触电的情况下，由基尔霍夫定律可知，通过 TA 一次侧电流的相量和等于零，即 $\dot{I}_{L1}+\dot{I}_{L2}+\dot{I}_{L3}=0$。这使得 TA 铁芯中磁通的相量和也为零。TA 二次侧不产生感应电动势。漏电保护装置不动作，系统保持正常供电。

当被保护电路发生漏电或有人触电时，三相电流的平衡遭到破坏，出现零序电流，即：$\dot{I}_{L1}+\dot{I}_{L2}+\dot{I}_{L3}=\dot{I}_{N}$。这零序电流是故障时流经人体，或流经故障接地点流入地下，或经保护导体返回电源的电流。由于漏电电流的存在，通过 TA 一次侧各相负载电流的相量和不再等于零，即产生了剩余电流。剩余电流是零序电流的一部分，这电流就导致了 TA 铁芯中的磁通相量和也不再为零，即在铁芯中出现了交变磁通。在此交变磁通作用下，TA 二次侧线圈就有感应电动势产生。此漏电信号经中间环节进行处理和比较，当达到预定值时，使主开关的分励脱扣器线圈通电，驱动主开关自动跳闸，迅速切断被保护电路的供电电源，从而实现保护。

2.2.6.2 安装剩余电流保护装置应注意的问题

(1) 仅在线路末端安装保护装置。一般线路干线上断路器的短路整定电流比末端电路大得多，一旦发生电弧性接地故障，干线上断路器不可能切断故障电流，起不到保护作用。因此，干线上接地故障引起的电气火灾危险性更大。为此仅在末端安装剩余电流保护装置，是无法保护电气线路单相接地引起的电气火灾的。只有在电气线路的进线端安装剩余电流保护装置，与末端保护形成分级保护方式，其动作特性可协调配合，才能起到保护装置既能防止人身电击事故，又能防止单相接地引起电气火灾事故。

(2) 保证接线正确，才能防止误动作。安装保护装置后，如发生不应有的跳闸，其真实原因往往不是保护装置有问题，而是线路接地有问题。例如楼内某一线段的 PE 线和 N 线接反，PE 线中通过若干的中性线电流，保护装置会跳闸。又如某一相线或 N 线因施工不慎，绝缘损坏而故障接地，故障电流经地返回电源，也会误跳，不能随意拆除保护装置。

2.2.6.3　剩余电流动作保护装置使用中的注意事项

(1) 剩余电流动作保护装置既能保护人身安全，也能监督低压系统或设备的对地绝缘状况。

(2) 剩余电流动作保护装置是在人体发生单相触电事故时，才能起到保护作用的。如果人体对地处于绝缘状态，一旦是触及了两根相线或一根相线与一根中性线时，保护装置并不会动作，即此时它起不到保护作用。

(3) 剩余电流动作保护装置安装点以后的线路应是对地绝缘的。若对地绝缘能力降低，漏电电流超过某一定值（通常为 15mA 左右）时，保护装置便会动作并切断电源。所以要求线路的对地绝缘必须良好，否则将会经常发生误动作，影响正常用电。

(4) 低压电网实行分级保护时，上级保护应选用延时型剩余电流动作保护装置，其分断时间应比下级保护装置的动作时间增加 0.1～0.2s。

(5) 安装在总保护和末级保护之间的剩余电流动作保护装置，其额定剩余动作电流值，应介于上、下级剩余电流动作保护装置的额定剩余动作电流值之间，且其级差通常应达1.2～2.5倍。

(6) 总保护的额定剩余动作电流最大值分别为 75～100mA（非阴雨季节）及 200～300mA（阴雨季节）；移动式电力设备及临时用电设备的剩余电流动作保护装置动作电流值为 30mA。

(7) 低压电网总保护采用电流型剩余电流动作保护装置时，变压器中性点应直接接地；电网的中性线不得有重复接地，并应保持与相线一样的良好绝缘；剩余电流动作保护装置安装点后的中性线与相线，均不得与其他回路共用。

(8) 照明以及其他单相用电负荷要均匀分配到三相电源线上，偏差大时要进行调整，力求使各相漏电电流大致相等；当低压线路为地埋线时，三相的长度宜相近。

2.2.6.4　剩余电流保护装置的运行与维护

由于剩余电流保护装置是涉及人身安全的重要装置，因此日常工作中要按照国家有关剩余电流保护器运行的规定，做好运行维护工作，发现问题及时处理。

(1) 剩余电流保护装置投入运行后，应每年对保护系统进行一次普查。普查重点项目有：测试剩余电流动作电流值；测量电网和电气设备的绝缘电阻；测量中性点漏电流，消除电网中的各种漏电隐患；检查变压器和电机接地装置有无松动现象。

(2) 每月至少对保护装置用试跳器试验一次，雷雨季节应增加试验次数。每当雷击或其他原因使保护装置动作后，应做一次试验。停用的保护装置使用前应试验一次。

(3) 保护装置动作后，若经检查未发现事故点，允许试送电一次。如果再次动作，应查明原因，不得连续强送电。

(4) 严禁私自拆除保护装置或强送电。

(5) 剩余电流保护装置故障后要及时更换，并由专业人员修理。

(6) 在保护范围内发生人身触电伤亡事故，应检查保护装置动作情况，分析未能起到保护作用的原因，在未调查清楚之前，不得改动保护装置。

2.2.7 电气安全联锁装置

安全联锁装置是指一些用于安全目的的自动化装置。联锁装置通过机械的或电气的机构使两个动作具有互相制约的关系。下面介绍一些常用的电气安全联锁装置。

2.2.7.1 防止电气事故的联锁装置

防止电气事故的联锁装置很多，应用非常广泛。有的安全联锁装置是设备自带的，如铁壳开关盖上的联锁装置。这种装置能保证开关在合闸状态下不能开盖，而必须拉开开关后才能开盖；有利于检修安全。有的安全联锁装置安装在各设备之间，保证各设备之间一定的动作顺序，如油开关和隔离开关操作机构之间的联锁装置。这种装置能保证送电时先合上隔离开关才能合上油开关；停电时先拉开油开关才能拉开隔离开关，这就防止了隔离开关带负荷拉闸，有效地防止了由于误操作造成的弧光短路事故。有的安全联锁装置附加在其他设备上，以达到自动换接、自动停车等安全目的，如电容器自动放电装置、两路电源联锁装置、弧焊机空载自停装置等。

2.2.7.2 防止非电事故的联锁装置

采用电气方法，借助电气安全联锁装置也可以防止某些机械伤害事故、爆炸事故，以及其他非电气性质的事故。这类联锁装置很多，下面列举几个例子加以说明。

对于要求限制行程的移动机械（或部件），应当在适当的位置装设行程开关。行程开关的常闭触头串联在电源接触器的控制回路里，对接触器实现联锁。除机械式行程开关外，现代又发展了感应式、激光式等先进的行程开关。

矿用大型空压机备有水冷系统。为了保证安全，要求工作时必须先启动水泵，待水到达水套后才能启动主机。而当水泵故障或漏水严重，致使水套或水缸水量不足时，要求主机能自动停车。为了达到这个目的，可以采用带水触点和晶体管线路的联锁装置。

受压容器所能承受的压力有一定的限度。为了监测受压容器内的压力，可采用压电感式压力传感器。

火灾报警装置是典型报警装置。其种类很多，除常用的光电感烟式、离子感烟式、感温式检测器外，还用到红外线式、紫外线式、激光式等特殊形式的检测器。

由金属氧化物半导体材料烧结制成的气敏元件对氢、乙醇、乙醚、汽油、正乙烷等可燃气体或蒸气很敏感。随着可燃气体或蒸气浓度的增加，气敏元件的电阻明显下降。利用这一特性，可以制成可燃气体或蒸气的检测和报警装置。

超声波探伤是最常用的探伤方法之一。选用不同的耦合方式、不同的探头位置、不同的波形能制造多种超声波探伤装置。

红外辐射检测是现代检测技术。自然界中任何温度高于绝对零度（－273.16℃）的物体都能辐射红外光。把红外辐射能量转换电学量的装置即红外检测装置。

防止非电事故的电气安全装置应用十分广泛，有的用于控制、有的用于报警、也有的用于检测或监测。其中，绝大多数要用到现代技术手段。这就是说，电气安全装置是现代电气安全工程的组成部分，是值得安全工作者研究的课题之一。

2.2.8 保护接地和保护接零

2.2.8.1 保护接地

1. 接地的种类

所谓接地，就是将设备的某一部位经接地装置与大地紧密连接起来。

（1）接地分类。按照接地性质，接地可分为正常接地和故障接地。正常接地又有工作接地和安全接地之分。工作接地指正常情况下有电流流过，利用大地代替导线的接地，以及正常情况下没有或只有很小的不平衡电流流过，用以维持系统安全运行的接地。安全接地是正常情况下没有电流流过的起防止事故作用的接地，如防止触电的保护接地、防雷接地、防静电接地及电磁屏蔽接地等。故障接地是指带电体与大地之间的意外连接，如电气设备的碰壳短路、电力线路的接地短路等。

（2）接地电流和接地短路电流。从接地点流入地下的电流称为接地电流。

接地电流有正常接地电流和故障接地电流之分。正常接地电流是指正常工作时通过接地装置流入地下，借助大地形成工作回路的电流；故障接地电流是指系统发生故障时出现的接地电流。

系统一相接地可能导致系统发生短路，这时的接地电流称为接地短路电流。在高压系统中，接地短路电流可能很大，接地短路电流在500A及以下的，称为小接地短路电流系统；接地短路电流在500A以上的，称为大接地短路电流系统。

（3）流散电阻和接地电阻。接地电流流入地下后自接地体向四周流散，这个自接地体向四周流散的电流称为流散电流。流散电流在土壤中遇到的全部电阻称为流散电阻。

接地电阻是接地体的流散电阻与接地线的电阻之和。接地线的电阻一般很小，可以忽略不计，因此，在绝大多数情况下，可以认为流散电阻就是接地电阻。

2. 保护接地原理

保护接地是一种技术上的安全措施，就是把在故障情况下可能呈现危险的对地电压的金属部分同大地紧密地连接起来。

（1）在中性点不接地电网中，电气设备不接地的情况。在中性点不接地电网中，电动机的外壳不接地。当电动机正常运行时，其外壳不带电，触及外壳的人并无危险。而当电动机的绝缘击穿时，其外壳便带有电压。这时若有人触及电动机外壳，将有电流经人体电阻、电网非故障相对地电容和绝缘电阻构成回路。流过人体的电流或人体所承受的电压与电网相电压、线路对地绝缘电阻和线路对地电容有关。当电网分布较广（对地电容较大）或绝缘电阻下降时，流过人体的电流越大，触电的危险性也越大。现在分别就中性点不接地的高、低压电网在没有保护接地的情况下的触电危险性进行分析。

采用中性点不接地的380/220V电网对地电容较小，且电网电压较低，电容电流不大，可以忽略电网对地电容的影响。流经人体的电流远小于安全电流10mA，人体所承受的电压也只有几伏特。可见在线路绝缘良好的情况下，是不会有触电危险的。如果电网绝缘不良，绝缘电阻降至 5kΩ。此时，流过人体的电流大于 10mA，即流过人体的电流大于致命电流。显然，这对于触电者是相当危险的。

3～60kV 电网的中性点是不接地运行的。

(2) 采用保护接地。

1) 保护接地在 IT 系统中的应用。所谓 IT 系统是指电源中性点不接地或经阻抗（约 1kΩ）接地，电气设备的外露可导电部分（如设备的金属外壳）经各自的保护线 PE 分别直接接地的三相三线制低压配电系统（图 2.11）。在这种系统中，当有人触及碰壳设备外壳时，只要将保护接地电阻限制在足够小的范围内，就能使流过人体的电流小于安全电流，或者说可把人体的接触电压降低至安全电压以下，从而保证人身安全，这就是保护接地的工作原理。

IT 系统中所有设备的外露可导电部分都是经各自的 PE 线分别直接接地的，各台设备的 PE 线间并无电磁联系，因此适用于对数据处理、精密检测等装置的供电。

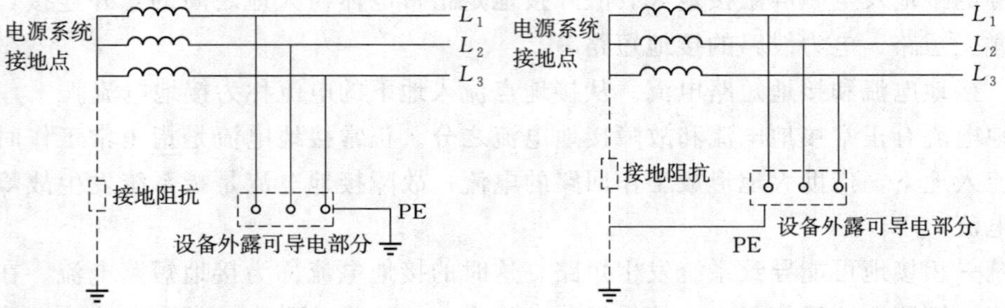

图 2.11　IT 系统

对于 3～60kV 中性点不接地或经消弧线圈接地的高压电网（属 500A 以下小接地短路电流系统），保护接地也是减轻触电的有效措施。

2) TT 系统中保护接地的分析。在中性点直接接地电网中，电动机的金属外壳如果不接地，当人触及碰壳的电动机外壳时，接地电流经人体和变压器的工作接地电阻构成回路。通常工作接地电阻不超过 4Ω，对于 380/220V 三相四线制电网，则人体所承受的电压约等于相电压 220V，通过人体的电流为 129mA，此值远大于安全电流，触电者是很危险的。

所谓 TT 系统是指电源中性点直接接地、设备的外露可导电部分也经各自的 PE 线分别直接接地（接地电阻都不超过 4Ω）的三相四线制低压供电系统（图 2.12）。电动机外壳是接地的，当电动机发生碰壳短路时，可求得故障电流 27.5A，加于人体的电压 110V，流过人体的电流 65mA。这个电流值仍然大于安全电流，且故障电流只有 27.5A，在大多数情况下，是不足以使电路的过流保护装置（如熔断器、自动开

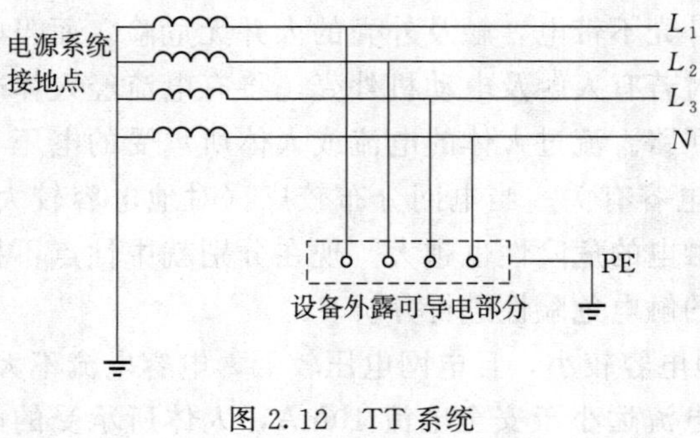

图 2.12　TT 系统

关的脱扣器等）动作的，电动机外壳将会长期带电，这对人仍是很危险的。

TT 系统与前述 IT 系统一样，由于其所有设备的外露可导电部分都是经各自的 PE 线分别直接接地的，各台设备的 PE 线之间无电磁联系，也适于对数据处理、精密检测等装置的供电。

3. 保护接地电阻的确定

接地电阻的数值对于保护的效果是至关重要的。从前面的分析可知，并联电路中的小电阻（保护接地电阻 R_E）对大电阻（人体阻抗）有着强分流的作用。因此，该数值可以根据电网可能的接地故障电流和允许的设备外露可导电部分的最大对地电压来确定。

中性点不接地的 380/220V 系统电网电压较低，长度有限，电网对地电容不大，单相接地故障电流一般不超过 10A，由于人体接触低压电气设备的机会较多，允许的设备外壳对地电压可取为安全电压 36V，则接地电阻 R_E 不大于 3.6Ω。故规程要求 R_E 不大于 4Ω。当变压器容量在 100kVA 以下时，R_E 可放宽至不大于 10Ω。

中性点不接地或经消弧线圈接地的高压系统的额定电压为 3～60kV，接地电流一般不超过 500A，称为小接地短路电流系统。由于高压系统的接地电流已经比较大，要把设备外露导电部分均允许最大对地电压限制在 36V 以下，势必要求接地电阻降至很低，前面已指出此举在技术经济上是不合理的，在多数情况下甚至是不可能做到的。因此，对这类系统，允许设备外露导电部分对地电压可放宽至 120V 或 250V，视高、低压设备的接地装置是共用还是分开敷设而定。

我国额定电压在 110kV 及以上的电网几乎都是采用中性点直接接地方式运行的，其接地短路电流在 500A 以上，称之为大接地短路电流系统。在这种系统中，由于接地短路电流值已经很大，事实上已无法用保护接地的方法来限制碰壳设备的对地电压不超过某一安全范围，而是靠继电保护装置迅速切断电源来保障安全。在这类系统中的设备外壳虽然也接地，并要求接地电阻不大于 0.5Ω，但接地的意义与中性点不接地系统中的保护接地有所不同，后者在于限制碰壳设备的对地电压，而前者在于促使继电保护装置可靠地动作，以切断电源的办法去消除电弧接地过电压。

4. 其他保护接地形式

上述保护接地都是指将电气设备的金属外壳或金属结构与地作连接，旨在防止由于电气设备对地绝缘损坏而引起的触电。但是，对于低压侧不接地电网，配电变压器高、低压绕组之间因绝缘击穿而使低压侧电网电压升高，即所谓高压窜入低压的问题，也应引起足够的重视。

（1）防止变压器高压窜入危险。减轻变压器高压窜入低压所造成的危险的方法是把变压器低压侧经击穿式熔断器 JB 接地。击穿式熔断器的一极可接至低压电网的星形点或其中的一相，如图 2.13 所示。击穿式熔断器是由两片铜制电极夹以带孔的云母片制成的。正常情况下，云母片把低压电网与大地隔离，电网按中性点不接地方式运行。当高压窜入低压时，熔断器被高压击穿（熔断器的击穿电压仅数百伏特），使高压电网形成单相接地电流，这时保护装置将切断高压侧电源或发出信号。只要接地电阻不大于 4Ω，一般就可把低压侧对地电压限制在 120V 以下，从而减轻高压窜入低压时的危险。图 2.13 中 PV1 和 PV2 是两只高阻抗且内阻相等的电压表，用以对击穿式熔断器进行绝缘监视。正常时，两电压表读数为相电压的一半，当击穿式熔断器绝缘降低或击穿时，PV1 的读数将下降，而 PV2 的读数将上升。

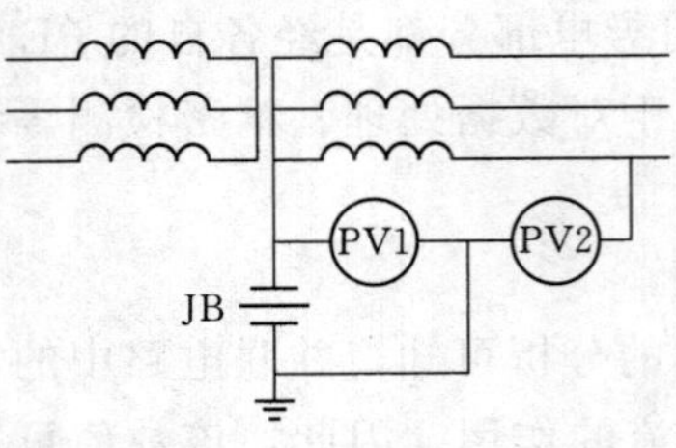

图 2.13　低压侧通过击穿熔断器接地

(2) 防止电流互感器、电压互感器高压窜入危险。防止或减轻危险的办法是将电流互感器、电压互感器的低压侧（二次侧）绕组接地。

顺便指出，本模块所称的保护接地与下一模块所述的保护接零可统称为保护接地，因为采用这两种保护措施的设备的金属外壳都是接地的，所不同的是前者是经各自的 PE 线（保护线）分别直接接地，而后者则是经公共的 PE 线或 PEN 线（保护零线）共同接地。之所以分别称谓，一是沿用过去习惯定义，二是为了表达两者保护原理的不同，也是为了文字叙述的方便。

2.2.8.2　保护接零

在通常采用的 380/220V 三相四线制、变压器中性点直接接地的系统中，普遍采用保护接零作为技术上的安全措施。所谓保护接零，简单地说就是把电气设备在正常情况下不带电的金属部分与电网的零线紧密地连接起来。

1. 保护接零的原理

在中性点直接接地的系统中，如果用电设备上不采取任何安全措施，则设备漏电时，触及设备的人体将承受 220V 的相电压，显然是很危险的。这就需要采取保护接零作为安全措施。

保护接零的原理如图 2.14 所示，当某相带电部分碰连设备外壳时，通过设备外壳形成该相线对零线的单相短路（即碰壳短路），短路电流 I_d 能促使线路上的保护装置（如熔断器 FU）迅速动作，从而把故障部分断开电源，消除触电危险。

应当注意，在这样接地的配电系统中，单纯采取保护接地是不能保证安全的。如图 2.15 所示，如果电动机仅有保护接地装置，当某相发生碰壳短路时，人体处在与保护接地装置并联的状态，其等效电路如图 2.16 所示，U 为电网相电压，R_d、R_0 和 R_r 分别为保护接地装置的接地电阻、变压器低压中性点接地电阻和人体电阻。这时，人体承受的电压即降在接地电阻 R_d 上的电压为低压配电系统的相电压为 220V，而 R_0 和 R_d 一般不超过 4Ω。如果都按 4Ω 考虑，可以得到 U_r 为 110V，这个电压对人仍然是很危险的。这就是说，在接地系统中，单纯采取保护接地虽然比不采取任何安全措施时要好一些，但并没有彻底解决安全问题，危险仍然是存在的。

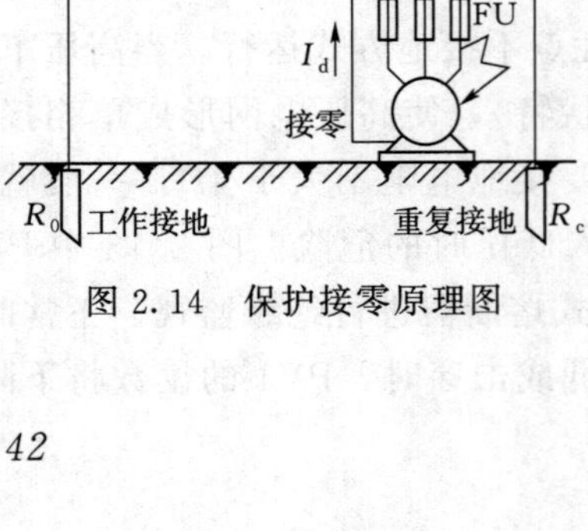

图 2.14　保护接零原理图

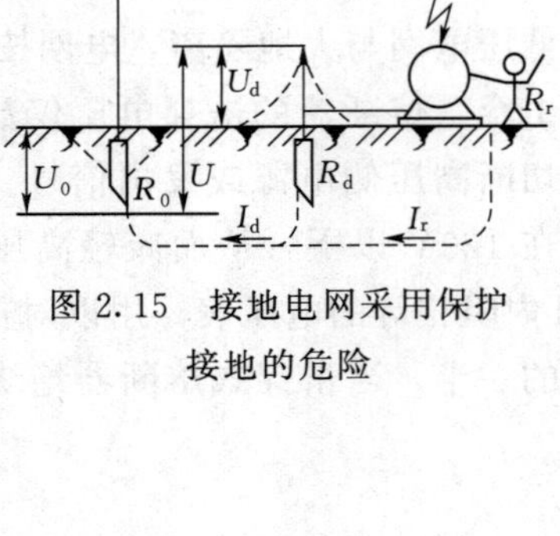

图 2.15　接地电网采用保护接地的危险

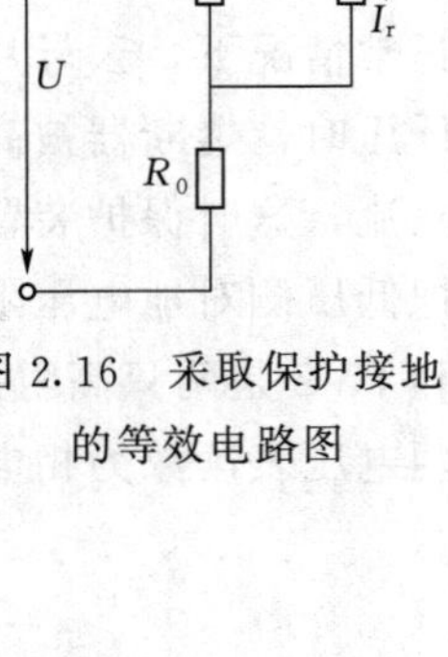

图 2.16　采取保护接地的等效电路图

保护接零适用于低压中性点直接接地、电压 380/220V 的三相四线制电网。在这种电网中，凡由于绝缘破坏或其他原因而可能呈现危险电压的金属部分，除另有规定外，均应接零。应接零的设备或部位与保护接地所列的项目大致相同。

特别应当注意，由同一台变压器供电的采取保护接零的系统中，所有电气设备都必须同零线连接起来，构成一个零线网。如果有个别设备离开零线网，而且采取保护接地措施，则情况是相当严重的。

如图 2.17 所示，M 设备采取了接地措施，而未接零。当 M 设备发生碰壳时，电流通过 R_d 和 R_0 构成回路，电流不会太大，线路可能不能断开，故障长时间存在。这时，除了接触该设备的人有触电危险外，由于零线对地电压升高到 $U_0=\frac{R_0}{R_d+R_0}U$，所有与接零设备接触的人都有触电危险。因此，除非另外采取了可靠的安全措施，否则这种情况是不允许的。

如果再把 M 设备的外壳同电网的零线连接起来，则 R_d 成为零线上的重复接地，对安全是有利的。

在同一车间内，如果电气设备分别由运行方式不同的两台变压器供电，则可根据具体情况，在各系统的电气设备上分别采取接零保护或接地保护，且接地装置可以共用。

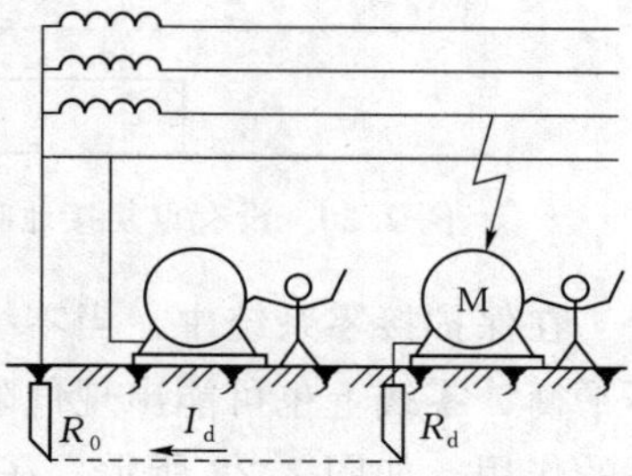

图 2.17 接地和接零混用的危险

2. 重复接地

将零线上一处或多处通过接地装置与大地再次连接，称为重复接地。图 2.14 中的 R_c 即重复接地。重复接地在降低漏电设备对地电压、减轻零线断线的危险性、缩短故障时间、改善防雷性能等方面起着重要作用。

(1) 降低漏电设备对地电压。图 2.18 是没有装设重复接地的保护接零系统。当发生碰壳短路时，线路保护装置将迅速动作，切断电源。但从发生碰壳短路起，到保护装置动作完毕止的短时间内，设备外壳是带电的，但其对地电压即短路电流在零线部分产生的电压降减小。

在上述情况下，像图 2.19 那样再加上重复接地，则设备对地电压可以降低，触电的危险可以减轻。

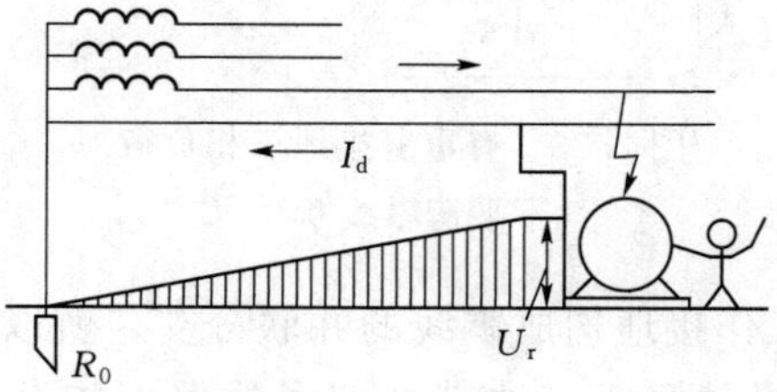

图 2.18 无重复接地的保护接零

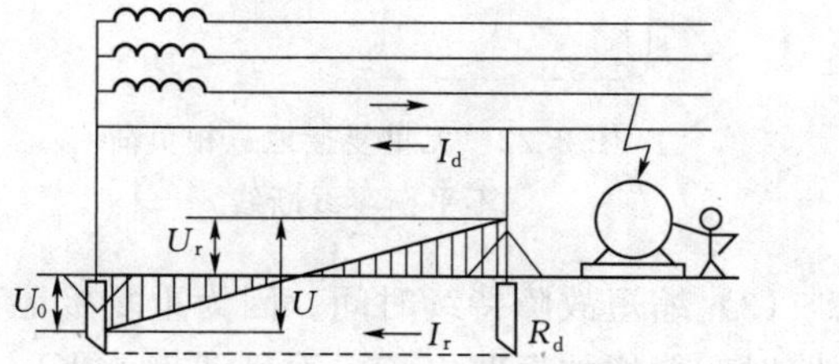

图 2.19 有重复接地的保护接零

(2) 减轻零线断线的危险性。图 2.20 表示没有重复接地的接零系统。当零线断裂，断线处后面某一设备碰壳时，事故电流通过触及设备的人体和工作接地构成回路。因为人体电阻比工作接地电阻要大得多，所以，在断线处以后，人体几乎承受全部相电压。

如果像图 2.21 那样，在零线上有重复接地，情况就不一样了。这时，碰壳电流主要通过重复接地电阻 R_d 和工地接地电阻 R_0 成回路。在断线处以后，接零设备对地电压为小于相电压，因此危险程度减轻了一些。

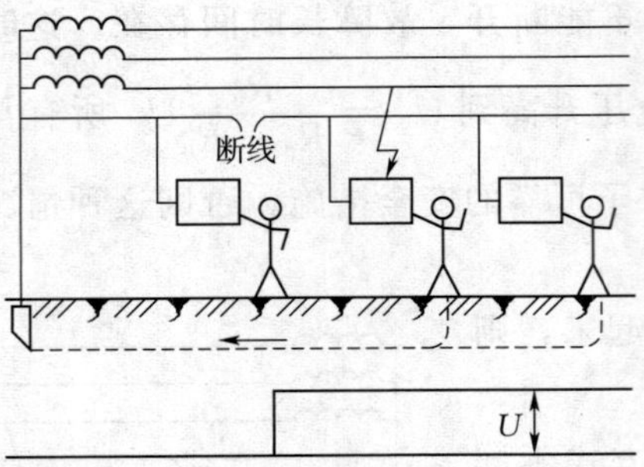

图 2.20 没有重复接地时零线断线

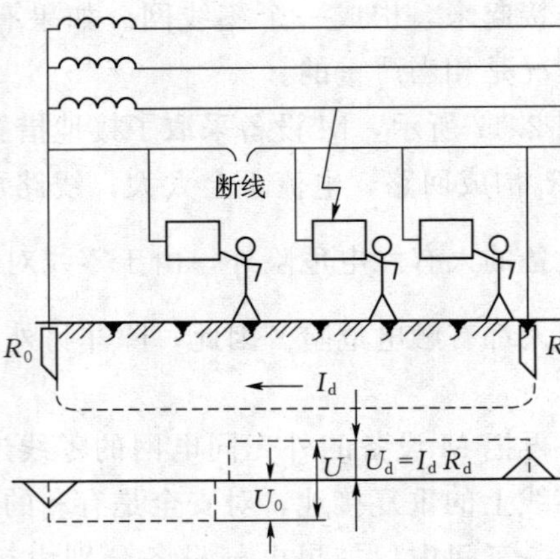

图 2.21 有重复接地时零线断线

在保护接零系统中，当零线断线时，即使没有设备发生碰壳短路，只是出现三相负荷不平衡，零线上也可能出现危险的对地电压。在这种情况下，重复接地也有减轻或消除危险的作用。如图 2.22 所示，在两相停止用电，一相保持用电的情况下，电流将通过该相负荷、人体和工作接地成回路。因为人体电阻较大，所以大部分电压降在人体上，触电危险性很大。如果零线上或设备上有了重复接地，如图 2.23 所示，则人体承受的电压（设备对地电压）即重复接地电阻 R_d 上的电压降。一般来说，R_d 与负荷电阻和工作接地电阻相比不会太大，其上电压降也只占电网相电压的一部分，从而减轻或消除触电的危险。

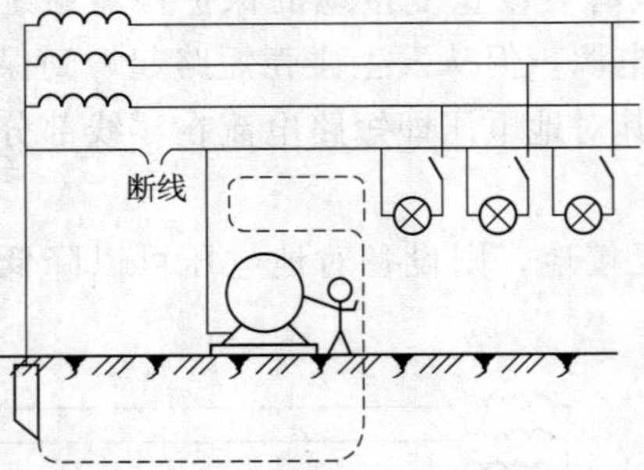

图 2.22 无重复接地三相负荷不平衡零线断线

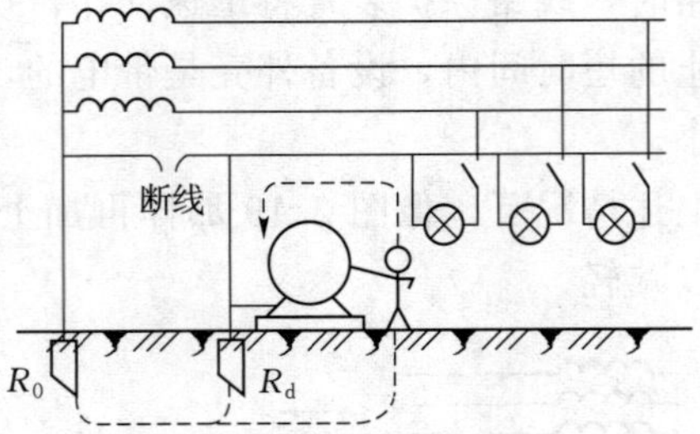

图 2.23 有重复接地三相负荷不平衡零线断线

(3) 缩短故障持续时间。因为重复接地和工作接地构成零线的并联分支，所以当发生短路时，能增加短路电流，而且线路越长，效果越显著，这就加速了线路保护装置的动作，缩短了事故持续时间。

(4) 改善防雷性能。架空线路零线上的重复接地，对雷电流有分流作用，有利于限制雷电过电压，改善防雷性能。

重复接地可以从零线上直接接地，也可以从接零设备外壳接地。

户外架空线路宜采用集中重复接地。架空线路终端、分支线长度超过 200m 的分支处，以及高压线路与低压线路同杆敷设时，共同敷设段的两端均应在零线上装设重复接地。

以金属外皮作为零线的低压电缆，也要求重复接地。

车间内部宜采用环形重复接地。零线与接地装置至少有两点连接：除进线处一点外，其对角处最远点也应连接，而且车间周边长超过 400m 者，每 200m 应有一点连接。

每一重复接地电阻，一般不得越过 10Ω，但在变压器低压工作接地的接地电阻允许不超过 10Ω 的场合，每一重复接地的接地电阻允许不超过 30Ω，但不得少于三处。

2.2.8.3 接地装置和接零装置

接地装置和接零装置都是成套的安全装置。接地装置由接地体和接地线（包括地线网）组成。接零装置由接地装置和零线网（不包括工作零线）组成。

1. 接地装置基本概念

接地装置是接地线和接地体的总称，如图 2.24 所示。接地体是埋入地下的、与土壤紧密接触的金属导体；接地线是连接接地设备和接地体之间的金属导线。

接地体分为人工接地体和自然接地体。人工接地体是采用钢管、角钢、扁钢、圆钢等钢材专门制作而埋入地中的导体；自然接地体是可以用来兼作接地体的，埋于地下的金属管道、金属结构、钢筋混凝土地基等物件。

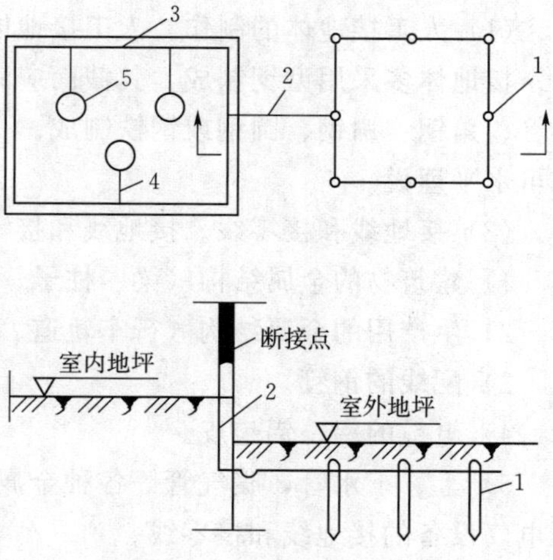

图 2.24 接地装置示意图

1—接地体；2—接地引下线；3—接地干线；4—接地分支线；5—被保护电气设备

接地线包括接地干线和接地支线两部分。与接地体连通、沿车间墙周敷设、供多台设备共用的接地线称为接地干线，把每台电气设备需要接地的部分与接地干线连接起来的金属导线称为接地支线。

(1) 接地电流和接地电阻。当电气设备的带电部分，因故与其正常情况下不带电的接地的金属结构或大地发生电气连接时，称之为接地短路。电气设备发生接地短路时，由故障点直接或经接地装置向大地流散的电流，称为接地短路电流或接地电流。

接地电流是经接地体向土壤流散的。电流自接地体向大地流散的过程中所遇到的全部电阻称为接地体的流散电阻。接地电阻是接地体的流散电阻与接地线的电阻之和。接地线的电阻一般很小，可以忽略不计。因此，可以认为流散电阻就是接地电阻。

(2) 对地电压曲线。电流通过接地体向大地作半球形流散。因为球面积与半径的平方成正比，所以半球形的面积随着远离接地体而迅速增大。因此，与半球形面积对应的土壤电阻随着远离接地体而迅速减小，至离开接地体 20m 处，半球形面积已达 2500m²，土壤电阻已小到可以忽略不计。这就是说，可以认为在远离接地体 20m 以外，电流不再产生电压降了。或者说，至远离接地体 20m 处，电压已降为零。

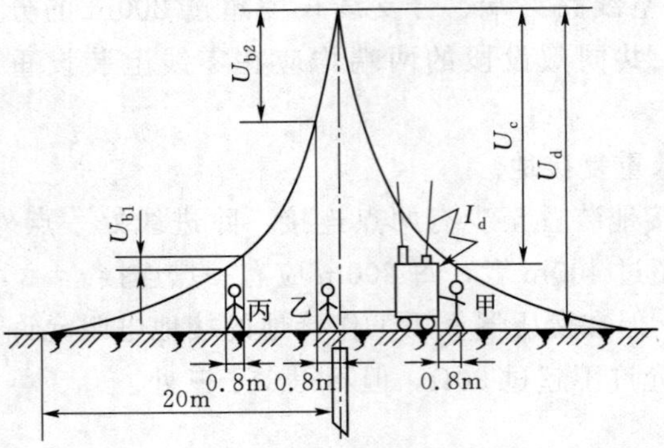

图 2.25　接触电压和跨步电压示意图

如果用曲线来表示接地体及其周围各点的对地电压，这种曲线就叫对地电压曲线。显然，随着离开接地体，土壤电阻逐渐减小，电压降落逐渐减缓，曲线逐渐变平，或者说曲线的陡度逐渐减小。根据理论分析，接地体的对地电压曲线应当具有双曲线的特点。

如图 2.25 所示，当设备漏电，电流 I_d 自接地体向大地流散时，对地电压曲线呈双曲线形状，至离开接地体 20m 处，对地电压接近于零。甲触及漏电设备外壳，其接触电压即其手和脚之间的电位差，即图中的 U_c 计算接触电压时，人所站立的位置按人体离开设备 0.8m 考虑。图 2.25 中，乙紧靠接地体位置，承受的跨步电压最大；丙离开了接地体，承受的跨步电压要小一些。人的跨距一般按 0.8m 考虑。显然，离开接地体 20m 以外，跨步电压接近于零。

2. 人工接地装置

(1) 人工接地体的制作。人工接地体按其埋设方式不同有垂直接地体和水平接地体两种。接地体多采用型钢制成，其截面应满足热稳定和机械强度的要求。人工接地体多采用钢管、角钢、扁钢、圆钢或钢铁制成。一般情况下，接地体垂直埋设，多岩石地区，接地体可水平埋设。

(2) 接地线和接零线。接地线和接零线均可利用以下自然导体。

1) 建筑物的金属结构（梁、柱子、桁架等）。

2) 生产用的金属结构（行车轨道、配电装置的外壳、设备的金属构架等）。

3) 配线的钢管。

4) 电缆的铝、铝包皮。

5) 上、下水管，暖气管等各种金属管道（流经可燃或爆炸性介质的除外）可用作低压电气设备的接地线和接零线。

3. 接地装置和接零装置的安全要求

保持接地装置和接零装置可靠而良好的运行，对于保障人身安全有十分重要的意义。接地装置和接零装置有如下安全要求。

(1) 导电的连续性。必须保证电气设备至接地体之间或电气设备至变压器低压中性点之间导电的连续性，不得有脱节现象。

(2) 连接可靠。接地装置之间的连接一般采用焊接。扁钢搭焊长度应为宽度的 2 倍，且至少在三个棱边进行焊接；圆钢搭焊长度应为直径的 6 倍。不能采用焊接时，可采用螺栓或卡箍连接，但必须保持接触良好。在有振动的地方，应采取防松措施。

(3) 足够的机械强度。宜采用钢接地线或接零线，有困难时可采用铜、铝接地线或接零线。地下不得采用裸铝导体作接地线或接零线。

携带式设备因经常移动，其接地线或接零线应采用 0.75～1.5rTrD12 以上的多股软铜线。

(4) 足够的导电能力和热稳定性。采用保护接零时，为了能达到促使保护装置迅速动作的单相短路电流，零线应有足够的导电能力。在不利用自然导体作零线的情况下，保护零线导电能力最好不低于相线的二分之一。

大接地短路电流系统的接地装置，应校核发生单相接地短路时的热稳定性，即校核是否能承受单相接地短路电流转换出来的大量热能的考验。

(5) 防止机械损伤。接地线或接零线应尽量安装在人不易接触到的地方，以免意外损坏；但又必须是在明显处，以便于检查。

(6) 防腐蚀。为了防止腐蚀，钢制接地装置最好采用镀锌元件制成，焊接处涂沥青油防腐。明设的接地线和接零线可以涂漆防腐。

(7) 地下安装距离。接地体与建筑物的距离应不小于1.5m；与独立避雷针的接地体之间的距离应不小于3m。

(8) 接地支线不得串联。为了提高接地的可靠性，电气设备的接地支线（或接零支线）应单独与接地干线（或接零干线）或接地体相连，不应串联连接。接地干线（或接零干线）应有两处同接地体直接相连，以提高可靠性。

(9) 适当的埋设深度。为减小自然因素对接地电阻的影响，接地体上端埋入深度一般应不小于600mm，并应在冻土层以下。

4. 利用自然接地体

为节省钢材和投资，应尽量利用自然接地。

(1) 可以利用的自然接地体凡埋设于地下并与大地有可靠连接的金属管道（但输送可燃可爆介质的管道除外）、金属结构、建筑物或构筑物基础中的钢筋、金属桩等均可作为自然接地体。

(2) 可以利用的自然接地线：建筑物的金属结构（如钢梁、钢柱、钢筋）；生产用的金属结构（如吊车轨道、配电装置的构架）、配线的钢管（壁厚不小于15mm）；电缆的金属支架；不会引起燃烧或爆炸的金属管道等都可以作为自然接地线。但禁止使用蛇皮管、金属网作接地线。

2.3 过电压及其保护

电气设备正常运行时，其绝缘承受的是电网工作电压。但是，由于操作、故障、运行方式改变或雷击等原因，在电气设备的某些部分可能会暂时出现超过正常运行电压数值并危及绝缘的电压升高，此种状况称为过电压。

过电压按其能量来源可分为内部过电压和外部过电压两类。内部过电压可因操作、故障、谐振、运行状况变化而激发，因其能量来自电网内部，故名为内部过电压；外部过电压系因雷击所致，因其能量来自大气中的雷电，故亦称大气过电压。

过电压将危及电气设备或线路的绝缘，造成设备、建筑物的损坏，从而导致供电中断，引发火灾、爆炸，伤害人畜等事故。因此，必须采取有效的防护措施。

2.3.1　内部过电压

内部过电压可因操作、故障激发。也可因电网参数匹配满足谐振条件而发生。根据过电压发生的原因不同，内部过电压可分为工频电压升高、操作过电压和谐振过电压，其本质原因都是电网的电磁能量在储能元件（电感和电容）间重新分配所致。

工频电压升高的例子之一是在中性点不接地系统中，发生单相接地故障时，非故障相对地的电压将升高，当金属性接地故障时，其值可达 $\sqrt{3}$ 倍相电压。

操作过电压是指操作行为在电感-电容回路中激发高频振荡暂态过程而引起的过电压。这类过电压常见的例子有切、合空载长线路或切断并联电容器、切断空载变压器或感性负荷、在中性点不接地电网中发生单相间歇弧光接地等情况引起的过电压。

谐振过电压是因电网储能参数——电感和电容匹配符合谐振条件而引起的过电压。最常见的谐振过电压是发生在中性点不接地系统中的电磁式电压互感器引起的铁磁谐振过电压。

电力网中的内部过电压可高达 2.75～4 倍相电压，对电网绝缘的安全运行威胁甚大。但在设计线路和变电所时，其绝缘水平已按内部过电压的计算倍数进行过验算而留有合理的裕度，也采取了一些限制过电压的措施，如采用中性点经消弧线圈接地的运行方式来限制间歇弧光接地过电压；选用灭弧能力强的快速断路器来限制切断空载线路过电压等。因此，电压为 220kV 及以下的线路和变电所的绝缘，一般可耐受通常可能出现的内部过电压，无须再采取其他防护操作过电压或工频电压升高的措施。但对谐振过电压则应采取避开谐振条件的措施，因为谐振过电压是一种稳态现象，持续的时间可能很长，往往会造成严重后果。

上面简单介绍了高压电网的内部过电压及其防护的常识。此外，还应注意用电设备过电压的防护问题。

1. 晶闸管的过电压保护

晶闸管元件过电压发生的原因，主要是交流电源通断时引起的反峰电压、电源电压波动、快速熔断器熔断、感性负载的开闭等。过电压保护的方法是采用电阻、电容来消散或储存产生过电压的电磁能量。

2. 电力电容器的过电压保护

电力电容器的容量与电压的平方成正比。因此，电容器对加在它两端的电压是很敏感的，电压过高将使电容器过载损坏。电容器的额定电压通常比电网电压高 10%，当电网电压可能超过电容器额定电压的 10%时，宜装设过电压保护，保护装置或发出信号或延时 3～5min跳闸。

3. 切断大电感线圈过电压

当切断直流电机的励磁绕组以及其他大电感线圈时，由于磁场能量不能突变，会在线圈两端出现过电压。限制这类过电压的方法通常是在线圈的两端并联电阻，靠电阻来消耗线圈中储存的磁场能量。

2.3.2　雷电过电压

2.3.2.1　雷电的基础知识

雷电在雷雨天气是一种自然现象，而雷击则是一种自然灾害，具有极大的破坏性，它可能造成电气设备或生产设施的损坏，可能造成大规模停电，也可能导致火灾和爆炸发生，还可能伤害人、畜。因此，防雷击在安全生产、安全生活及安全用电上具有重要意义。

1. 雷电的分类

雷电现象比较复杂，它是由于地面湿气受热上升或空中不同冷、热气团相遇凝成水滴或冰晶形成积云，在运动时电荷发生分离，当电荷积聚到足够数量时，就在带有不同电荷的云间或由于静电感应而产生不同电荷的云地间发生的放电现象。

雷云中可能同时存在着几个电荷聚集中心，所以经常出现多次重复性的放电现象，常见的为2～3次，当第一个电荷聚集中心完成放电过程后，其电位迅速下降，第二个电荷聚集中心立即向着前一个放电位置移动，瞬间重复放电。每次间隔时间从几百微秒到几百毫秒不等，但其放电电流将逐次递减。

雷电种类有直击雷、感应雷、球形雷等。

(1) 直击雷。所谓直击雷过电压是雷云直接对线路或电气设备放电时，雷电流在被击物阻抗（包括接地电阻）上产生的电压降。由于雷电流高达数万乃至数十万安培，直击雷过电压可达数千千伏。如此高的电压将可能击穿线路或设备的绝缘，如此大的电流将使被击物体剧烈发热甚至着火燃烧，因此，必须采取有效措施，避免电气设施遭受直击雷害。

(2) 感应雷。感应雷过电压分为静电感应和电磁感应两种。静电感应是指雷云（多带负电荷）在接近建构筑物顶部、线路、设备或金属管道上感应出异号束缚电荷，当雷云对其他地面目标放电时，上述物体（比如架空线路）上的电荷将失去束缚而成自由电荷，并以电磁波的形式向导线两端高速传播，这种沿导线传播的雷电波称为行波，行波不仅会在线路上产生过电压，当它沿线路侵入变电所抵达电气设备时，也会使电气设备的绝缘受过电压的威胁。电磁感应过电压则是雷击线路或地面某目标时，强大的雷电流产生变化率很高的电磁场在附近的金属物体上感应出的过电压。

(3) 球形雷。它是雷云聚集可移动的电荷体，人们俗称“火球”，能在距地面不同高度自由移动，还可“翻墙穿屋”，之后遇潮湿处或金属等引发闪光和声响，对房屋和人身危害极大。

(4) 雷电侵入波。架空线路大都分布在广阔的原野上，由直击雷或者是感应雷所引起的，沿线路传入变电所的雷电侵入波，对电气设备威胁极大。防护的办法是用避雷器来限制作用在被保护设备上的过电压值。

2. 防雷装置

防雷装置主要有避雷针、避雷线、避雷网、避雷带、避雷器及保护间隙等。

(1) 避雷针。避雷针用来保护高耸孤立的建筑物、构筑物及其周围的设施，亦可保护室外的变配电装置。它由受电端（又称接闪器）、接地引下线及接地装置三部分组成。

(2) 避雷线。避雷线是在架空线路上方同杆架设的金属线，雷云经过线路上空时能对其进行放电，而不会直接击中架空线路，从而对电气线路和电气设备起到保护作用。

(3) 避雷网。沿墙外装引下线并接到接地装置上，用来保护建筑物的明装避雷网；或者和整个建筑物的金属结构钢筋连成一体，构成大型金属网笼的笼式避雷网。

(4) 避雷带。沿建筑物屋顶四周易受雷击部位设金属带做接闪器，并沿外墙作引下线接至接地装置上，用来保护高层建筑的侧立面，以防受到侧雷击。

(5) 避雷器。避雷器是专用防雷设备，常与设备线路连接，用来保护线路、电气设备及其电气设施；由胶木纤维、塑料或橡胶制成，其内设有棒型和环型电极组成内间隙，另一端设有外间隙使正常情况下避雷器与线路隔离；当线路遭雷击时，内、外间隙击穿，雷电流被泄入大地，随工频电流过零时将其产生的吹弧熄灭。

(6) 保护间隙。保护间隙是与被保护物绝缘并联的空气火花间隙，亦称空气间隙。当线路遭雷击时，间隙被击穿把雷电流泄入大地，而角形间隙击穿产生的电弧则因发热沿弧角上升，被弧角拉长撕裂而熄灭。保护间隙为简易防雷装置，用来保护线路和电气设备。

避雷装置与接地装置必须可靠连接，方能起防雷作用。因此，避雷装置的引下线导电截面与机械强度必须能经受雷电流的流过，且与大地良好接触。

3. 雷击目标

(1) 容易遭受雷击的线路和电气设备：

1) 高、低压架空线路及电话线路。

2) 户外电缆终端头和变压器。

3) 杆上的油断路器、隔离开关及负荷开关。

4) 发电机、高压电动机及电气设备。

5) 架空线路上的电力电容器。

6) 未装设避雷装置的室外天线。

(2) 容易遭受雷击的建筑物及其他物体：

1) 平原、旷野上的孤立建筑物。

2) 金属屋顶、金属水槽及人形油罐。

3) 河边、湖边、土山顶部的建筑物。

4) 高耸入云的金属塔架、烟囱。

5) 山谷风口处的建筑物及砖木结构建筑物。

6) 高出地面 20m 及以上的建筑物。

7) 高出建筑群 25m 的建筑物。

8) 孤树、孤塔、旗杆及金属晒衣绳。

9) 小山、小丘或隆起的小道、沟崖、水池旁及墙根。

10) 雨中田野里扛锄头、锹、镐或打着具有金属尖伞的人等。

4. 雷击电压形式

人遭受以下几种雷击电压会造成伤亡。

(1) 直接雷击。直接雷击是指雷电直接击中人体，雷电流经过人体流入大地，造成人员伤亡，是雷击伤害最严重的一种。

(2) 放电雷击。放电雷击即雷电击中架空线路或金属管道，致使雷电的冲击电压沿途侵入室内，并在插座、灯头以及接头处产生反射，强大的雷过电压将空气击穿，便对附近人体进行放电，则放电电流经人体流入大地，导致人员伤亡。

(3) 跨步电压雷击。当雷击电流流向大地并在大地表层向四周泄散时，沿着地表面将产生电位差。若电位差达到足够大时，人的两脚踏入雷击电流即通过人体分流遭受跨步电压伤害。雷击电流越大，雷击点至脚的距离越近，两脚间距越远，土壤电阻率越高，则跨步电压越大，人体遭到伤害越严重。

(4) 旁侧雷击。当雷电击中树木或建筑物时，则处于树木或建筑物附近的人在雷电压放电的作用下，雷电流即通过人体流入大地，使人遭受伤害。旁侧雷击的原因是雷击电流流过树木或建筑物的电阻和接地电阻比人体的大。

(5) 接触电压雷击。当人体某部位与受到雷击的物体接触时，人体接触部位与脚之间便产生电位差。若该电位差足够大时，雷电流即通过人体分流而使人遭受伤害。

(6) 间接电压雷击。当球形雷在移动中距人体距离足够近时，便通过人体对地放电，使人遭到雷击。球形雷无固定移动路线，忽高忽低，忽左忽右，能任意转弯，翻墙穿屋，遇见这种“火球”要迅速躲避。

2.3.2.2 防雷措施

1. 防直击雷的措施

防直击雷措施的主要装置是装设避雷针、避雷网及避雷带。

(1) 避雷针分独立避雷针和附设避雷针，其中独立避雷针设置在被保护物以外的地点，而附设避雷针——避雷网、避雷带及避雷线则设置在被保护物的制高点上。避雷针是用直径25mm、长2500mm的镀锌圆钢制成尖状，也可分叉设置，接地电阻不大于10Ω。为防跨步电压，避雷针不应设在人畜经常通行的地方。避雷线选用截面为25～50mm^{2}的镀锌钢绞线，与架空线同杆架设于上方，且首尾及中间各部位与接地装置连接，接地电阻最大不能超过30Ω。避雷线也可用直径12～16mm的镀锌圆钢制作，并用同径圆钢或专用卡子支持，卡子间距为600～800mm，预先沿屋顶边缘及凸出物边缘埋设。避雷网为直径12～16mm镀锌圆钢制成的6m×6m、6m×10m或10m×10m的方格钢网，与屋檐先设置的避雷线焊接，然后要用间距为1000～1200mm的专用支座在屋面将网格支起，再用同径镀锌圆钢在屋面四角或两角把避雷网引至地下的接地装置。避雷带常用ϕ12镀锌圆钢或12mm×4mm扁钢铸入建筑物圈梁的外皮上，也可用建筑物圈梁内的主筋代替，但必须焊接牢靠，且应与柱子的主筋可靠焊接。建筑物四周墙壁上的金属窗、金属架构（物）也必须与避雷带多点可靠连接。

(2) 防雷装置遇雷击时，接闪器、引下线及接地体带有极高的冲击雷电压，可能击穿与相邻导体之间的绝缘层或导体的绝缘层，从而造成火灾或爆炸，或导致人身伤亡及设备的损坏。因此，装设时必须保证防雷装置与相邻导体之间有足够大的安全距离，通常应不小于3m。

2. 防感应雷的措施

防感应雷的措施主要是针对有易燃易爆危险的建筑物或构筑物而采取的，而对于三类防雷建筑物或构筑物则不必考虑。

(1) 防静电感应雷。为防静电感应雷的危害，建筑物或构筑物内所有较大的金属物体及金属构件以及凸出房面的金属物体，均应与接地引线可靠连接，接地装置可以共用。对于金属屋顶，应在屋面四周每隔18～24m用引下线接地一次；对于浇制的或由预制构件组成的钢筋混凝土屋面，其钢筋已绑扎或焊接成电气闭合回路，屋面周边亦每隔18～24m用引下线接地一次。防静电感应雷装置应单设接地装置，接地电阻应小于10Ω，也可与电气设备接地装置共用，屋内接地干线与接地装置的连接处应不少于 2 处。

(2) 防电磁感应雷。平行安装的金属管道、构架或电缆外护套等，相互间距小于 100mm 时，应每隔 20～30m 用金属线可靠连接；而间距小于 100mm 的交叉处及管道连接处，应采用金属线可靠地跨接。

3. 防雷电侵入波的措施

对于电力线路及变配电装置的防雷电侵入波，主要是采用避雷器和避雷线保护；对于各类建筑物则主要采用相应部位接地的措施进行保护，低压线路有时也可采用避雷器。

在高层建筑中，将 40 层及以上的住宅或建筑高度超 100m 的其他民用及一般工业建筑物划为一类防雷；19 层及以上的住宅或高度超 50m 的其他民用及一般工业建筑物划为二类防雷；10～18 层的普通住宅及高度不超过 50m 的建筑物划为三类防雷。故建筑物的防雷措施是依据建筑物的防雷类别确定的。

(1) 第一类中的工业建筑物或构筑物：

1) 低压线路全线采用电缆直埋敷设，在入户端将电缆的金属外皮接到防雷电感应的接地装置上。

2) 在电缆和架空线连接处装设阀型避雷器。避雷器、电缆金属外皮、绝缘子铁脚及横担等连在一起并接地，接地电阻应小于 10Ω。

3) 架空金属管道进入建筑物后要与防雷电感应的接地装置可靠连接。距建筑物 100m 内的管道，应每隔 25m 接地一次，接地电阻应小于 20Ω。

4) 埋地或地沟内的金属管道在进入建筑物处应与防雷电感应的接地装置可靠连接。

(2) 第二类中的工业建筑物或构筑物：

1) 低压架空线应采用长度大于 50m 的金属铠装电缆直埋引入用户，入户端电缆的金属外皮与防雷接地装置可靠连接，而电缆与架空线连接处则装设阀型避雷器。

2) 架空和直埋的金属管道，入户处与接地装置连接，金属管道距建筑物 25m 处要再接地一次，接地电阻应小于 10Ω。

3) 欲使低压架空线直接引入建筑物内，入户处应装设阀型避雷器或 2～3mm 的保护间隙，绝缘子铁脚连在一起接到防雷接地装置上，连接点的冲击接地电阻应小于 5Ω；或入户端的三基电杆绝缘子铁脚及横担应接地，靠近建筑物的电杆冲击电阻小于 10Ω，另两基杆冲击接地电阻小于 20Ω。

(3) 第三类中的工业建筑物或构筑物。将低压架空线在入户处的绝缘子铁脚、铁横担接到防雷及电力设备的接地装置上，进入建筑物或构筑物的架空金属管道在入户处也要与上述接地装置连接。

(4) 第一类中的民用建筑物：

1) 全长采用直埋电缆时，应在入户处将电缆的金属外皮与接地装置可靠连接。

2) 架空线转直埋电缆引入时，电缆与架空线连接处应装设避雷器或保护间隙，其绝缘子铁脚、横担与防雷接地装置连接，冲击接地电阻应小于 10Ω。

3) 架空线引入时，在入户处装设避雷针或保护间隙，其绝缘子、横担与防雷接地装置相连接，接地电阻应小于 5Ω。

(5) 第二类中的民用建筑物：

1）入户处绝缘子铁脚及横担接地，接地电阻应小于 30Ω。

2）金属管道入户处接地，接地电阻应小于 30Ω。

在多雷地区，380/220V 供电系统必要时应在每户的引入处设置低压氧化锌避雷器，并将绝缘子铁脚、横担接地，接地电阻应小于 10Ω。

4. 建筑物的防雷措施

（1）防雷措施设置依据：

1）建筑物易遭受雷击的部位是确定防雷措施的依据。

2）屋角、檐角的雷击率最高。

3）屋顶的坡度越大，屋脊的雷击率也越大；但当坡度大于 40°时，则屋檐一般不再遭受雷击。

4）当屋面坡度小于 27°、长度小于 30m 时，雷击部位一般为山墙，而屋脊、屋檐一般不再遭受雷击。不同坡度屋顶易受雷击部位示意图如图 2.26 所示。

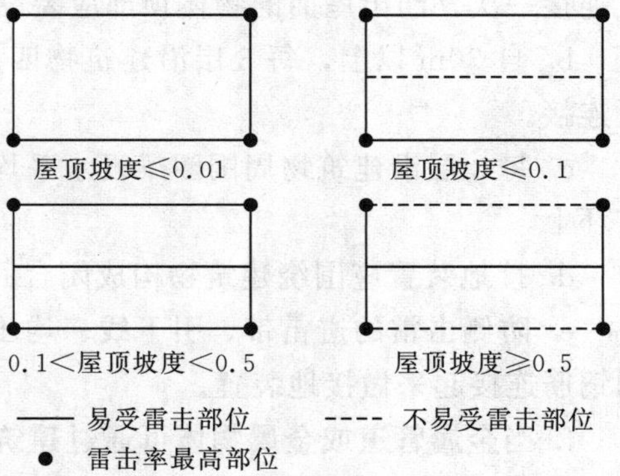

图 2.26 建筑物不同坡度屋顶易受雷击部位示意图

（2）一类防雷建筑物的防雷措施。

1）防止直击雷：

a. 建筑物顶部采用网络不大于 10m×10m 的避雷网。突出屋面的物体顶部上装设避雷针或环状避雷带保护。若系金属物体则可不装，但必须与屋面避雷网连接。

b. 自 30m 以上，每 3 层沿建筑物四周圈梁设避雷带，所有金属栏杆、金属门窗等较大金属物体均应与防雷装置连接。

c. 防雷引下线不应少于 2 根，其间距应小于 18m。

d. 每 3 层要设沿建筑物四周的水平均压环，也可用圈梁水主管代替。所有引下线、建筑物内的金属结构及金属物体均连在环上。

e. 接地装置要围绕建筑物构成闭合回路，冲击接地电阻应小于5Ω。也可用建筑物的地梁、地柱、底筋连接起来作接地装置。

2）防止侧击雷。防侧击雷的避雷带、均压环、引下线、闭合接地装置可利用建筑物钢筋混凝土中的钢筋，但应符合以下要求：

a. 通过雷电流的一根或几根钢筋的总面积，温度不超过 60℃时为 90mm²，温度不超过 80℃时为 64mm²，无温度要求时为 54mm²。

b. 构件内钢筋的连接点应焊接，各构件之间要连接成电气通路。

c. 建筑物变形缝处，每层至少有 2 处用软导线连接断开的钢筋，连接点应焊接。

d. 为保证接地电阻，建筑物钢筋混凝土基础中的水泥以硅酸盐为基料及周围土壤的含水量应大于 4%，方能作接地装置。其基础内钢筋允许雷电流密度在基础温度不超过 80℃时，为 72kA/m²；无基础温度要求时，允许电流密度为 87kA/m²。

3）防止雷电流侵入：

a. 进入建筑物的各种线路和管道应全线埋土引入，并在入户端将电缆金属外皮、钢管与接地装置连接。电缆与架空线连接处装设避雷器，与电缆金属外皮、绝缘子铁脚连在一起接地，接地电阻应小于 10Ω。

b. 垂直敷设的主干金属管道应设置在建筑物的中部和屏蔽的竖井中。

c. 垂直敷设的电气线路，要在适当的部位装设带电部分与金属外壳间的击穿保护装置。

d. 建筑物内的电气线均要采用钢管配线。

e. 进入建筑物的埋地金属管道和电气设置的接地装置，应在入户处与防雷接地装置连接。各种接地与防雷接地装置可共用，接地电阻应满足其中的较小值要求。

(3) 二类防雷建筑物的防雷措施。

1) 防止直击雷：

a. 在建筑物易遭雷击部位装设避雷带做接闪器。屋面上任意点距避雷带应小于 10m，两条平行避雷带的间距也应小于 10m。当有 3 条及以上平行避雷带时，应每隔不足 30m 相互连接一次。凸出屋面的物体顶部应装设环状避雷带保护。

b. 自 30m 以上，每 3 层沿建筑物四周设避雷带，所有的金属构件或物体要与防雷装置连接。

c. 每 3 层沿建筑物周围圈梁设水平均压环，引下线、建筑物内的金属结构、物体均连在环上。

d. 接地装置应围绕建筑物构成闭合回路，接地电阻应小于 5Ω。

e. 防侧击雷的避雷带、引下线、均压环、闭合接地装置均可利用建筑物钢筋混凝土中的钢筋连接起来做接地装置。

f. 当金属管道或金属物体可通过建筑物中的钢筋与防雷装置多点连接时，可不再设跨接线。

2) 防止雷电波侵入：

a. 进入建筑物的各种线路及管道应采用全线埋地引入，并在入户端将电缆金属外皮、钢管与接地装置连接。若全线采用埋地困难时，可用长度大于 50m 的铠装电缆直接埋地引入，则在入户端将电缆金属外皮与接地装置连接。电缆与架空线连接处设置避雷器，并与电缆金属外皮、绝缘子铁脚连在一起接地。

b. 垂直敷设的主干金属管道应尽量设置在建筑物的中部和屏蔽的竖井中。

c. 垂直敷设的电气线路要在适当部位装设带电部分与金属外壳间的击穿保护装置。

d. 建筑物的变形缝处每层至少应有 2 处用软导线连接断开的钢筋，连接点应焊牢。

e. 进入建筑物的埋地金属管道应与防雷接地装置可靠连接。除特殊要求接地外，各种接地可与防雷接地装置共用。

(4) 三类防雷建筑物的防雷设施：

1) 通常是在建筑物易遭雷击部位装设避雷针或避雷带。

2) 采用避雷带保护时，屋面上任意点距避雷带应小于 10m。当有 3 条及以上平行避雷带时，应每隔 30～40m 处将平行的避雷带连接一次。

3) 采用避雷针保护时，单针保护范围按 60°计算。多支避雷针中任意两针的距离应不大于 30m，而且

$$D \leqslant 15h$$

式中 D——两针间的距离，m；

h——避雷针有效高度，即避雷针突出建筑物的高度，m。

当建筑物的突出部位或其他物体属于第三类防雷时，局部突出，则在该处设置避雷针或避雷带；若多处突出而突出高度较低时，则除突出部位装设外，宜在建筑物四周装设避雷带。

4）为了防止雷电波沿低压架空线侵入三类防雷建筑物，应在架空线的入户处或接户杆上将绝缘子铁脚与接地装置可靠连接。进入建筑物的架空金属管道在入户处也应与接地装置可靠连接。

5）三类防雷建筑物的引下线不应少于 2 根，引下线的间距应不大于 30m，最大不能超过 40m。周长及高度不超过 40m 的建筑物和烟囱，其防雷引下线可用 1 根。三类防雷建筑物的接地装置冲击接地电阻应小于 30Ω。

6）防侧击雷的避雷带、均压环、引下线、闭合接地装置，可利用建筑物中的主钢筋作为接地装置，但应符合一类防雷建筑物中的该项要求。

5. 特殊构筑物的防雷措施

特殊构筑物是指油罐、烟囱和水塔。

(1) 油罐的防雷措施。

1）油品的危险程度按闪点划分：

a. 闪点在 45℃及以下属于易燃液体，其蒸气与空气的混合物具有爆炸危险。

b. 闪点在 45℃以上属于可燃液体，在常温下一般无爆炸危险，只有着火危险，凡是可燃气体均有爆炸危险。

2）油罐按石油工业的建筑物防雷等级划分：

a. 可燃气体和闪点在 45℃以下易燃液体的开启式储罐和建筑物属一级，防雷接地电阻应小于 5Ω。

b. 闪点在 45℃以下带有呼吸阀的液体储罐，壁厚小于 5mm 的封闭金属容器和可燃气体密闭储罐属于二级，防雷接地电阻小于 10Ω。

c. 闪点大于 45℃具有呼吸阀的可燃液体储罐，闪点在 45℃以下且壁厚大于 5mm 的密闭金属容器属于三级，防雷接地电阻小于 30Ω。

3）储罐的防雷措施：

a. 一级防雷储罐，装设独立的避雷针，接地电阻应小于 10Ω。

b. 二级防雷储罐，可在罐顶部设置避雷针，接地电阻应小于 10Ω。在山区接地电阻不能满足要求时，可设独立避雷针，则接地电阻应小于 30Ω。

c. 三级防雷储罐，罐体应可靠接地，不设避雷针。在强雷电地区应根据当地地面建筑物着雷情况来决定罐顶上是否装设避雷针，其目的是保护厚度在 5mm 以下的罐顶不受雷电流造成的局部损坏，接地电阻应小于 30Ω。

4）以下结构的储罐，其防雷要求如下：

a. 浮顶油罐，只罐体接地，不设避雷针。

b. 球形液化气储罐，壁厚在 5mm 以上的罐体可接地。

c. 埋地式油罐，埋土厚在0.5m以上，可不考虑防雷措施，若有伸出地面的呼吸阀则应做局部防雷。

d. 钢筋混凝土油罐，应装设避雷针，用自身的钢筋作接地引下线，其自然接地电阻应小于5Ω。

5）避雷针的高度要依周围设施及呼吸阀高度选定：

a. 10000m^3及以上的油罐的避雷针尖应高出呼吸阀顶5m，5000m^3及以下的油罐要高出呼吸阀3m。

b. 1000m^3以上的油罐及梯子、平台距避雷针应在1～4m范围。

c. 700m^3以下的油罐，设置避雷针时应将梯子、栏杆置于保护范围内。

d. 对拱顶油罐要在罐顶先焊一块直径400mm、厚4mm的钢板，之后在其上安装避雷针。

（2）烟囱的防雷措施：

a. 烟囱的防雷是依其高度、直径而定，烟囱均应接地，金属烟囱用本身作引下线，烟囱壁厚应大于4mm。

b. 接地电阻应小于30Ω。

c. 引下线选用ϕ10mm镀锌圆钢或30mm×4mm镀锌扁钢。若烟囱在40m以上应设两根引下线、两组接地体；烟囱高在40m及以下可设一根引下线。烟囱的铁爬梯可作引下线，但应符合上述截面要求。钢筋混凝土烟囱可把两根以上的主筋与铁爬梯可靠焊接作引下线。

（3）水塔的防雷措施，水塔应设置防雷接地：

a. 接地电阻应小于30Ω。

b. 接闪器可利用塔顶四周的金属栏杆或做一圆形避雷带，其直径与塔顶相同，在塔顶中心的制高点装设一支1.5m高的避雷针。

c. 引下线可选用铁爬梯或塔身金属主筋。

6. 电力线路的防雷措施

（1）35kV及以上的架空线路须设避雷线，进入变配电装置时须设避雷器或保护间隙，并在进线的隔离开关或断路器处设置避雷器。电缆进线时，电缆与架空线连接处应装设阀型避雷器，其接地端应与电缆金属外皮连接，必要时可在与母线连接处设避雷器。

（2）多雷地区或易受雷击地段，直接与架空线连接的电度表处，应设置低压氧化锌避雷器。

（3）电力线路的防雷应按工程的规模特点、电压等级、容量大小、运行方式、线路形式、进户方式、负荷级别、土壤电阻率及现场环境条件进线段杆型等设置，并按电气设计图纸实施。

（4）无避雷线的3～10kV高压线路，厂区或居民区的钢筋混凝土杆或金属杆塔应接地，接地电阻应小于30Ω。

（5）有避雷线的3～35kV高压线路，其混凝土杆或金属杆塔应接地，土壤电阻率在100Ω·m及以下接地电阻应小于10Ω，在100～500Ω·m接地电阻应小于15Ω，在500～1000Ω·m接地电阻应小于20Ω，在1000～2000Ω·m接地电阻应小于25Ω，2000Ω·m

以上接地电阻应小于 30Ω。

(6) 380/220V 低压架空线路分布广泛，在多雷地区低压架空线路最容易遭受雷击。因低压线路直接引入室内，低压线路绝缘能力很低，人体接触机会又多，触电机会也多。这样，对低压架空线路保护和防止雷电波沿低压线路侵入用户室内发生雷击的问题，应采取以下防雷措施：

1) 中性点直接接地的低压线路及其分支线的终端和每经过不大于 1km 的地方，都要对零线进行重复接地。接地电阻应小于 10Ω，而在变压器接地电阻允许达到 10Ω 的电网中，则重复接地电阻应不大于 30Ω，但至少重复接地有 3 处。

2) 室内有电力设备接地装置的建筑物，在线路入口处应将绝缘子铁脚与接地装置连接，不必另设接地装置。

3) 对于重要用户，应在低压线路进入室内前 50m 处安装一组低压氧化锌避雷器，进入室内再安装一组低压氧化锌避雷器，进行避雷双保护。

4) 年平均雷击日 30d 以上地区，应将接户杆上的绝缘子铁脚接地，以保低压线路上落雷时，能对绝缘子铁脚放电，将雷电流泄放入地，接地电阻应小于 10Ω。对土壤电阻率在 200Ω·m 及以下的铁横担钢筋混凝土杆线路，由于连续多杆自然接地的作用，可不再设接地装置。

5) 年平均雷击日不超过 30d 的低压架空线路被建筑物、树木屏蔽的地区，接户线距低压干线的接地点不超过 50m 的地方，由于遭雷击机会较少，接户杆上的绝缘子铁脚可不接地。

6) 人员密集的影剧院、教室等公共场所的接户线，以及有木杆或木横担的接户线，其绝缘子铁脚应接地，并设置专用的接地装置，而钢筋混凝土杆的自然接地电阻不大于 30Ω 的除外。

7) 在多雷区或易遭雷击地段，直接与架空线路相连接的电能表外，应装设阀型避雷器或保护间隙等防雷装置。

7. 变配电装置及电气设备的防雷措施

(1) 35/0.4kV 变压器及多雷区的 3～10kV 变压器的两侧应设避雷器，柱上断路器的两侧（经常开路的）、进线侧（经常闭合的）应设阀型避雷器或保护间隙。

(2) 避雷器的接地引下线与变压器中性点及金属外壳应连在一起后共同接地，其接地电阻应满足其中设备的最低值要求。

(3) 避雷器的接地端到变压器外壳的连线，由于有电感，雷电流流过时，接地连接线的电感压降与避雷器的残余电压叠加后，共同作用在变压器的绝缘子上，而接地连接线的电感与其长度成正比，叠加后的电压易将绝缘子击穿，故连接线应尽量短。

低压侧中性点接地的配电变压器防雷保护接线图如图 2.27 所示。

(4) 低压侧中性点不接地的配电变压器，除在变压器两侧设置避雷器外，还应在不接地的中性点增设击穿保险器，击穿保险器的一端必须与总接地网连接，如图 2.28 所示。

正常情况下，击穿保险器处于绝缘状态，系统不接地；当高压窜入变压器的低压侧时，击穿保险器的空气间隙被击穿，则高压系统的短路电流经接地装置流入大地，同时导致高压系统的继电保护装置动作，切除故障电源。

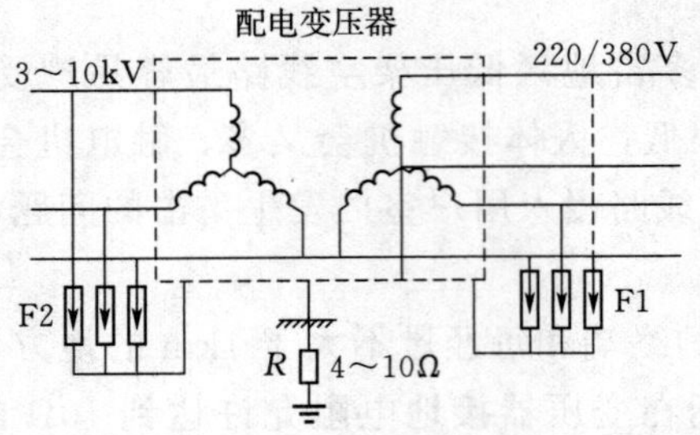

图 2.27 低压侧中性点接地的防雷接线图

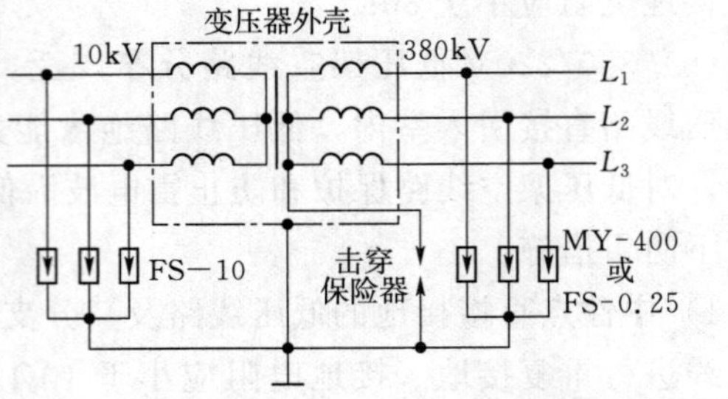

图 2.28 低压侧中性点不接地的防雷接线图

(5) 容量在100kVA以上的杆上变压器，应采用阀型避雷器保护；50～100kVA的杆上变压器，应采用两个阀型避雷器和一个角形间隙，或3个阀型避雷器保护；50kVA以下的杆上变压器，则采用两个阀型避雷器和一个角形间隙，或只用角形间隙保护。

(6) 安装杆上变压器的防雷装置时，避雷器应安装牢固、排列整齐、高低一致，之间距离应大于350mm；接地引下线应短而直，连接紧密牢靠，采用绝缘线时，其截面积应不小于$25mm^2$，上引线、铜绝缘线不小于$16mm^2$；引下线接地应牢固可靠，接地电阻符合规定要求以及与电气部分连接时，避雷器不能产生外应力。

(7) 装在架空高压配电线路上的电力电容器为无功补偿设备，既贵重又是线路中的绝缘弱点处，应装设阀型避雷器或保护间隙，如图2.29所示。

(8) 柱上的油开关（即油断路器）、隔离开关和负荷开关是用于线路分段或切合变压器的电气设备，之间距离近，绝缘水平也较低。为防止雷电闪络导致变电所跳闸，必须采用阀型避雷器或保护间隙进行防雷保护。

1) 对于经常开路运行的杆上油开关、隔离开关和负荷开关，它相当于线路的终端，应在开关的两侧安装避雷器，如图2.30 (a) 所示。

2) 经常闭路运行的油开关、隔离开关和负荷开关，可只在电源侧安装避雷器，如图2.30 (b) 所示。

3) 为使开关外壳在避雷器放电时的电位相等，防止对开关外壳放电，应将外壳与接地线可靠连接，接地电阻应小于10Ω。

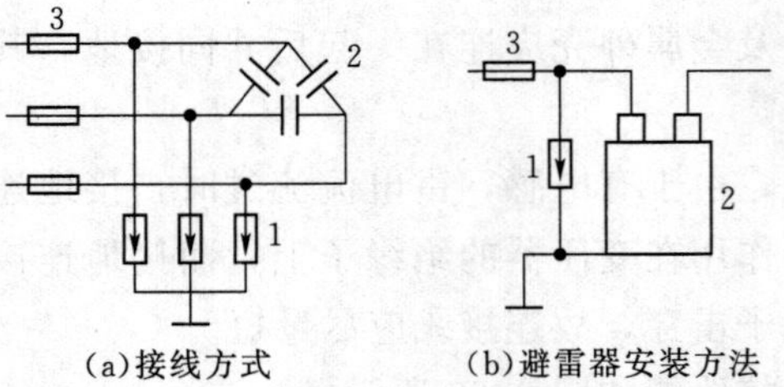

(a)接线方式　　(b)避雷器安装方法

图 2.29 电力电容器的防雷保护接线

1—阀型避雷器；2—电容器；3—熔断器

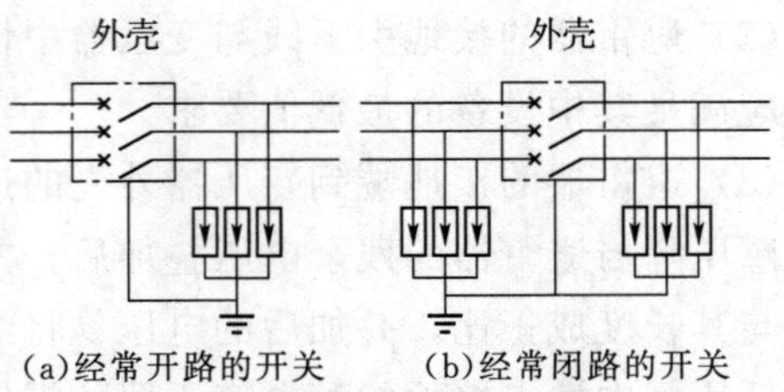

(a)经常开路的开关　　(b)经常闭路的开关

图 2.30 杆上开关防雷保护接线

(9) 电动机与架空电力线直接连接时，须按电动机的容量、雷电活动的强弱及对运行可靠性的要求确定防雷措施。

60000kW以上的电动机不应与架空电力线路直接连接。

300～1500kW 的直配电动机应按容量大小从以下几个方面进行保护：

1）架空进线段的首尾设避雷器或避雷线，首尾长度应大于 100m。

2）与架空线连接的进线电缆的金属外皮应多点接地，电缆长度应大于 100m，且电缆头外壳接地。

3）断路器进口处设避雷器并串接电抗器。

4）电动机进线口处设避雷器和电容器，电动机中性点引出处设避雷器；同时，电缆两端的所有接地点要集中接地，接地电阻应小于 5Ω。

300～1500kW 直配电动机的防雷保护接线如图 2.31 所示。

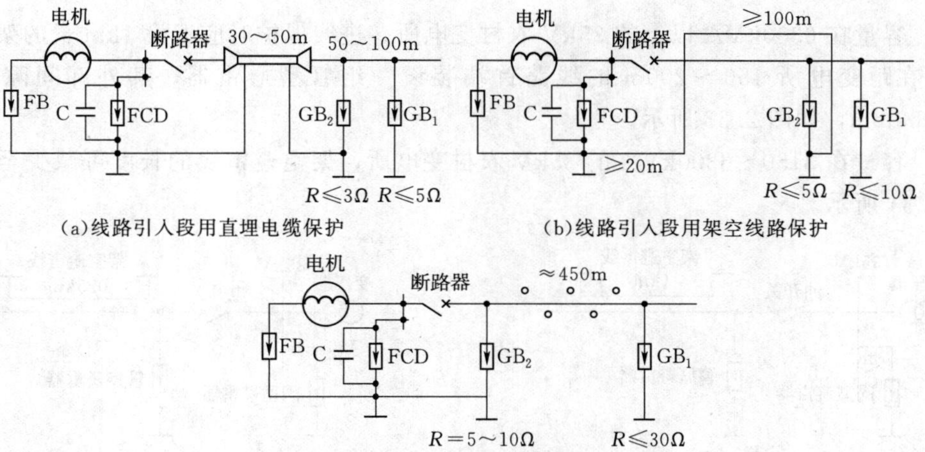

(a)线路引入段用直埋电缆保护　(b)线路引入段用架空线路保护

(c)线路引入段用避雷针保护

图 2.31　300～1500kW 直配电动机的防雷保护接线

300kW 及以下的直配电动机，可在电源进户处设避雷器和电容器，进护杆上设保护间隙并将绝缘子铁脚、铁横担可靠接地。

300kW 及以下直配电动机的防雷保护接线如图 2.32 所示。

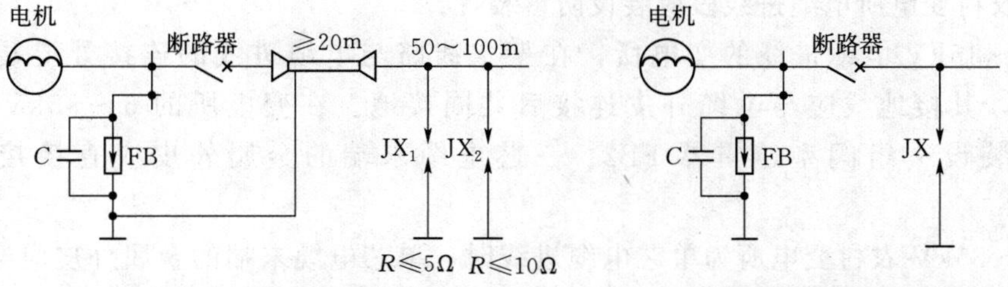

(a)线路引入段用直埋电缆引入　(b)在线路引入处加装保护间隙

图 2.32　300kW 及以下直配电动机的防雷保护接线

(10) 与厂区线路或经变配电室的配电装置连接的大型电动机，一般不单独设防雷装置，但在多雷区或雷电活动频繁地区并有雷击史的重要大型电动机，则应采用避雷器或保护间隙进行保护。

(11) 保护高压电动机的避雷器一般为 FCD 型磁吹避雷器，要靠近电动机装设，且设在电动机的出线口。若接在每一组母线上的电动机不超过两台，或避雷器与 500kW 以上的电动机的电气距离小于 50m 时，则避雷器可装在每一组的母线上。

(12) 保护直配电动机用的架空线路上的避雷线，对边导线的保护角应小于 30°。装在每相母线上保护直配电动机匝间绝缘及防止感应过电压的电容器，其容量为0.20～0.25μF。

8. 农村变电所及人身的防雷击措施

农村变电所分散、规模小、技术力量薄弱、缺乏严格管理。农村变电所及架空线路遭受雷击，导致用户触电伤亡的事故时有发生，是电力系统最薄弱的环节。

(1) 为防止雷击农村架空线路和雷电波侵入变电所，变电所进线段应装设架空避雷线。

1) 容量在 6300kVA 以上的 35kV 农村变电所，进线保护时应架设 1km 长的架空避雷线，并在距变电所 150～200m 的线路首端装设一组管型避雷器，其外部间隙调整在 200～250mm，如图 2.33 所示。

2) 容量在 3150～6300kVA 的 35kV 农村变电所，架空避雷线的长度可减少至 500m，如图 2.34 所示。

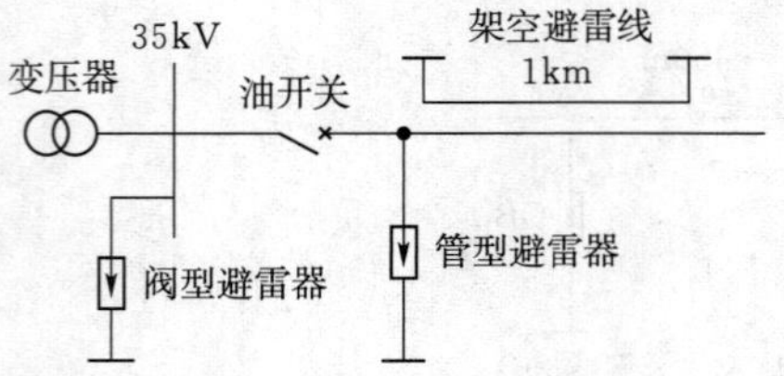

图 2.33　容量大于 6300kVA 变电所的防雷保护

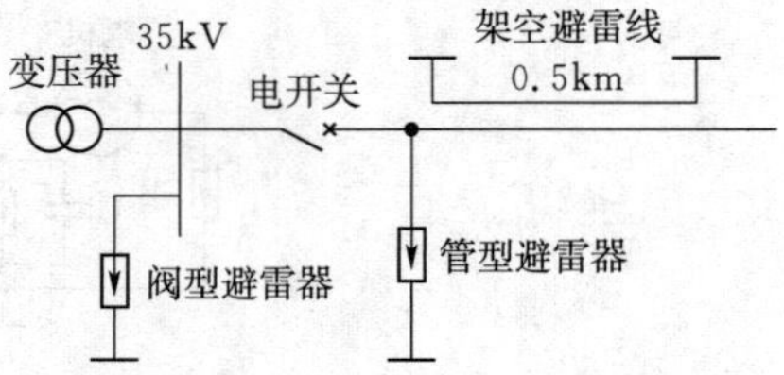

图 2.34　容量 3150～6300kVA 变电所的防雷保护

3) 容量在 3150kVA 以下的农村变电所，可不在进线段设架空避雷线，但要在首端装设管型避雷器，且在 500m 范围内每个电杆要接地。

4) 3～10kV 的配电装置，应在变电所的母线上和每路出线处装设阀型避雷器，不需架设避雷线。

(2) 农村变电所电缆进线段应装设防雷装置。

1) 6～35kV 电缆进线的变电所，在架空线路与电缆进线的连接处要装设阀型避雷器 FB1，其接地线应与电缆外皮连接后共同接地。在变电所的 6～35kV 每组母线上，均要装设一组阀型避雷器 FB2。三芯电缆末端的金属外皮应直接接地，如图 2.35 所示。

2) 6～35kV 农村变电所为单芯电缆进线时，单芯电缆末端的金属外皮应经保护间隙 JX 接地，如图 2.36 所示。

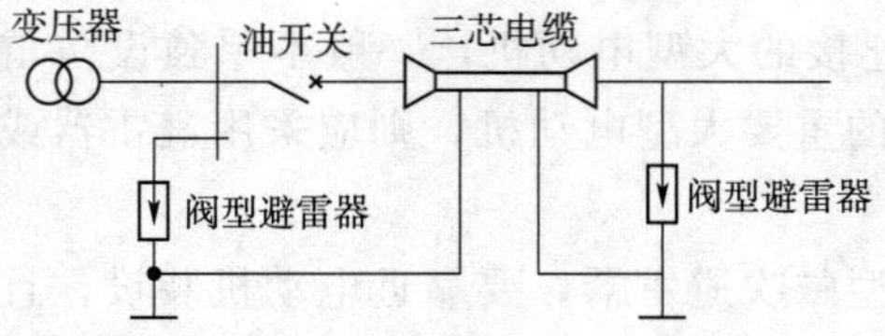

图 2.35　三芯电缆进线段防雷保护接线

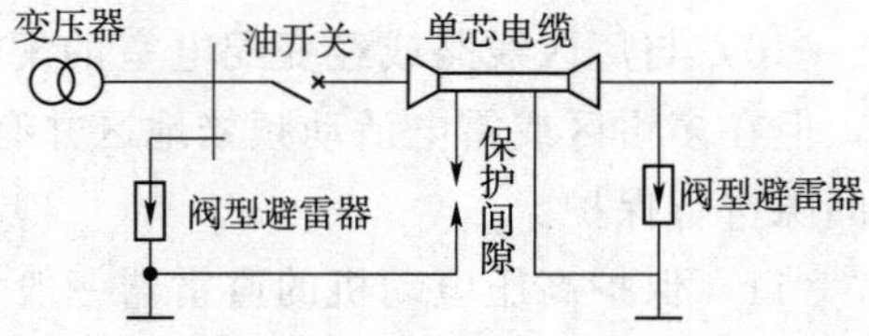

图 2.36　单芯电缆进线段防雷保护接线

(3) 在现实生活中，雷雨天被雷电击中致人伤亡的事故已屡见不鲜，必须引起人们的足够重视。人身防雷击的措施有以下几种。

雷雨时，除工作必须进行外，应不在室外、野外逗留。必须在室外、野外工作和停留时，最好穿不浸水的塑料雨衣及胶鞋、绝缘鞋等。

雷雨时，条件允许应进入有宽大金属构架或有防雷设施的建筑物内，或依靠有避雷设施的建筑物或高大树木屏蔽的街道躲避，但要离开墙壁或树干，不能在墙角下、树下避雨，尤其是孤树。

雷雨时，必须离开小山、小丘或隆起的小道、沟崖、峭壁，尽量远离海滨、湖边、河边、池塘、金属网、金属构件、金属晒衣绳以及旗杆、孤塔、烟囱、孤树等无防雷设施的零星建筑物等，同时亦要远离建筑物的接地引下线和接地体。

雷雨时，人们不要在田野扛着锄头、锹、镐等工具走，也不要打着带金属尖的伞。

雷雨时，要远离室内照明线、动力线、广播线、电话线、天线引入线及金属管道等，至少要在 1.5m 以上。

雷雨时，禁止在室内使用无避雷装置的室外天线收看电视，最好不拨打或接听电话。多雷区或雷电活动频繁地区，应在电源进户处装设低压避雷器或保护间隙。

雷雨时，为防止球形雷侵入，应关闭门窗和堵住洞口。房屋建筑在空旷野外时，房顶应装设避雷针。

人人都应爱护建筑物及电气线路的防雷设施，并学习普及有关防雷电常识，提高个人防雷安全意识和应变防护能力。

2.4 静电伤害及安全防护

静电是指绝缘物质上携带的相对静止的电荷。静电现象是由不同物体接触摩擦并在物质间发生电子转移而形成的带电现象，如雷电、电容器残留电荷、摩擦带电等。静电放电是指当带电体周围的场强超过周围介质的绝缘击穿场强时，因介质产生电离而使带电体上的静电电荷部分或全部消失的现象。人们活动中，特别是生产工艺过程中产生的静电可能引起爆炸及其他危险和危害。静电引起的燃爆事故仅次于机械和热引发的事故，占安全事故总量的 6%左右，是安全生产中的重大事故隐患之一。

2.4.1 静电的产生机理

2.4.1.1 静电的起电方式

1. 接触-分离起电

两种物体接触，其间距离小于 25×10^{-8}cm 时，由于不同原子得失电子的能力不同，不同原子（原子团或分子）外层电子的能级不同，其间即发生电子的转移。因此，两种物质紧密接触，界面两侧会出现大小相等、极性相反的两层电荷。这两层电荷称为双电层，其间的电位差称为接触电位差。接触电位差与物质性质及其表面状况有很大的关系。固体物质的接触电位差只有千分之几至十分之几伏，最大为 1V 左右。

2. 感应起电

典型的感应起电过程如图 2.37 所示。当 B 导体与接地体 C 相连时，在 A 带电体的感应下，如图 2.37（a）所示，虽然 B 带电体的端部出现正电荷，但 B 导体对地电位仍然为零；当 B 导体离开接地体 C 时，如图 2.37（b）所示，虽然中间不放电，但 B 导体成为带电体。

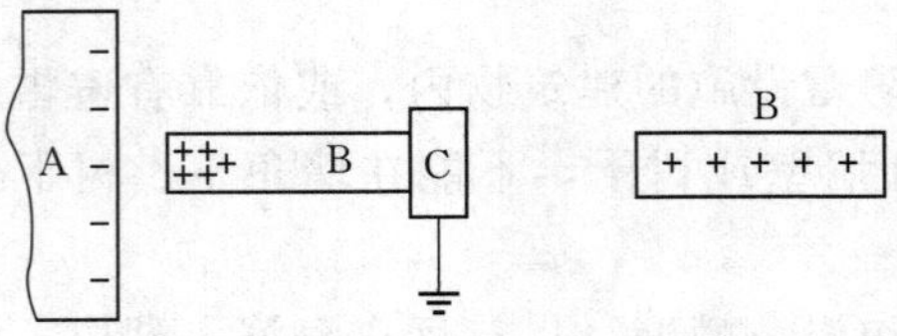

图 2.37　感应起电

3. 剥离起电

剥离两种密切结合的材料时，可引起电荷分离而使双方带电。剥离起电的静电量取决于接触面积、接触面的黏着力和剥离速度等因素。

4. 电荷迁移

当一个带电体与一个非带电体接触时，电荷将重新分配，即发生电荷迁移而使非带电体带电。当带电雾滴或粉尘撞击在导体上时，会产生电荷迁移；当气体离子流射在不带电的物体上时，也会产生电荷迁移。

除上述几种主要的起电方式外，电解、压电、热电等效应也可能产生偶电荷层或起电。

2.4.1.2　固体静电

固体产生静电可用双电层和接触电位差的理论来解释。双电层上的接触电位差是极为有限的，而固体静电电位高达数万伏以上，其原因不在于静电电量大（工艺过程中局部范围内的静电电量一般只是微库级的），而在于电容的变化。

橡胶、塑料、纤维等行业工艺过程中的静电高达数万伏，甚至数十万伏，如不采取有效措施，很容易引起火灾。

通常炸药是静电的不良导体，其电阻率大都在 $10^{11} \sim 10^{16}\,\Omega \cdot m$ 范围内，很容易摩擦起电，静电电量的产生、积累和放电会在介质之间产生静电荷，如不及时导走，就会使静电电荷积聚并表现出很高的静电电位。当所带的静电能量足够大且条件成熟时（满足放电条件）就会放电产生火花而引爆炸药。电阻越大，电荷积累电压越大。

2.4.1.3　粉体静电

粉体是颗粒尺寸微小的固体，其静电的产生也符合双电层的基本原理。粉体物料的研磨、搅拌、筛分或高速运动时，由于粉体颗粒与颗粒之间及粉体颗粒与管道壁、容器壁或其他器具之间的碰撞、摩擦，以及由于破裂都会产生有害的静电。塑料粉、药粉、面粉、煤粉和金属粉等各种粉体都可能产生静电。粉体静电电压可高达数万伏。

2.4.1.4　人体静电

从静电学的角度看，人是一个行为具有很大不确定性的特殊导体。人与各种物体之间发生的接触、分离和人体自身的活动，都会导致静电的发生，并蕴藏着大量的不定因素，如接触面积、压力、皮肤状况、着装状况、操作速度、地面和鞋底电阻、相对湿度、人体对地电容等，所以由人体静电引起的放电往往是酿成静电灾害的重要原因之一。

2.4.1.5　液体静电

液体在流动、过滤、搅拌、喷雾、喷射、飞溅、冲刷、灌注和剧烈晃动等过程中，均会由于静电荷的产生速度高于静电荷的泄漏速度，造成静电荷的积聚，产生静电现象。

液体－固体之间的接触-分离也会产生静电，其中紧贴在固体表面的离子层称为固定电荷层，与固定电荷层相邻的、能够随液体流动的离子层称为滑移电荷层。当液体流动时，带走的滑移电荷层的电荷，形成液体带电。如果液体在管道内呈紊流状态，则滑移层的电荷被搅动，不局限在某一范围，而近似地沿管道断面均匀分布。显然，液体流动时，一种极性的电荷随液体流动，形成所谓流动电流。由于流动电流的出现，管道的终端容器里将积累静电电荷。

喷雾起电是指当液体类物质从管口、喷嘴和管道龟裂处等高速喷出时，由于液体与喷出口发生摩擦，也由于液体的飞溅与附近物体及空气发生冲撞，以及由于这些喷射在空间的液体类物质扩散和分离，形成许多微小液滴，使偶电荷层分离而带电。

溅泼起电是指当液体的非浸润性微小液滴溅落在物体表面时，界面上将形成偶电荷层，由于液滴的惯性滚动而发生偶电荷层电荷分离，使液滴与物体表面分别带上异号电荷。

2.4.1.6 气体静电

完全纯净的气体一般是不会产生静电的，但由于气体内往往含有灰尘、铁末、干冰、液滴、蒸气等固体颗粒或液体颗粒，气体在管道内高速流动或由阀门、缝隙高速喷出时，这些颗粒或粉体与管道内壁、喷嘴内表面发生碰撞、摩擦、分裂等过程，使表面偶电荷层的平衡受到破坏，产生危险的静电。例如喷漆时，含有大量杂质的气体高速喷出，会产生比较强的静电。蒸气产生静电的机理与液体类似，即由于接触、分离和分裂等原因产生静电。当气体中混有悬浮固体微粒时，在高压喷出后形成气、固混合物引起的带电，相当于气力输送下的粉体起电。

气体和蒸气静电比固体和液体的静电要弱一些，但也能高达万伏以上。

在石油化工生产过程中，常使用一些易于挥发的可燃、易爆溶剂和物料，容易形成达到爆炸极限的可燃气体、蒸气与空气的混合物。一旦遇到超过其最小引燃能量的静电放电，可能引发火灾或爆炸事故。例如，乙炔自钢瓶中放出时，可产生高达 6 kV 的静电电压。

2.4.2 静电的消散方式

容易得失电子且电阻率很高的材料都容易产生和积累静电。如固体物质的粉碎、研磨过程；大面积的摩擦，在压力下接触而后分离，在挤出、过滤时与管道、过滤器等发生摩擦，在混合器中搅拌各种高电阻率物质，高电阻率液体在管道中流动且流速超过 1m/s，液体喷出管口或注入容器发生冲击、冲刷或飞溅时，以及液化气体、压缩气体、高压蒸气在管道中流动和由管口喷出等。任何物体所带的静电若没有外来补充，总是会消散的。改变外部条件可以影响静电消散的速度。静电消散有两种主要方式，即中和与泄漏。前者主要是通过空气消散，后者主要是经由带电体自身消散。

2.4.2.1 中和

物体上的静电通过空气迅速中和是发生在气体放电的时候。这标志着气体中出现了碰撞电离。若出现了雪崩式电离，即由于碰撞出来的电子和离子再度引起碰撞电离，便会使电流急剧增加而形成火花放电。放电是中和静电的主要方式之一，它又分三种形式：

1. 电晕放电

发生在带电体尖端附近或其曲率半径很小处的局部区域内。该区域内电场强度很高，使气体分子发生电离，产生一薄层电晕，形成电晕放电，同时还伴有嘶嘶声和淡紫色光。带正电荷者比带负电荷容易形成电晕且较为强烈。

2. 刷形放电

其放电通道有很多分支而不集中在一点，放电时伴有声光。由于绝缘体束缚电荷的能力较强，其表面容易出现刷形放电。

3. 火花放电

火花放电是指放电通道集中的放电，即电极上有明显放电集中点的放电。火花放电时有短促的爆裂声和明亮的闪光。

2.4.2.2 泄漏

绝缘体上静电的泄漏有两条途径：一条是绝缘体表面，另一条是绝缘体内部。前者遇到的是表面电阻，后者遇到的是体积电阻。静电通过绝缘体本身泄漏很像电容器通过电阻放电那样，也有时间常数。它反映了静电泄漏的快慢且与电阻和电容有关。它们都是影响静电泄漏的重要因素。

对于生产过程中产生的有害静电，时间常数越大，静电越容易积累，危险性越大；反之，时间常数越小，静电越容易泄漏，危险性也越小。通常取绝缘体上静电电量泄漏一半的时间（称半值时间）来衡量泄漏的快慢，亦即衡量危险性的大小。

湿度对于静电泄漏的影响很大，吸湿性越大的绝缘体，受湿度的影响也越大。随着湿度的增加，绝缘体表面上凝结成薄薄的水膜，并溶解空气中的二氧化碳气体和绝缘体析出的电解质，使绝缘体表面电阻大为降低，从而加速静电的泄漏。此外，当含有大量电子和离子的气体覆盖在绝缘体表面上时，也能加速绝缘静电的泄漏。

应当指出，因为绝缘体的静电泄漏很慢，所以同一绝缘体的各部分，可能在较长时间内保持不同的电压。基于这个道理，即使在产生静电的过程停止以后，较长一段时间内也仍然可能会存在一定的静电危险。

2.4.3 防止静电危害的技术措施

防止静电危害有两条主要途径：一是创造条件，加速工艺过程中静电的泄露或中和，限制静电的积累，使其不超过安全限度；二是控制工艺过程，限制静电的产生，使之不超过安全限度。第一条途径包括两种方法，即泄漏法和中和法。接地、增湿、添加抗静电剂、涂导电涂料等具体措施均属泄漏法；运用感应中和器、高压中和器、放射线中和器等装置消除静电危害的方法，均属中和法。第二条途径包括材料选择、工艺设计、设备结构等方面所采取的相应措施。静电防护的主要措施有下列四种。

2.4.3.1 静电控制法

控制静电产生的方法有：

（1）保持传动带的正常拉力，防止打滑。

（2）以齿轮传动代替带传动，减少摩擦。

（3）灌注液体的管道通至容器底部或紧贴侧壁，避免液体冲击和飞溅。

（4）降低气体、液体或粉尘物质的流速。

2.4.3.2 自然泄漏法

使静电从带电体上自行消散的方法有：

（1）易于产生静电的机械零件尽可能采用导电材料制成。必须使用橡胶、塑料和化纤时，可在加工工艺或配方中掺入导电添加剂炭黑、金属粉尘、导电杂质等，从而制成导电的橡胶、塑料和化纤。

（2）在绝缘材料的表面喷涂金属粉末或导电漆，形成导电薄膜。

（3）对于表面易于吸湿的物质，在不影响产品质量前提下适当提高相对湿度。物质表面吸湿后，导电性增加，会加速静电自然泄漏。空气相对湿度若能保持在70%左右，即可防止静电的大量积累。

（4）对于表面不易吸湿的化纤和塑料等物质，可以采用各种抗静电剂。其主要成分是以油脂为原料的表面活性剂，它能赋予物质表面以吸湿性（亲水性）和电离性，从而增强导电性能，提高静电自然泄漏的效果。

2.4.3.3 静电中和法

利用相反极性的电荷中和（清除）静电的方法有：

（1）不同物质相互摩擦能产生不同的带电效果，故对产生赘电的机械零件要适当选择组合，使摩擦产生的正、负电荷在生产过程中自行中和，破坏静电积累的条件。

（2）在胶片生产和印刷生产中，因湿度不宜过大，可以装设消电器产生异性电荷，以电晕放电方式中和静电。

（3）利用放射性同位素，可在不需要电源的情况下放射出β粒子，以中和静电。这种方法稳定性好，效率高，即便在易燃、易爆的条件下也是比较安全的。

（4）向粉尘物质输送管道中喷入“离子风”，以中和静电电荷，防止静电引爆。

2.4.3.4 防静电接地法

接地法是防止静电积累、消除危害的简便有效方法。实践中应注意：

（1）凡加工、运输和储存各种易燃、易爆的气体（液体）和粉尘的设备及一切可能产生静电的机件、设备和装置，都必须可靠接地。

（2）同一场所两个及以上产生静电的机件、设备和装置，除分别接地外相互间还应作金属均压连接，以防止由于存在电位差而放电。灌注液体的金属管器与金属容器，必须经金属可靠连接并接地，否则不能工作。

（3）带轮、滚筒等金属旋转体，除机座应可靠接地外，在危险性较大的场所还应采用导电的轴承润滑油或将金属旋转体通过滑环、碳刷接地。

（4）具有爆炸危险和重要政治意义的场所或建筑物，其地板应由导电材料制成（如用导电混凝土和橡胶等做地板），而且地板也应接地。

除以上措施外，工作人员在静电危险场所还可穿上抗静电的工作服和工作靴。

2.4.4 防静电接地的注意事项和要求

2.4.4.1 防静电接地的注意事项

（1）接地是用来消除导体上的静电，但不能用来消除绝缘体上的静电。因带有静电的绝缘体如经过导体直接接地，即相当于把大地电位引向绝缘体，反而会增加火花放电的危险。故防静电接地的方法仅适用于导体。

（2）防静电的接地装置，可与电气设备的工作、保护和重复接地装置共用。其接地连接线应保证足够的机械强度和化学稳定性。连接应当可靠，不得有任何中断之处。防静电接地电阻值通常不应超过 1MΩ。

(3) 导电性地面实质上也是一种接地措施。采用它不但能导电设备上的静电，且有利于导电聚积在人体上的静电。导电性地面常是指混凝土、导电橡胶地面、导电合成树脂、导电木板、导电水磨石、导电瓷砖等地面。采用导电性地面或导电性涂料喷刷地面时，地面与大地之间的电阻值不应超过 1MΩ，地面与接地导体的接触面积不宜小于 $10cm^2$。

(4) 在某些危险性较大的场所，为使转轴能可靠地接地，可采用导电性润滑油或采用滑环、碳刷接地的方法。

(5) 为了消除人体静电，可穿导电性工作鞋（如皮底鞋或导电橡胶底鞋），这实质上也是一种接地措施。导电性工作鞋的电阻应为 10MΩ。

顺便指出，为了防止人体受静电的伤害，在车间内（尤其是在有爆炸或火灾危险的场所）应避免穿着丝绸或合成纤维的衣服。除电气设备必须采取防爆措施及严格执行有关规章制度外，工作人员应注意不要穿戴用腈纶、尼龙、涤纶或由它们混织制成的衣裤、手套、袜子或围巾等，所用工具也应尽量不要采用塑料或尼龙制品，以消除静电可能引起的火灾或爆炸危险，防止发生意外。

2.4.4.2　防静电接地的具体要求

(1) 工厂及车间的氧气、乙炔等管道必须连接成一个整体，并接地。其他所有能产生静电的管道和设备，如油料储送设备、空气压缩机、通风装置和空气管道，特别是局部排风的空气管道，都必须连接成连续整体并予以接地。

(2) 车间内每个系统的有关设备与管道应连接牢固可靠，接头处的接触电阻应不超过 0.03Ω；在两个螺栓正常扭紧情况下或是使用金属跨接线时应至少有 2 处接地。

(3) 车间内或栈桥上等处的平行管道，若相距 10cm 时，每隔 20m 要互相连接一次；相距不到 10cm 或者是相交的管道，则应在交叉处连接；管道与金属构架相距 10cm 处也应互相连接。

(4) 凡输气管道干线两端及分支管线处都应接地；管道栈桥两端应与其上管道连接，且每隔 200～300m 要与管道连接一次；栈桥本体还应作专门接地。

(5) 储存易燃气体、液化气体、液态碳氢化合物或其他有火灾危险的储罐等容器，都应实施可靠接地；容积大于 $50mm^3$ 的储罐，应沿其直径方向布设接地且不得少于 2 处。

(6) 使用中应避免防静电接地线及接地装置意外碰伤、断线；管道的法兰处要求具有较良好的导电性。

(7) 凡注油漏斗、浮动罐顶、工作站台、磅秤、金属检尺等辅助设备或工具均应实行良好的接地；油壶或油桶装油时应与注油设备跨接起来并且接地。

2.4.5　变压器油造成静电危害的防护

在给变压器充油以及过滤变压器油时，都会产生静电。若未采取有效措施，则容易引起变压器油燃烧导致火灾或爆炸。具体防静电措施如下所述。

2.4.5.1　利用油箱下部的油阀门往变压器里注油

这样做可以防止注油时产生的静电危害。因为若将变压器油通过油枕且以较大的流速注入变压器箱内时，就会在变压器油内产生并积聚静电。尤其是在干燥的冬天或变压器油的黏度较大及夹杂固体微粒时便会积聚静电。当静电一旦积聚到相当程度时，就会发生火花放电，引起变压器油燃烧而导致火灾。

所以，一般都不从变压器油箱上部往里注油（仅在补充变压器油时方可由上部缓慢地注入）；当从下部的注油阀门往里注油时，可先将油管妥善接地，使变压器油靠本身压力慢慢地注入。这样，便可避免极易发生的静电危害，确保安全。

2.4.5.2 过滤变压器油时不能使用普通胶皮管

一方面是因为普通胶皮管在接触变压器油后会受到腐蚀而引起变质，且此时变压器油将会由于胶皮管的化学作用而使油质劣化；另一方面因为在滤油过程中，由于胶皮管是绝缘的，滤油时产生的静电荷便不能很快地泄漏，静电的积聚现象将会越来越严重。直至胶皮管与滤油机铁架等金属部分之间的电位差达到很高数值时，便会产生火花放电而导致火灾。所以，过滤变压器油时不要使用一般的普通胶皮管。

2.5 电磁辐射对人体的伤害

在交流电流的周围，存在着相互作用、相互依存的交变电场和磁场，这就是电磁场。随着现代科学技术的发展，各种电子、电气设备为人们的日常生活以及社会建设提供了很大帮助。与此同时，电子、电气设备工作过程中产生的电磁辐射与干扰问题也日益严重，电磁辐射已被公认为是继水源、大气和噪声之后的具有较大危害性的且不易防护的污染源。它不仅影响通信，甚至直接威胁到人类的健康，掌握电磁场辐射对人体造成的伤害及其防护技术，对于电气设备和电磁波的安全使用非常重要。

2.5.1 电磁辐射的分类

1. 按电磁辐射源分类

电磁辐射源可分为天然型和人为型两类。

天然型电磁辐射源是指宇宙、大气、热噪声、太阳黑子、星体活动等，这些自然现象会产生从几千赫兹到几百兆赫兹频率范围的电磁波，对电子设备的正常工作造成严重的干扰。

人为型电磁辐射源是指各种生活类电子产品（如家用电器、小型电动工具、电子照明器具、个人通信设备等）、生产类电子电气设备（如雷达、无线电发射设备、感应加热器、大型电动机、电焊机、电车、静电设备等）、大中型电磁发射系统（广播电视发射系统和微波发射系统为主）、偶发性的核弹爆炸等。人为型辐射源产生的电磁辐射频率范围宽，强度大于自然电磁辐射源，与人类生存环境的关系更为密切，已成为电磁环境污染的主要因素。

人类生存环境中的电磁辐射污染主要来自人为因素，越发达的国家和地区，电子和电气设备应用越广泛，电磁辐射污染的可能性就越大。

2. 按频率和波长分类

按照频率的高低，电磁场分为工频（50/60Hz）、射频或高频（1kHz～100MHz）和微波（大于1GHz）。

按波长大小，电磁场分为长波、中波、短波等。

主要电磁污染源及其频率范围见表2.19。

表 2.19　各种电磁污染源及其频率范围

分　类	频率范围	典 型 污 染 源
工频及音频污染	50Hz 及其谐波	输电线，电力牵引系统，有线广播
甚低频污染	30kHz 以下	雷电等
载频污染	10～300kHz	高压直流输电，交流输电及电气铁路
射频、视频污染	30kHz～300MHz	工业、科学、医疗设备，电动机，照明电气
微波污染	300MHz～100GHz	微波炉、微波通信，卫星通信，移动通信发射机

2.5.2　电磁辐射对人体的危害

在高频电磁场作用下，人体内的生物反应是由于吸收电磁场能量引起的。高频电磁场对人体的伤害往往不是高频电流本身，而是电磁辐射作用的结果。电磁辐射对人体的危害机理有热效应、非热效应和累积效应等。

人类一直生活在一个存在着电磁辐射的环境之中，因此，在长期的进化过程中，人类已经能够和外部的电磁辐射环境在一定程度上相适应。但是，在超出人体的适应调节范围以后，电磁辐射就会对人体造成伤害。但人体的不同部分对辐射的敏感程度是不一样的，也就是说，在同样的辐射环境下，由于人体内各器官、组织的导电、导磁性能不同，电磁场对机体各器官、组织的伤害也不同。概括来讲，电磁辐射对人体的危害有以下几个方面：

(1) 对神经系统和心理健康的危害。电磁辐射可以对人的神经系统和心理产生影响。在一定强度的高频电磁场照射下，人的中枢神经系统功能会出现失调现象，表现为神经衰弱症候群，如头晕、记忆力减退、睡眠不好（多梦、失眠等）、头痛、乏力等症状。还表现为植物神经功能失调，如多汗、食欲缺乏、心悸等症状。电磁辐射还会对人的心理产生影响，而且随着生活水平和受教育程度的提高，这一影响越来越严重。

(2) 对心血管系统的危害。在超高频和特高频电磁场的照射下，心血管系统症状比较明显，如心动过缓或心动过速、血压升高或血压降低、心悸、心区有压迫感、心区疼痛等。这时，心电图、脑电图、脑血流图也有某些异常反应。

(3) 对视觉系统的危害。眼睛是人体中对高频电磁辐射比较敏感的器官，容易受到热效应的损伤。由于眼部无脂肪层覆盖，晶状体含有较多的水分，又缺少血管散热，受电磁辐射热效应后，晶状体蛋白质凝固、酶代谢障碍而造成晶体浑浊，严重的会导致白内障。更强的电磁辐射会使角膜、虹膜和晶体同时受到伤害，以致造成视力完全丧失。

(4) 对生殖系统的危害。男性生殖器官是人体中另一处对高频电磁辐射热效应敏感的器官。在高频辐射作用下，即使睾丸的温升 10～20℃，皮肤还不会产生痛感，但男性生殖机能可能在不知不觉中已经受到损害。短期内，电磁辐射只抑制精子的生长过程，并不损害睾丸的间质细胞，也不影响血液中的睾酮含量，所以通常仅产生暂时性不育现象。但是，长期的和大剂量的电磁辐射则会造成永久性不育。

电磁辐射是造成孕妇流产、不育、畸胎等病变的诱发因素。1～3 月胚胎期受到强电磁辐射可能造成肢体缺陷或畸形，4～5 月胎儿形成期受到电磁辐射可能引起智力不全，甚至造成痴呆，6～10 月胎儿形成期受到电磁辐射可能导致免疫功能低下、抵抗力差。

(5) 对癌症发生率的影响。大量试验研究表明：电磁辐射会促使人体内的遗传细胞染色体发生突变和有丝分裂异常，使某些组织出现病理性增生过程，扰乱细胞处理激素、酶及其他化学物质的能力，导致白血病（尤其是儿童白血病）、乳腺癌、皮肤恶性黑色素癌、神经系统肿瘤、急性淋巴性白血病等。

此外，电磁辐射对人体内分泌系统、免疫系统、骨髓造血系统均有不同程度的影响。国际癌症研究机构（International Agency for Research on Cancer，IARC）已于2000年6月将极低频电磁场列为可疑致癌物2B类。电磁辐射对人体各器官的影响与电磁波频率有关，见表2.20。

表2.20　电磁辐射对人体各器官的影响与电磁波频率的关系

频率/MHz	波长/cm	受影响器官	主要生物效应
<150	>200	—	透过人体，影响不大
150～1000	200～30	体内各器官	体内组织过热，损伤各器官
1000～3000	30～10	眼睛晶状体、睾丸	组织加热显著，晶状体易受损
3000～10000	10～3	皮肤、眼睛晶状体	伴有温感的皮肤加热
>10000	<3	皮肤	皮肤表面能反射和吸收电磁波，而吸收的电磁波转化成能量

电磁场对人体的作用有滞后性，即人在受到伤害后经过一段时间才有症状表现出来。轻微的症状一般在脱离接触后数周之内就可消失。但在高强度、长时间的作用下，有的症状可能持续很久，不容易恢复或不能恢复，甚至可能通过遗传因子影响到后代的健康。电磁伤害是逐渐加重的，病情是逐渐发展的，一般没有突变过程。

高频电磁场对人体伤害的程度受到许多因素的影响，如辐射功率、电磁场强度、电磁波频率和波形、照射时间、人体状况、环境条件等，各影响因素之间还有一些联系。

部分公众对变电站电磁辐射感到担忧，少部分居民听信网络上不负责的言论，对变电站产生的电磁环境影响存在不科学的认识。为进一步引导公众正确认知电磁辐射，同时也能更精确地对变电站周边的电磁环境进行实时监测，确保其电磁辐射水平符合国家标准。很多变电站附近安装了电磁辐射在线监测系统，公众通过该系统实时监测显示屏，及时了解变电站对周边电磁环境影响是否符合国家标准，消除他们的担忧。

2.5.3 电磁防护措施

减小电磁辐射危害的电磁防护措施主要有电磁屏蔽技术、电磁接地技术、电磁吸收技术和滤波技术等。

1. 电磁屏蔽技术

所谓电磁屏蔽就是利用导电或导磁材料将电磁辐射限制在某一规定的空间范围内，阻止电磁辐射向被保护区扩散的技术措施。方法是采用屏蔽体包围电磁干扰源，抑制电磁干扰源对周围空间的接收器的干扰，或者采用屏蔽体包围接收器，以避免干扰源对其造成干扰。

常见的电磁屏蔽技术有如下三种：

(1) 静电屏蔽。静电屏蔽的屏蔽体用良导体制作，并有良好的接地，这样就把电场终止于导体表面，并通过接地线中和导体表面的感应电荷，防止由静电耦合产生的互扰。

(2) 磁屏蔽。磁屏蔽的屏蔽体用高磁导率构成低磁阻通路，把磁力线封闭在屏蔽体内，达到阻挡内部磁场向外扩散或外界磁场干扰的目的。

(3) 电磁屏蔽。电磁屏蔽是利用电磁波在导体表面上的反射和在导体中传播的急剧衰减来隔离时变电磁场的互耦，从而防止高频电磁场的干扰。

2. 电磁接地技术

屏蔽装置有了良好的接地以后，可以提高屏蔽效果，且以中波波段较为明显。电磁接地包括高频设备外壳的接地和屏蔽的接地。电磁接地不仅应符合一般电气设备接地的要求，还应符合电磁接地的特殊要求。

电磁接地的接地线不宜太长。接地线宜采用多股铜线或多层铜皮制成，以减小接地线的自感和其内的涡流损耗。对于屏蔽接地，只宜在屏蔽的一个点与接地体相连。如果同时有几个点与接地体相连，由于各点情况不完全相同，可能产生有害的不平衡电流。电磁接地体宜采用铜材制成，宜于竖埋。板形接地体的面积取 $1.5 \sim 2.0m^2$ 即可。

应当指出，对于高频电子设备，为了防止干扰，外壳和屏蔽装置也是需要接地的。

3. 电磁吸收技术

吸收法是利用电磁匹配、谐振的原理，采用对电磁辐射能量具有吸收作用的材料，将电磁能量进行衰减，并吸收转化为热能。

吸收防护是减少微波辐射危害的一项积极有效的措施，可在场源附近将辐射能大幅度降低，多用于近场区的防护上。

电磁吸收材料按其耗损机理主要有电阻型、电介质型和磁介质型三大类吸波剂。

(1) 电阻型吸波剂主要通过与电场的相互作用来吸收电磁波，如炭黑、碳化硅、导电石墨、金属短纤维、特种碳纤维以及高导电性高聚物等属于电阻型，其主要特点是具有较高的介电损耗角正切，依靠介质的电子极化或界面极化衰减来吸收电磁波。

(2) 电介质型吸波剂主要通过介质极化弛豫损耗来吸收电磁波。电介质型吸波剂主要有氮化硅和氮化铁等。

(3) 磁介质型吸波剂主要包括铁氧体和金属超细微粉。

4. 滤波技术

滤波是为了防止不希望的电磁振荡沿与设备相连的任何外部连线传播到设备，一般由滤波器来完成。滤波器可以由无源元件或有源器件组成选择性网络，能够有选择地阻止有用频带以外的其余成分通过，完成滤波作用；也可以由铁氧体材料等有损耗材料组成，把不希望的频率成分吸收掉，从而达到滤波的目的。

滤波技术就是在电路上采取 RLC 电路，让需要频率的电流通过而阻止其他频率的电流。它是损耗型，必须根据电气设备要求的技术参数设计合理的滤波器。电抗滤波器由串联和并联 RLC 组成，常见的有 L 形、T 形和 π 形网络，这些网络利用电路的谐振特性对在所需信号通路中流动的干扰呈现出高阻抗，阻止干扰进入电磁电路，且利用阻抗非常低的支路将这些干扰分流到地。

思考题

1. 何为电击？何为电伤？如何区分电击和电伤？

2. 电流对人体伤害程度的影响因素有哪些?

3. 人体触电方式有几种?

4. 造成触电事故的原因有哪些?

5. 发生触电事故的一般规律是什么?

6. 举例说明防止人身触电的基本措施有哪些?

7. 剩余电流保护器一般由哪几部分组成?保护原理是什么?如何正确选择、安装、维护剩余电流保护器?

8. 何为 IT 系统?保护特点是什么?画出 IT 系统保护的等效电路。

9. 何为 TT 系统?保护特点是什么?画出 TT 系统保护的等效电路。

10. 何为 TN 系统?保护特点是什么?画出 TN 系统保护的等效电路。

11. 重复接地的意义是什么?

12. 常见的防雷装置有哪些?

13. 电力线路的防雷措施有哪些?

14. 为什么额定电压低于 35kV 的线路一般不装设避雷线?

15. 静电是如何产生的?如何进行防护?

第3章

电气安全用具

3.1 电气安全用具的作用、分类及用途、管理办法

3.1.1 电气安全用具的作用

电气安全用具是用于防止触电、灼伤、高空坠落、摔跌、物体打击等人身伤害，保障操作者在工作时人身安全的各种专门用具和器具。在电力系统中，根据各专业和工种的不同，人们要从事不同的工作和进行不同的操作，而生产实践又告诉我们，为了顺利完成任务而又不发生人身事故，操作工人必须携带和使用各种安全用具。如对运行中的电气设备进行巡视、改变运行方式、检修试验时，需要采用电气安全用具；在线路施工中，人们离不开登高用安全用具；在带电的电气设备上或邻近带电设备的地方工作时，为了防止工作人员触电或被电弧灼伤，需使用绝缘安全用具等。这些电气安全工具是人们作业中必不可缺少的。

3.1.2 电气安全用具的分类及用途

安全用具可分绝缘安全用具、一般防护安全用具和安全标示牌三大类。绝缘安全用具又分为基本安全用具和辅助安全用具两种。在高压设备上使用基本安全用具的同时，需使用辅助安全用具。在低压设备上，绝缘手套及装有绝缘柄的工具，可作为基本安全用具。

1. 绝缘安全用具

(1) 基本绝缘安全用具是绝缘强度能长时间承受电气设备的工作电压，并能直接操作带电设备、接触或可能接触带电体的用具，如电容型验电器、绝缘杆、绝缘隔板、绝缘罩、携带型短路接地线、个人保安接地线、核相器等。

(2) 辅助绝缘安全用具是指绝缘强度不是承受设备或线路的工作电压，只是用于加强基本绝缘安全用具的保安作用，用以防止接触电压、跨步电压、泄漏电流电弧对操作人员的伤害，不能用辅助绝缘安全用具直接接触高压设备带电部分。属于这一类的安全用具有绝缘手套、绝缘靴（鞋）、绝缘胶垫等。

2. 一般防护安全用具

一般防护安全用具（一般防护用具）是指那些本身没有绝缘性能，但可以起到防护工作人员发生事故的用具。这种安全用具主要用作防止检修设备时误送电，防止工作人员走错隔间、误登带电设备，保证人与带电体之间的安全距离，防止电弧灼伤、高空坠落等。这些安全用具尽管不具有绝缘性能，但对防止工作人员发生伤亡事故是必不可少的。如安全帽、安全带、梯子、安全绳、脚扣、防静电服（静电感应防护服）、防电弧服、导电鞋

（防静电鞋）、安全自锁器、速差自控器、防护眼镜、过滤式防毒面具、正压式消防空气呼吸器、SF_6气体检漏仪、氧量测试仪、耐酸手套、耐酸服及耐酸靴等。

3. 安全标示牌

安全标示牌包括各种安全警告牌、设备标示牌等。

电工常用安全用具种类及用途见表3.1。

表3.1　电工常用安全用具种类及用途一览表

类别	基本安全用具	辅助安全用具	一般防护安全用具		
名称	绝缘杆、绝缘夹钳、高压验电器、低压验电器等	绝缘手套、绝缘靴（鞋）、绝缘垫、绝缘台等	接地线、遮板、隔板、围栏、标示牌等	防灼伤用具，如护目镜等	登高安全用具，如梯子、高凳、脚扣、安全带、安全绳等
用途	直接与带电体相接触，具有绝缘作用和操作功能	不直接与带电体接触，能增强和辅助基本安全用具的保护及绝缘作用，防止跨步电压、电弧灼伤及增强使用人员的操作安全性	为电气工作人员制造安全检修作业空间，防止人体与带电体接触	保护检修操作人员眼睛、手等部位不受电弧灼伤	用于登高作业和保护检修操作人员高空作业安全

3.1.3 电气安全用具的管理办法

各单位应制定安全用具的管理细则，明确分工，落实责任，对安全用具实施全过程管理。

3.1.3.1 管理职责

1. 公司安全监察部管理职责

安全监察部是安全用具归口管理部门，其主要职责如下所述：

(1) 负责制定本企业的安全用具管理制度。

(2) 负责编制安全用具购置计划，并付诸实施。

(3) 单位安监部门负责本单位安全用具的选型、选厂（在上级公布的名单内选择）。

(4) 负责监督检查安全用具的购置、验收、试验、使用、保管和报废工作。

(5) 每半年对各车间安全用具进行抽查，所有检查均要做好记录。

2. 车间管理职责

(1) 车间应制定安全用具管理职责、分工和工作标准。

(2) 车间安全员是管理安全用具的负责人，负责制订、申报安全用具的订购、配置、报废计划；组织、监督检查安全用具的定期试验、保管、使用等工作；督促指导班组开展安全用具的培训工作。

(3) 车间应建立安全用具台账，并抄报安监部门。

(4) 车间每季对所辖班组安全用具检查一次，所有检查均要做好记录。

3. 班组、站、所管理职责

(1) 各班组、站、所应建立安全用具管理台账，做到账、卡、物相符，试验报告、检查记录齐全。

(2) 公用安全用具设专人保管，保管人应定期进行日常检查、维护、保养。发现不合格或超试验周期的应另外存放，做出不准使用的标志，停止使用。个人安全用具自行保管。安全用具严禁它用。

(3) 对工作人员进行安全培训，严格执行操作规定，正确使用安全用具。不熟悉使用操作方法的人员不得使用安全用具。

(4) 班组每月对安全用具全面检查一次，并对班组、车间、厂（局）等检查做好记录。

3.1.3.2 购置及验收

安全用具必须符合国家和行业有关安全用具的法律、行政法规、规章、强制性标准及技术规程的要求。

1. 入围

省网公司、国家电网公司直属公司对电力安全用具实行入围制度。

(1) 电力工业电力安全用具质量监督检验测试中心每年公布一次电力安全用具生产厂家检验合格的产品名单。

(2) 各省网公司、国家电网公司直属公司每年在电力工业电力安全用具质量监督检验测试中心公布的电力安全用具生产厂家检验合格的产品名单中，采取招标的方式确定公司系统内可以采购的电力安全用具入围产品，并予以公布。

对于没有使用经验的新型安全用具，在小范围试用基础上，组织有关专家评价后，方可参与招标入围。

(3) 基层单位对入围产品，若发现质量、售后服务等问题，应及时向上级安监部门反映，查实后，将取消该产品入围资格，并向电力工业电力安全用具质量监督检验测试中心通报。

基层单位必须在上级（国网、省公司或国网直属公司）公布的入围产品名单中，选择业绩优秀、质量优良、服务优质且在本公司系统内具有一定使用经验、使用情况良好的产品，采取招标的方式购置所需的电力安全用具。

2. 明确责任

采购安全用具必须签订采购合同，并在合同中明确生产厂家的责任，如下所述：

(1) 必须对制造的安全用具的质量和安全技术性能负责。

(2) 负责对用户做好其产品使用、维护的培训工作。

(3) 负责对有质量问题的产品，及时、无偿更换或退货。

(4) 根据用户需要，向用户提供安全用具的备品、备件。

(5) 因产品质量问题造成的不良后果，由产品生产厂家承担相应的责任，并取消其同类产品的推荐资格。

3. 验收

电力安全用具必须严格履行验收手续，由采购部门负责组织验收，安全监察部门派人参加，并在验收单上签字确认。合格者方可入库或交使用单位，不合格者坚决予以退货。

3.2 基本安全用具

3.2.1 高压验电器

验电器又称测电器、试电器或电压指示器，根据所使用的工作电压，高压验电器一般制成 10kV 和 35kV 两种。

验电器是检验电气设备、电器、导线上是否有电的一种专用安全用具。当电气设备每次断开电源进行检修时，必须先用它验明设备确实无电后，方可进行工作。

(1) 验电器可分为指示器和支持器两部分。高压验电器如图 3.1 所示。

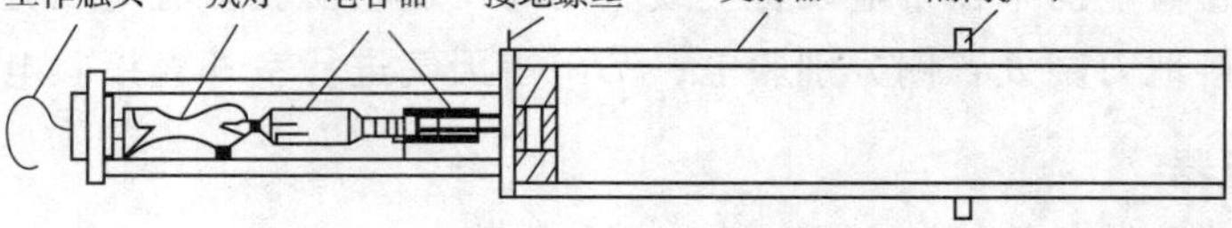

图 3.1 高压验电器

1) 指示器是一个用绝缘材料制成的空心管，管的一端装有金属制成的工作触头，管内装有一个氖灯和一组电容器，在管的另一端装有另一个金属接头，用来将管接在支持器上。

2) 支持器是用胶木或硬橡胶制成的，分为绝缘部分和握手部分（握柄），在两者之间装有一个比握柄直径稍大的隔离护环。

(2) 正确使用高压验电器的注意事项如下。

1) 验电前应检查的项目：①检查工作电压与被试设备电压等级是否相符；②检查试验合格证填写是否正确、清晰，是否超过有效试验期；③检查绝缘部分有无污垢、损伤、裂纹，各部分连接是否可靠；④检查验电器自检灯光、音响是否正常；⑤检查伸缩式验电器伸缩有无卡滞现象。

2) 验电操作顺序应按照验电"三步骤"进行，即在验电前，应将验电器在带电的设备上验电，以验证验电器是否良好，然后再在设备进出线两侧逐相验电，不能只验一相，因开关故障跳闸时，其中某一相可能仍然带电。当验明无电后再把验电器在带电设备上复核一下，看其是否良好。

3) 验电时，工作人员应戴绝缘手套，手握部位不得越过护环或手持边界，验电过程中应与验电设备保持一定的安全距离。验电器应逐渐靠近带电部分，直到氖灯发亮为止，验电器不要立即直接触及带电部分。

4) 验电时，验电器不应装接地线，除非在木梯、木杆上验电，不接地不能指示者，才可装接地线。

5) 注意被测试部位各方向的临近带电体电场的影响，防止误判断。

6) 避免跌落、挤压、强烈冲击、振动，不要用腐蚀性化学溶剂和洗涤等溶液擦洗。

7) 验电时工作人员应戴绝缘手套，不可一个人单独操作，身旁要有人监护，人与带电体应保持足够的安全距离。验电器不要放在露天烈日下曝晒，用毕应存放在专用匣内，置于干燥处，防止受潮积灰，验电器应按规定进行检查、试验。

8）对同杆架设的多层电力线路进行验电时，应先验低压、后验高压，先验下层、后验上层，先验近侧、后验远侧；线路的验电应逐相进行。检修联络用的断路器（开关）、隔离开关（刀闸）或组合时，应在其两侧验电。

9）在无高压验电器而又必须验电的情况下，对于35kV及以上的设备或线路，可用合格的绝缘杆慢慢靠近带电体，观察有无放电火花和“噼啪”声，若无说明被验电体无电，否则带电。但切忌与被验电体接触，以免形成间隙放电。

（3）验电器使用中常见的违章现象：①使用前未检查有效试验期；②所用验电器与被试设备电压等级不相符；③验电不戴绝缘手套；④验电前未利用自检装置检测验电器灯光、音响正常；⑤验电前未在带电设备上或利用高压发生器验证验电器是否正常；⑥未在装设接地线或合接地刀闸处各侧分别验电；⑦雨雪天气进行室外直接验电。

3.2.2　低压验电器

低压验电器又称试电笔或验电笔。

这是一种检验低压电气设备、电器或线路是否带电的一种用具，也可以用它来区分火（相）线和地（中性）线。试验时氖管灯泡发亮的即为火线。低压验电器的结构如图3.2所示。在制作时为了工作和携带方便，常做成钢笔式或螺丝刀式。但不管哪种形式，其结构都类似，都是由一个电阻、氖管、弹簧、金属触头和笔身等组成。

（1）使用时，手拿验电笔，用一个手指触及金属笔卡，金属笔尖顶端接触被检查的带电部分，看氖管灯泡是否发亮，如图3.3所示，如果发亮，则说明被检查的部分是带电的，并且灯泡越亮，说明电压越高。

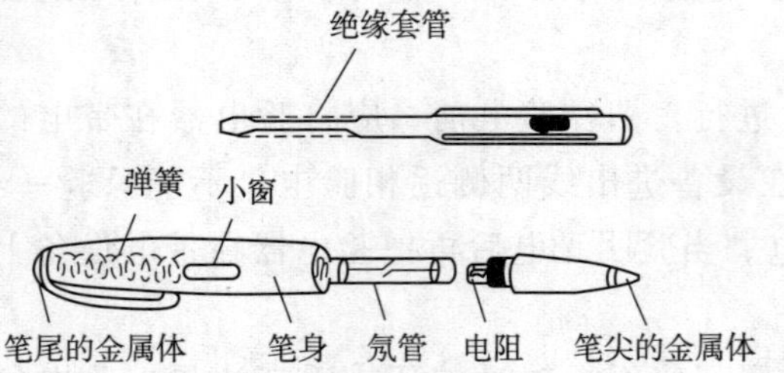

图3.2　低压验电器的结构

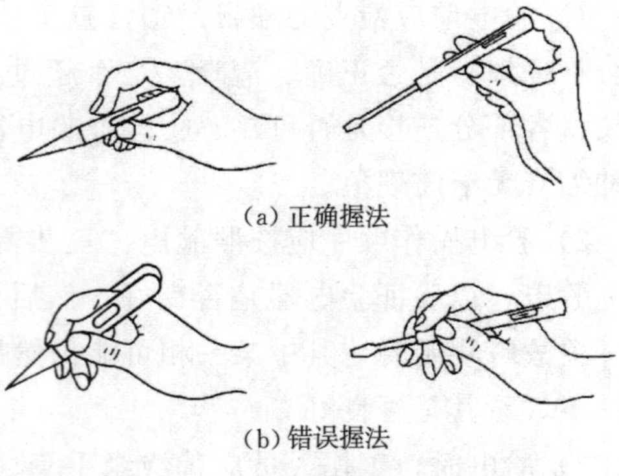

图3.3　低压验电器的正确使用

（2）使用验电笔前，一定要在有电的带电体上（如电源插座）检测氖泡发光是否正常，然后再进行检测，防止错误判断。

（3）验电笔的探头是小螺丝刀形状，它只能承受很小的扭矩，使用时应特别注意，以免损坏。

（4）用验电笔检测带电体时，手不能碰触金属探头或螺丝刀头部分，防止发生触电事故。

(5) 在明亮的光线下检测时，往往因不易看清氖泡的辉光而产生错误的判断。因此，应当避光检测，确保人身安全。

(6) 低压验电笔并无高压验电器的绝缘部分，故绝不允许在高压电气设备或线路上进行试验，以免发生触电事故。氖管启辉电压一般为50V左右，被测物体带有大于50V电压时，氖管明亮，此时人体若触及该物体会造成触电。一般低压验电器只能在100～500V范围内使用。

(7) 被测物体漏电而不是真正带电，此时人体若触及该物体不会触电，故被测物体低于50V时的漏电用低压验电器是测不出来的；被测物体有感应电，类似轻微漏电，氖管不发光。

3.2.3 绝缘杆

绝缘杆又称绝缘棒，也称绝缘拉杆、操作拉杆。是用于短时间对带电设备进行操作或测量的绝缘工具，如用来操作高压隔离开关和跌落式熔断器的分合、安装和拆除临时接地线、放电操作、处理带电体上的异物，以及进行高压测量、试验、直接与带电体接触得等各项作业和操作。

绝缘棒的结构主要由工作部分、绝缘部分和握手部分等构成，如图3.4所示。

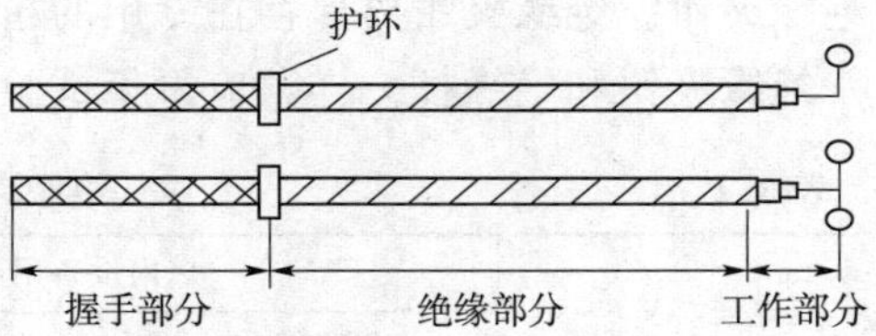

图3.4 绝缘棒的结构

工作部分一般由金属或具有较大机械强度的绝缘材料（如玻璃钢）制成，一般不宜过长。在满足工作需要的情况下，长度为50～80mm，以免操作时发生相间或接地短路。

绝缘部分和握手部分是用浸过绝缘漆的木材、硬塑料、胶木等制成的，两者之间由护环隔开。绝缘棒的绝缘部分须光洁、无裂纹或硬伤，其长度根据工作需要、电压等级和使用场所而定，如110kV以上电气设备使用的绝缘棒，其长度部分为2～3m。

为了便于携带和保管，往往将绝缘棒分段制作，每段端头有金属螺丝用以相互连接，也可用其他方式连接，使用时将各段接上或拉开即可。

绝缘棒使用前应检查：①检查操作杆的电压等级是否正确；②检查试验合格证填写是否正确、清晰，是否超过有效试验期；③检查绝缘部分表面是否清洁，有无污渍、破损、裂纹；④检查连接部位是否牢固；⑤检查绝缘杆的堵头，如发现破损，应禁止使用。绝缘棒每三个月检查一次，检查时要擦净表面，检查有无裂纹、机械损伤、绝缘层损坏。绝缘棒一般每年必须试验一次。

绝缘杆使用中的主要注意事项：①操作时应戴绝缘手套，手握部位不得越过护环或手持界限；②使用时，人体与带电设备保持安全距离，并注意防止绝缘杆被人体或设备短接；③雨天户外操作电气设备时，操作杆的绝缘部分应有防雨罩或使用带绝缘子的操作杆；④雨天或接地电阻不合格时应穿绝缘靴；⑤使用完后不允许水平放置地面，要垂直摆放。

绝缘杆使用中常见的违章现象：①工作电压与操作电压等级不符；②操作时未戴绝缘手套；③雨天操作未穿绝缘靴；④手握部分超过护环或手持界限。

3.2.4　绝缘夹钳

绝缘夹钳是用来安装和拆卸高压熔断器或执行其他类似工作的工具，主要用于 35kV 及以下电力系统，如图 3.5 所示。

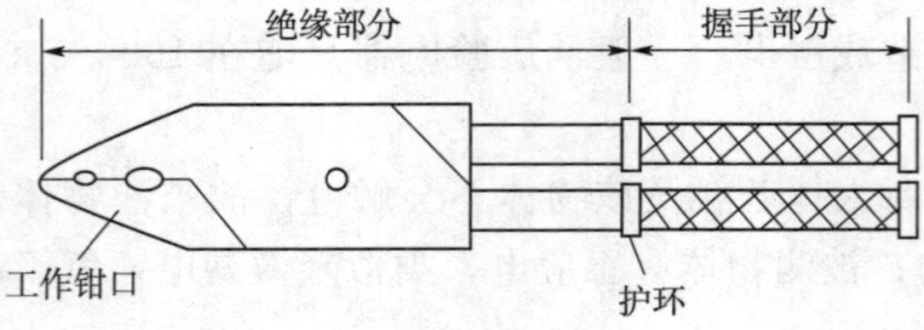

图 3.5　绝缘夹钳

绝缘夹钳由工作钳口、绝缘部分（钳身）和握手部分（钳把）组成。各部分所用材料与绝缘棒相同，只是它的工作部分是一个强固的夹钳，并有一个或两个管形的钳口，用以夹紧熔断器。它的绝缘部分和握手部分的最小长度不应小于表 3.2 数值，主要依电压和使用场所而定。

作业人员工作时，应戴护目眼镜、绝缘手套和穿绝缘靴（鞋）或站在绝缘台（垫）上，手握绝缘夹钳要精力集中并保持平衡。夹持操作要准确、迅速、有力，尽量减少与带电体的接触时间，但应避免用力过猛损伤夹持物。绝缘夹钳上不允许装接地线，以免在操作时，由于接地线在空中游荡而造成接地短路和触电事故。在潮湿天气只能使用专用的防雨绝缘夹钳。绝缘夹钳要保存在专用的箱子里或匣子里，以防受潮和磨损。

绝缘夹钳和绝缘杆一样，应每年试验一次。

表 3.2　　**绝缘夹钳的最小长度**

电压/kV	户内设备用/m		户外设备用/m	
	绝缘部分	握手部分	绝缘部分	握手部分
10	0.45	0.15	0.75	0.20
35	0.75	0.20	1.20	0.20

3.2.5　绝缘隔板

绝缘隔板是由绝缘材料制成，用于隔离带电部件、限制工作人员活动范围的绝缘平板。一般绝缘隔板用胶木板、环氧树脂板等绝缘材料制成。其外形多种多样，可根据其不同的用途和要求制成不同的形状。绝缘隔板一般用在部分停电工作中，施工人员与 35kV 及以下线路的距离不能满足安全距离时，则用允许能承受该电压等级的绝缘隔板将 35kV 及以下线路临时隔离起来，也可用绝缘隔板以防止停电开关的误操作。当开关拉开后，为防止误操作，可在动触头和静触头之间用绝缘隔板将其隔开。使其在发生误操作时也合不上开关，从而保证人身安全。在一个供电回路停电检修时、做交流耐压试验时、在电源断开点的两侧有可能产生电弧时，也可用绝缘隔板来加强绝缘，防止因试验电压产生对带电部分的闪络而发生的事故。绝缘隔板应满足绝缘工具的耐压试验要求。

使用绝缘隔板前应检查的项目：①检查试验合格证是否填写正确、清晰，是否超过有效试验期；②绝缘隔板使用前应检查表面是否洁净，端面是否有分层或开裂现象。

使用中的主要注意事项：①绝缘隔板只允许在 35kV 及以下电压等级的电气设备上使用，并有足够的绝缘强度和机械强度；②用于 10kV 及以下电压等级时，绝缘隔板的厚度不应小于 3mm，用于 35kV 电压等级时，绝缘隔板的厚度不应小于 4mm；③现场带电安放绝缘隔板时，要对带电设备保持一定的安全距离并戴高压绝缘手套和使用绝缘杆操作；④绝缘隔板在放置和使用中药防止脱落，必要时可用绝缘绳索将其固定。

绝缘隔板使用中常见的违章现象：①使用前未检查有效试验期；②安放时不戴绝缘手套；③厚度与电压等级不符。

3.2.6 绝缘罩

绝缘罩是由绝缘材料制成，用于遮蔽带电导体或非带电导体的保护罩。

在高压开关柜检修时，为防止刀闸拉杆自动脱落或误合而造成事故，以往大都采用绝缘板。但实践证明，由于绝缘板容易滑落和吸潮，放置困难、笨重，安全可靠性能尚难满足要求。刀闸绝缘罩则是代替环氧隔板理想的安全隔离工具，采用硅橡胶、PE、PVC等高分子树脂材料，一次热压成型。检修时，用专用的操作棒套放在刀闸的动触头上即可，有倒送电可能的，也应考虑在出线侧刀闸装用此罩，装时在挂地线之前，拆时在拆地线之后。刀闸绝缘罩在某种程度上比挂接地线更加安全可靠，挂接地线并不能减少事故，只能减小事故的伤害程度而已，唯有加装绝缘罩，才能彻底杜绝事故。

3.2.7 核相器

核相器是用于鉴别待连接设备、电气回路是否相位相同的装置。主要用于额定电压相同的两个系统核相定相，以使两个系统具备并列运行条件。

核相器由长度和内部结构基本相同的两根测量杆配以带切换开关的检流计组成。核相器每六个月应进行一次电气试验。

使用核相器前应检查的项目：①查看铭牌，检查电压与设备电压等级是否相符；②检查试验合格证填写是否正确、清晰，是否超过有效试验期；③检查绝缘部分有无污垢、损伤、裂纹，各部分连接是否可靠。

使用过程中的主要注意事项：①使用时应戴绝缘手套，穿绝缘靴，手握部位不得越过护环或手持界限；②变换测量档位时，测量杆金属钩应脱离电源，高压绝缘连线不能与人体接触；③核相器绝缘杆部分的使用与绝缘杆的使用要求相同；④户外使用核相器时要选良好天气进行。

核相器使用中常见的违章现象：①使用前未检查有效试验期；②未站在绝缘垫上进行操作；③未戴绝缘手套进行操作。

3.3 辅助安全用具

3.3.1 绝缘手套

绝缘手套是在高压电气设备上进行操作时使用的辅助安全用具，如用来操作高压隔离开关、高压跌落式熔断器、油断路器等。在低压带电设备上工作时，把它作为基本安全用具使用，即使用绝缘手套可直接在低压设备上进行带电作业。绝缘手套可使人的两手与带电物绝缘，是防止同时触及不同极性带电体而触电的安全用品。

1. 绝缘手套的类型

绝缘手套用特种橡胶制成，有12kV和5kV两种绝缘手套，且都是以其试验电压而命名的。其中 12kV 绝缘手套在 1kV 以上使用时，只能做辅助安全用具，不能触及带电体；在 1kV 以下使用时，为基本安全用具。5kV 绝缘手套只适用于低压作业戴用，亦是辅助安全用具，不能触及带电体，禁止在 1kV 以上使用，250V 以下使用为基本安全用具。绝缘手套每半年要试验一次。

2. 绝缘手套的使用及保管注意事项

(1) 每次使用前应进行外部检查，外表应无磨损、破陋、划痕等，如发现有发黏裂纹、破口（漏气）、气泡、发脆等损坏时禁止使用。检查方法是将手套朝手指方向卷曲，当卷到一定程度时，内部空气因体积减小、压力增大，手指鼓起，为不漏气者，即为良好。

(2) 使用过程中应穿束口衣袖，将袖口伸进手套延长部分内。使用过程中应保持手套清洁、干燥、避免手套与锋利尖锐物及污物接触，以防损伤其绝缘能力。

(3) 进行设备验电，倒闸操作，装拆接地线等工作应戴绝缘手套。使用绝缘手套时，里面最好戴上一双棉纱手套，这样夏天可防止出汗而操作不便，冬天可以保暖。戴手套时，应将上衣袖口套入手套筒口内。

(4) 绝缘手套使用后应擦净、晾干，最好洒上一些滑石粉，以免粘连。

(5) 绝缘手套虚存放在干燥、阴凉的地方，并应倒置在指形支架上或存放在专用的柜内，与其他工具分开放置，其上不得堆压任何物件。

(6) 绝缘手套不得与石油类的油脂接触，合格与不合格的绝缘手套不能混放在一起，以免使用时拿错。

3.3.2 绝缘靴（鞋）

绝缘靴（鞋）的作用是使人体与地面绝缘。绝缘靴是高压操作时用来与地保持绝缘的辅助安全用具，而绝缘鞋用于 220～500kV 带电杆塔上及 330～500kV 带电设备区非带电作业时，为防止静电感应电压所穿用的鞋子，是由特种性能橡胶制成的。低压系统中，两者都可作为防护跨步电压的基本安全用具。

1. 绝缘靴的材料

绝缘靴也是由特种橡胶制成的。绝缘靴通常不上漆，这是和涂有光泽黑漆的橡胶水靴在外观上所不同的。绝缘靴每半年要试验一次。

2. 绝缘靴（鞋）的使用及保管注意事项

(1) 雷雨天气或一次系统有接地时，巡视变电站室外高压设备应穿绝缘靴。使用绝缘靴时，应穿束口裤，将裤口套入靴筒内，并要避免接触尖锐的物体，避免接触高温或腐蚀性物质，防止受到损伤。严禁将绝缘靴挪作他用。

(2) 为了使用方便，一般现场至少配备大、中号绝缘靴各两双，以便大家都有靴穿用。

(3) 绝缘靴如试验不合格，则不能再穿用。

(4) 绝缘靴使用前应检查，不得有外伤，无裂纹、无漏洞、无气泡、无毛刺、无划痕等缺陷。如发现有以上缺陷，应立即停止使用并及时更换。

(5) 绝缘靴应存放在干燥、阴凉的地方，并应存放在专用的柜内，要与其他工具分开放置，其上不得堆压任何物件。

(6) 不得与石油类的油脂接触，合格与不合格的绝缘靴（鞋）不能混放在一起，以免使用时拿错。

3.3.3 绝缘垫

绝缘垫的保安作用与绝缘靴基本相同，因此，可把它视为是一种固定的绝缘靴。绝缘垫一般铺在配电装置室等地面上以及控制屏、保护屏和发电机、调相机的励磁机等端处，以便带电操作开关时，增强操作人员的对地绝缘，避免或减轻发生单相短路或电气设备绝缘损坏时，接触电压与跨步电压对人体的伤害。在低压配电室地面上铺绝缘垫，可代替绝缘鞋，起到绝缘作用。因此，在 1kV 及以下时，绝缘垫可作为基本安全用具；而在 1kV 以上时，仅作辅助安全用具。

1. 绝缘垫的类型

绝缘垫也是由特种橡胶制成的，表面有防滑条纹或压花，有时也称为绝缘胶板、绝缘板、绝缘毯。绝缘垫的厚度分 4mm、6mm、8mm、10mm 及 12mm 五种，前两种用于 1kV 及以下，后三种用于 1kV 以上。在 1～220kV 电气作业时，绝缘垫为辅助安全用具，不能触及带电体；在 1kV 以下作业时为基本安全用具，可接触带电设备。

2. 绝缘垫的使用及保管注意事项

(1) 在使用过程中，应保持绝缘垫干燥、清洁，注意防止与酸、碱及各种油类物质接触，以免受腐蚀后老化、龟裂或变黏，降低其绝缘性能。

(2) 绝缘垫应避免阳光直射或锐利金属划刺，存放时应避免与热源（暖气等）距离太近，以防急剧老化变质，绝缘性能下降。

(3) 使用过程中要经常检查绝缘垫有无裂纹、划痕等，发现有问题时要立即禁用并及时更换。

绝缘垫的试验与方法：绝缘垫定期每两年试验一次。试验标准：使用在 1kV 以上者试验电压为 15kV；使用在 1kV 以下者试验电压为 5kV，试验时间 2min。

3.3.4 绝缘台

绝缘台是一种用在任何电压等级的电力装置中作为带电工作时的辅助安全用具，其作用与绝缘垫、绝缘靴相同。

1. 绝缘台的结构

绝缘台的台面用干燥、直木纹、无节疤的木板或木条拼成，相邻板条留有一定的缝隙，以便于检查绝缘支持绝缘子是否有损坏。台面板四脚用绝缘支持绝缘子与地面绝缘并作台脚之用，如图 3.6 所示。

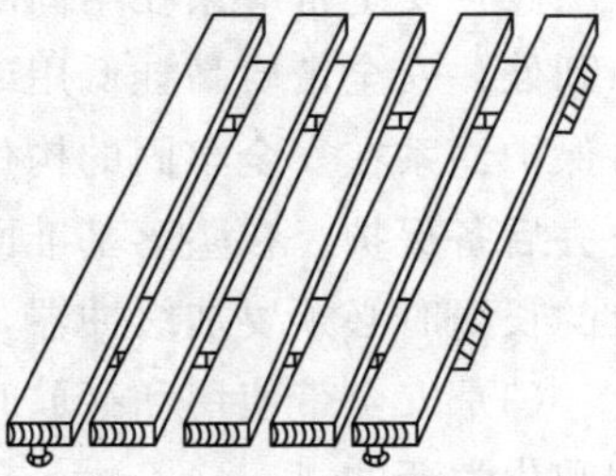

图 3.6 绝缘台

2. 绝缘台的使用及保管注意事项

(1) 绝缘台多用于变电站和配电室内。如用于户外，应将其置于坚硬的地面，不应放在松软的地面或泥草中，以避免台脚陷入泥土中造成站台面触及地面而降低绝缘性能。

(2) 绝缘台的台脚绝缘子应无裂纹、破损，木质台面要保持干燥清洁。

(3) 绝缘台使用后应妥善保管，不得随意登、踩或作板凳坐用。

绝缘台座定期试验，每年一次。试验标准：不分使用电压等级，一律加交流电压 40kV，持续时间 2min。定期试验是整体进行的，即绝缘台瓷瓶上、下部应电气连通，电压加在上下部之间。试验过程中若发现有跳火花情况，或试完除去电压后用手摸瓷瓶有发热情况，则不合格。

3.4 一般防护安全用具

3.4.1 安全带

安全带是高空作业人员预防坠落伤亡的防护用品，高处作业人员必须系安全带。

1. 安全带结构

安全带是由带子、绳子和金属配件组成的。根据作业性质的不同，安全带可分为围杆式和悬挂式两种，如图 3.7 所示，主要由带子、绳子和金属配件组成。

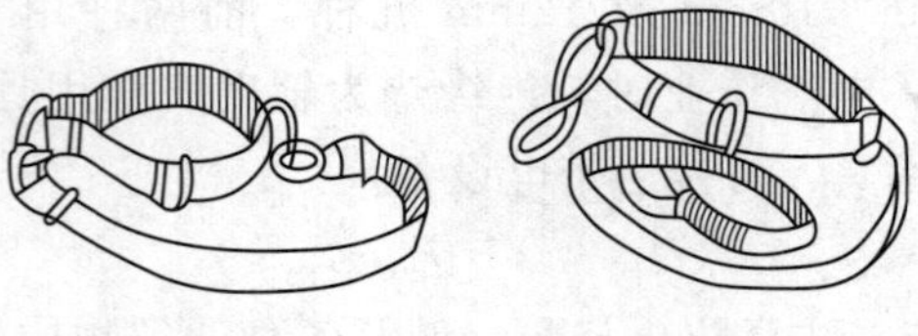

(a) 围杆式　　(b) 悬挂式

图 3.7 安全带类型

安全带和绳目前多以锦纶为主要材料。电工围杆带可用黄牛革制作，金属配件用普通碳素钢或铝合金钢制作。安全带的腰带和保险带、绳应有足够的机械强度，材质应有耐磨性，卡环（钩）应具有保险装置。保险带、绳使用长度在 3m 以上的应加缓冲器。安全带的试验周期为半年。

2. 安全带的使用与保管

(1) 安全带使用前，必须作一次外观检查：①检查商标、合格证及检验合格证等是否齐全；②检查组件是否完整，有无缺陷、破损；③检查绳索、编织带有无断股、脆裂、断丝、抽丝现象；④检查皮革配件是否完好，有无伤残；⑤检查金属配件是否完好，有无裂纹、损伤，焊接有无缺陷、锈蚀；⑥检查挂钩的钩舌咬口是否平整无错位，保险装置是否完整可靠；⑦检查活梁卡子的活梁是否灵活，表面滚花是否良好，锁紧程度是否可靠；⑧检查铆钉有无明显偏位，有无松动，表面是否平整；⑨检查机缝线针码有无起套断线。

(2) 安全带应系在牢固的物体上，禁止系挂在移动或不牢固的物件上。不得系在棱角锋利处。安全带要高挂低用或平行拴挂，严禁低挂高用。在杆塔上工作时，应将安全带后备保护绳系在安全牢固的构件上（带电作业视其具体任务决定是否系后备安全绳），不得失去后备保护。在坠落基准面 2m 及以上进行工作时必须使用安全带；如果使用 3m 及以上的长绳时必须要加缓冲器，各部件不得任意拆除。

(3) 安全带使用和存放时，应避免接触高温、明火和酸类物质，以及有锐角的坚硬物体和化学药物。

(4) 安全带可放入低温水中，用肥皂轻轻擦洗，再用清水漂干净，然后晾干，不允许浸入热水中，以及在日光下曝晒或用火烤。

(5) 安全带上的各种部件不得任意拆掉，更换新绳时要注意加绳套，带子使用期为3～5年，发现异常应提前报废。

3.4.2 安全帽

安全帽是用来保护使用者头部或减缓外来物体冲击伤害的个人防护用品，无论高处、地面工作和其他配合工作人员都应戴安全帽。

1. 安全帽的保护原理

安全帽对头颈部的保护基于两个原理：

(1) 使冲击载荷传递分布在头盖骨的整个面积上，避免打击一点。

(2) 头与帽顶空间位置构成一能量吸收系统，可起到缓冲作用，因此可减轻或避免伤害。

2. 安全帽的种类

根据使用场合性能要求不同，安全帽分别采用普通型或电报警型。普通型安全帽的帽壳普遍采用硬质地、强度较高的塑料或玻璃钢制作，包括帽檐。帽壳内用韧性很好的衬带材料制作帽衬，它由围绕头围的固定衬带、头顶部接触的衬带和箍紧后枕骨部位的后箍组成。另外还有为戴稳帽子，系在下颌上的下颌带和通气孔等。电报警型安全帽适合在有触电危险的环境里进行巡查作业时使用，当工作人员在高、低压供电线路维修或安装电气设备时，一旦接近带电设备危险距离时，安全帽会自动报警，提醒工作人员避免触电事故的发生。此外，电报警型安全帽还有非接触性检验高、低压线路是否断电或短路的功能。

3. 安全帽的使用

佩戴安全帽前应检查的项目：①检查安全帽是否有制造厂名、商标及型号，制造日期和许可证编号等三项永久性标志；②检查帽盔是否清洁，编号是否清晰；③检查帽盔有无裂痕、破损；④检查帽盔与帽衬连接是否可靠，帽壳与顶衬缓冲空间是否在25～50mm范围内；⑤检查帽衬各个连接部分是否良好，编织带有无断股，有无抽丝严重现象；⑥检查帽带有无断股、抽丝现象，帽带锁紧程度是否可靠；⑦检查报警安全帽报警器与帽盔连接是否牢固，报警器选择开关使用是否可靠，实验按钮是否良好，音响是否正常。

使用中的主要注意事项：①工作人员进入工作现场必须佩戴安全帽；②戴安全帽时应将后扣拧到合适位置（或将帽箍扣调整到合适的位置）；③系好下颌带（下颌带的松紧程度以低头或抬头时安全帽不会从头上掉下来为准）。

安全帽使用中常见的违章现象：①使用前未进行检查；②进入工作现场未佩戴安全帽；③未系紧下颌带或将下颌带放在帽内、脑后；④安全帽歪戴，把帽檐戴在脑后方；⑤工作人员在现场作业中，将安全帽脱下，搁置一旁，或当小凳子使用。

安全帽的使用期限视使用状况而定。若使用、保管良好，可使用5年以上。

3.4.3 携带型短路接地线和个人保护接地线

3.4.3.1 携带型短路接地线

携带型短路接地线是用于防止设备、线路突然来电，消除感应电压，放尽剩余电荷的临时接地装置（图3.8）。

1. 携带型短路接地线的构成

携带型短路接地线由以下几部分组成：

(1) 专用夹头（线夹）。有连接接地线到接地装置的线夹、连接短路线到接地线部分的线夹和短路线连接到母线的线夹。

(2) 多股软铜线。其中相同的三根短的软铜线是接向三根相线用的，它们的另一端短接在一起。一根长的软铜线是接向接地装置端的。多股软铜线的截面应符合短路电流的要

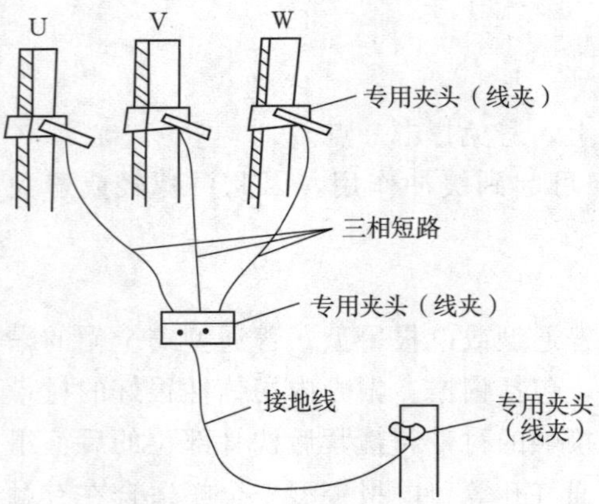

图 3.8　携带型短路接地线

求，即在短路电流通过时，铜线不会因产生高热而熔断，且应保持足够的机械强度，故该铜线截面不得小于 $25mm^2$。铜线截面的选择应视该接地线所处的电力系统而定。电力系统比较大的，短路容量也大，这时应选择较大截面的短路铜线。

接地线装拆顺序的正确与否很重要。装设接地线必须先接接地端，后接导体端，且必须接触良好；拆接地线的顺序与此相反。另外，在架空线或设备上挂临时接地线时，要先用电话联系或用验电器确认是否已停电，只有核实确实停电后，才能挂接临时接地线。

2. 接地线的使用和保管注意事项

(1) 使用时，接地线的连接器（线卡或线夹）装上后接触应良好，并有足够的夹持力，以防短路电流幅值校大时，由于接触不良而熔断或因电动力的作用而脱落。

(2) 应检查接地铜线和三根短接铜线的连接是否牢固，一般应由螺丝拴紧后，再加焊锡焊牢，以防因接触不良而熔断。

(3) 装设接地线必须由两人进行，装、拆接地线均应使用绝缘棒和戴绝缘手套。

(4) 接地线在每次装设以前应经过详细检查，损坏的接地线应及时修理或更换，禁止使用不符合规定的导线作接地线或短路线之用。

(5) 接地线必须使用专用线夹固定在导线上，严禁用缠绕的方法进行接地或短路。

(6) 在线路上工作，杆塔没有接地引下线时，可以用临时接地棒当做临时接地点，接地棒的埋入深度不得小于 0.6m。

(7) 每组接地线均应编号，并存放在固定的地点，存放位置亦应编号。接地线号码与存放位置号码必须一致，以免在较复杂的系统中进行部分停电检修时，发生误拆或忘拆接地线而造成事故。

(8) 接地线和工作设备之间不允许连接隔离开关或熔断器，以防它们断开时，设备失去接地，使检修人员发生触电事故。

(9) 同杆塔架设的多层电力线路挂接接地线时，应先挂低压、后挂高压，先挂下层、后挂上层，先挂近侧、后挂远侧，拆除时顺序相反。

3. 接地线使用中常见的违章现象

(1) 挂接地线前未验电。

(2) 装拆接地线未戴绝缘手套。

(3) 装设接地线时先接导体端，后接接地端。

(4) 未使用专用线夹固定或利用缠绕的方法固定接地线。

(5) 临时接地体埋入深度小于 0.6m。

3.4.3.2　个人保护接地线

个人保护接地线（俗称小地线）用于防止感应电压危害的个人用接地装置。

个人保护接地线仅作为预防感应电使用，不得以此代替《国家电网公司电力安全工作规程》规定的工作接地线。只有在工作接地线挂好后，方可在工作相上挂个人保护接地线。

个人保护接地线由工作人员自行携带，凡在110kV及以上同杆塔并架或相邻的平行有感应电的线路上停电工作，应在工作相上使用，并不准采用搭连虚接的方法接地。工作结束时，工作人员应拆除所挂的个人保护接地线。

3.4.4　安全照明灯具

这里主要介绍行灯。它是电气工作及其他作业经常使用的手提照明灯。为防止触电事故，电业安全工作规程规定，禁止将220V电灯作为手提照明灯使用。在特别危险场所如锅炉、电缆沟、油箱等内部工作时，所用行灯的电压不可超过36V。

过去制造的行灯也曾经造成过触电事故，这往往是由于连接行灯的绝缘导线破损漏电所造成的。因行灯常需移动，导线易受磨损。另外，行灯受潮、遇高热或被腐蚀等均会引起损坏漏电，造成触电事故。AD-2型安全照明灯具的主要特点是体积小、重量轻、亮度大、便于携带、使用安全可靠，适于在电气检修及事故抢修中使用。

3.4.5　脚扣

脚扣是攀登电杆的主要工具（图3.9）。

脚扣是用钢或合金铝材料制作的近似半圆形、带皮带扣环和脚登板的轻便登杆用具，有木杆用和水泥杆用的两种形式。木杆用脚扣的半圆环和根部均有突起的小齿，以便登杆时刺入杆中起防滑作用；水泥杆用脚扣的半圆环和根部装有橡胶套或橡胶垫来防滑。脚扣有大小号之分，以适应电杆粗细不同之需要。使用脚扣较方便，攀登速度快、易学会，但易于疲劳，适于短时间作业。

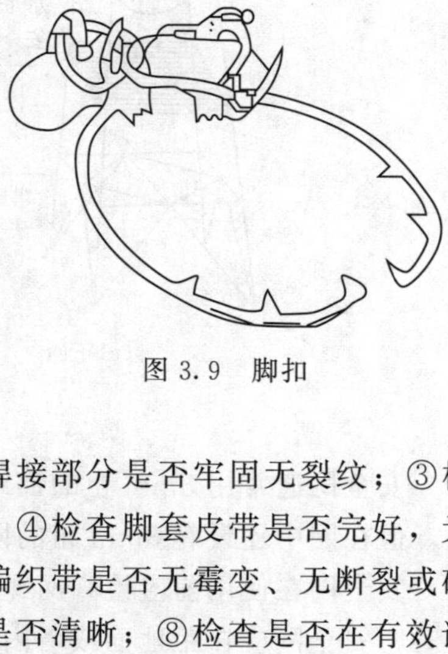

图3.9　脚扣

脚扣使用前应检查的项目：①检查脚扣整组是否完整，无短缺部件；②检查金属部分有无锈蚀、变形，焊接部分是否牢固无裂纹；③检查橡胶防滑条（衬、套）是否完好无老化现象，无破损；④检查脚套皮带是否完好，无霉变老化，裂缝或严重变形；⑤脚套为编织带的，检查编织带是否无霉变、无断裂或破损；⑥活动钩滑动是否灵活、无卡滞现象；⑦检查编号是否清晰；⑧检查是否在有效试验期内。

使用中的主要注意事项：①登杆前进行冲击试验；②调整脚扣尺寸；③皮带系牢；④倒换时不得相互碰撞；⑤刮风天气应从上风侧攀登；⑥站在脚扣上进行作业时脚扣应和电杆扣稳，两个脚扣不能相互交叉。

脚扣使用中常见的违章现象：①使用前未进行检查；②登杆前未进行冲击试验；③倒换脚扣时相互碰撞；④作业时脚扣相互交叉。

脚扣虽是攀登电杆的安全保护用具，但应经过较长时间的练习、熟练掌握后，才能起到保护作用。若使用不当，也会发生人身伤亡事故。脚扣应半年试验一次。

3.4.6　升降板

升降板也称踏板、登高板、站脚板，它由踏板和吊绳组成，是一种比较灵活舒适的攀登作业工具。踏板用质地坚硬的木板制作，吊绳用锦纶绳制作。必须经过训练合格才能使用升降板。使用前应作外观检查，各部分无裂纹、腐蚀，并经人体冲击试验合格，登高时动作要平稳，作业时站立姿势要正确，不准随意从杆上往下摔扔升降板，用毕应整齐地存放在工具箱里。升降板每月进行一次外观检查，每半年进行一次静拉力试验。

3.4.7　安全网

安全网是用来防止因作业人员高处坠落或高处落物使人致伤的防护用具，如图3.10所示。在固定的高处作业或分解、组装线路铁塔时应装设安全网。

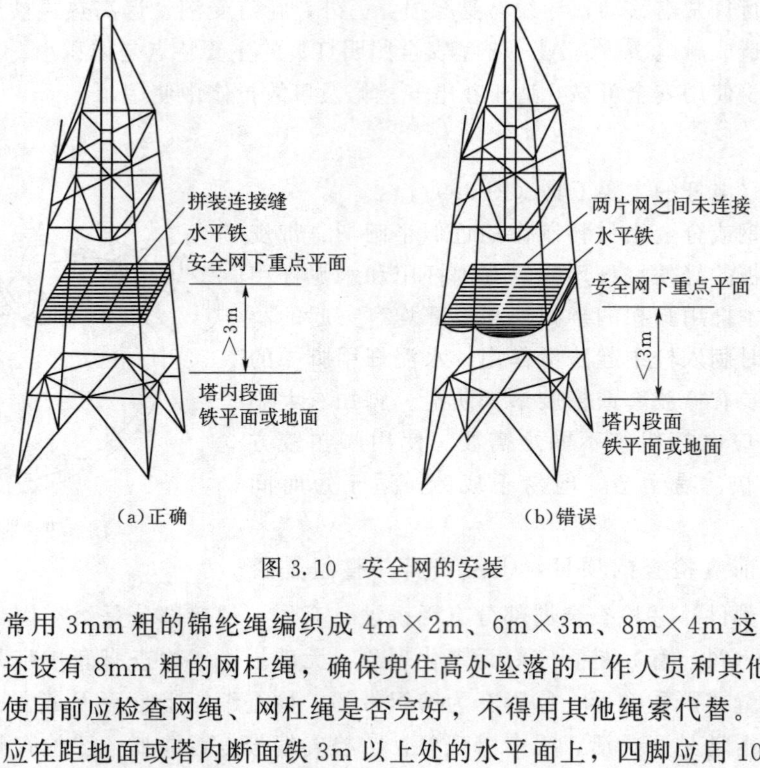

图3.10　安全网的安装

安全网通常用3mm粗的锦纶绳编织成4m×2m、6m×3m、8m×4m这三种，类似渔网，但在网中还设有8mm粗的网杠绳，确保兜住高处坠落的工作人员和其他落物。

安全网在使用前应检查网绳、网杠绳是否完好，不得用其他绳索代替。组装或解体铁塔时，安全网应在距地面或塔内断面铁3m以上处的水平面上，四脚应用10mm的锦纶绳牢固地绑扎在立铁或水平面上。若一张网不够大，可以拼接使用。

3.4.8　梯子和升降车

1. 梯子的使用

梯子是工作现场常用的登高工具，分为直梯和人字梯两种，直梯和人字梯又分为可伸缩型和固定长度型，在变电站高压设备区或高压室内应使用绝缘材料的梯子，禁止使用金属梯子。搬动梯子时，应放倒两人搬运，并与带电部分保持安全距离。

登梯作业注意事项：

（1）梯子应能承受工作人员携带工具攀登时的总重量。

（2）梯子不得接长或垫高使用。如需接长时，应用铁卡子或绳索切实卡住或绑牢并加设支撑。

（3）梯子应放置稳固，梯脚要有防滑装置。使用前，应先进行试登，确认可靠后方可使用。有人员在梯子上工作时，梯子应有人扶持和监护。

（4）梯子与地面的夹角应为65°左右，工作人员必须在距梯顶不少于2挡的梯蹬上工作。

（5）人字梯应具有坚固的铰链和限制开度的拉链。

（6）靠在管子上、导线上使用梯子时，其上端需用挂钩挂住或用绳索绑牢。

（7）在通道上使用梯子时，应设监护人或设置临时围栏。梯子不准放在门前使用，必要时应采取防止门突然开启的措施。

（8）严禁人在梯子上时移动梯子，严禁上下抛递工具、材料。

（9）搬动梯子时，应放倒两人搬运。

梯子使用中常见的违章现象：①梯子无防滑措施；②梯子放置在不稳定的物体或地面上；③梯子摆放角度过小；④登梯作业无人扶持；⑤在门前使用，无防止门突然开启的措施；⑥在梯顶进行作业；⑦人字梯无限制开度的绳索；⑧在人字梯上作业时采用骑马或站立的方式；⑨人在梯子上时移动梯子；⑩在变电站高压设备区或高压室内使用金属梯子；⑪在带电设备区单人竖直搬运梯子。

梯子应每半年试验一次。此外，每个月还要对外表进行一次检查，看是否有断裂、腐蚀现象。

2. 升降车的使用

升降车分机动和手动两种。机动升降车使用前，要在司机配合下检查传动系统、液压系统和制动系统是否灵活、完好及可靠；手动升降车在使用前，要检查钢丝绳和制动装置是否完好、可靠。升降车应置于平地且四脚支平支稳，地面应坚硬，且坡度小于5°。升降车为金属结构，检修作业人员应穿戴绝缘用品。大风和雨天禁止在车上作业，必须作业时，车子的作业面上应铺设绝缘垫。

升降车升降时，要观察上下有无带电体或障碍物，其载荷不能超过车的最大允许值。升降车应选购取得制造资质厂家的产品，产品应符合有关标准要求，而自制的升降车则必须通过了安全监督部门的安全性和可靠性试验，以确保作业安全。

3.4.9　安全绳

安全绳是高空作业时必须具备的人身安全保护用品，通带与护腰式安全带配合使用。

安全绳是用锦纶丝捻制而成的，具有质量小、柔性好、强度高等优点，目前广泛应用于送电线路等高处作业中。

根据使用情况的不同，目前常用的安全绳有2m、3m和5m三种。

安全绳的使用与保管：

（1）每次使用前必须进行外观检查。凡连接铁件有裂纹或变形、锁扣失灵、锦纶绳断股者，都不得使用。

（2）使用的安全绳必须按规程进行定期静荷重试验，并做好合格标志。

(3) 安全绳应高挂低用。如果高处无绑扎点，可挂在等高处，不得低挂高用（即安全绳的绑扎点低于作业点）。

(4) 绑扎安全绳的有效长度，应根据工作性质而定，一般为3～4m。如果在2.0m处的高空作业，绑扎安全绳的有效长度应小于对地高度，以便起到人身保护作用。如果在500kV线路上作业，因绝缘子串很长，可将安全绳接长使用。

(5) 安全绳用完应放置好，切忌接触高温、明火和酸类物质，以及有锐角的坚硬物等。

安全绳的试验周期为半年。

3.4.10 工作服

(1) 用途。减轻对工作人员的伤害程度。

(2) 安全操作要点。工作人员的工作服不应有可能转动的机器绞住的部分，工作时衣服和袖口必须扣好，禁止戴围巾和穿长衣服。工作服禁用尼龙、化纤或其他混纺布料制作，以防工作服遇火燃烧和加重烧伤程度。女工作业人员禁止穿裙子，辫子最好剪掉，否则必须盘在帽内。穿戴合适而扣上袖口的服装和工作帽，不易被转动机械绞住伤人，偶尔触及热源体时，可减轻对皮肤烫伤程度。

3.4.11 防静电服

防静电服的全称是静电感应防护服，用于在有静电的场所降低人体电位、避免服装上带高电位引起的其他危害的特种服装。

防静电服是10～500kV带电作业用的必备服装。是采用金属纤维与柞蚕丝混纺后与蒙乃尔合金丝并捻交织成布后再做成的服装，具有优良可靠的电气性能和阻燃性能，各项指标均符合GB 6568.1—2000标准规定的指标。当地电位作业人员穿着后，能有效地保护人体免受高压电场及电磁波的影响。

3.4.12 防电弧服

防电弧服是一种用绝缘和防护的隔层制成的保护穿着者身体的防护服装，用于减轻或避免电弧发生时散发出的大量热能辐射和飞溅融化物的伤害。

3.4.13 安全自锁器、速差自控器和防护眼镜

1. 安全自锁器

安全自锁器能在限定距离内快速制动锁定坠落人，特别适合于攀登作业。当发生坠落时安全绳拉出距离不超过0.2m，冲击力小于2949N。控制系统采用经过特殊处理的特种钢，质轻、耐磨、耐腐蚀、抗冲击；外壳采用铝合金，质轻、不老化；安全绳材质为航空钢丝绳，悬挂绳，可与任何有挂点的安全带配套使用。

2. 速差自控器

速差自控器是一种装有一定长度绳索的器件，作业时可不受限制地控出绳索。坠落时，因速度的变化可将拉出绳索的长度锁定。

3. 防护眼镜

防护眼镜适用于电业人员维修高低压供电线路和电气设备安装有触电危险的环境以及其他有可能飞溅伤及眼部的场所。

使用前的注意事项：①在带电装卸可熔保险器和从事低压带电工作时，工作人员应戴有色防护眼镜，防止弧光灼伤眼睛；②在向蓄电池内注入电解液时，应戴封闭式无色防护眼镜，防止化学剂溅入眼内；③从事可能发生碎屑飞溅的工作应戴无色防护眼镜，防止碎屑击伤眼镜。

3.4.14　过滤式防毒面具、正压式消防空气呼吸器和护目镜

1. 过滤式防毒面具

过滤式防毒面具（简称防毒面具），是用于有氧环境中使用的呼吸器。

(1) 使用防毒面具时，空气中氧气浓度不得低于18%，温度为－30℃～45℃，不能用于槽、罐等密闭容器环境。

(2) 使用者应根据其面型尺寸选配适宜的面罩号码。

(3) 使用前应检查面具的完整性和气密性，面罩密合框应与佩戴者颜面密合，无明显压痛感。

(4) 使用中应注意有无泄漏和滤毒罐失效。

(5) 防毒面具的过滤剂有一定的使用时间，一般为30～100min。过滤剂失去过滤作用（面具内有特殊气味）时，应及时更换。

2. 正压式消防空气呼吸器

正压式消防空气呼吸器（简称空气呼吸器），是用于无氧环境中的呼吸器。

空气呼吸器应配有视野广阔、明亮、气密良好的全面罩，供气装置配有体积较小、重量轻、性能稳定的新型供气阀：选用高强度背板和安全系数较高的优质高压气瓶；减压阀装置装有残气报警器，在规定气瓶压力范围内，可向佩戴者发出声响信号，提醒使用人员及时撤离现场。抢险救护人员能够在充满浓烟、毒气、蒸汽或缺氧的恶劣环境下安全地进行灭火、抢险救灾和救护工作。

使用前应检查的项目：①检查面具的完整性和气密性；②检查面罩密合框是否与人体面部密合良好，有无明显压痛感；③检查正压式消防空气呼吸器是否存放在干燥、清洁和避免阳光直接照射的地方。

使用中的主要注意事项：①佩戴正压式消防呼吸器时先背上肩带，慢慢拧开两个气瓶开关，再戴上面具，最后系紧腰带；②使用者应根据其面型尺寸选配适宜的面罩号码；③使用中应注意有无泄漏。

3. 护目镜

护目镜又称护目眼镜，在维护电气设备和进行检修工作时，为保护工作人员的眼睛不受电弧灼伤，以及防止灰尘、铁屑等脏杂物落入眼内，必须使用护目眼镜。护目眼镜应该是封闭型的；镜片玻璃要能耐热，还能承受一定机械力的作用。

3.4.15　SF_6气体检漏仪和氧量分析仪

1. SF_6气体检漏仪

SF_6气体检漏仪主要用来检测环境空气中SF_6气体含量和氧气含量，当环境中SF_6气体含量超标或缺氧，能实时进行报警。它独有的微量SF_6气体检测技术，能检测到1000ppm浓度的SF_6气体，不仅可以达到保障人身安全的目的，而且还能确保设备正常运行。

2. 氧量分析仪

氧量分析仪是用在有可燃气体、蒸气与空气形成的爆炸和温度组别 T1～T6 的 1 区、2 区易燃易爆危险场所，对空气、氮气、氢气、氩气等气体中的氧气浓度连续监测的仪器。采用进口高性能电化学式气体传感器和微处理机技术，具有数字显示、上下限报警、标准信号输出及继电器触点报警输出等功能。

3.5 临时遮拦、标示牌和安全色的使用

3.5.1 临时遮拦

临时遮拦是用来防护工作人员意外碰触或过分接近带电体而造成人身触电事故的一种安全防护用具；也可作为工作位置与带电设备之间安全距离不够时的安全隔离装置。

临时遮拦用干燥的木材、橡胶或其他缝纫的绝缘材料制成的，不能用金属材料制作。临时遮拦上必须有“止步，高压危险！”字样，以提醒工作人员注意。

3.5.2 标示牌

《安全标志及其使用导则》（GB 2894—2008）规定，安全标志由安全色、几何图形和图形符号构成，用以表达特定的安全信息。对安全标志的尺寸、衬底色、制作、设置、位置、检查、维修以及各类安全标志的几何图形、标志数目、图形颜色及其补充标志等都作了具体规定。安全标志的文字说明必须与安全标志同时使用，补充标志应位于安全标志几何图形的下方，文字有横写、竖写两种形式。

安全标志的作用是引起人们对不安全因素的注意，预防发生事故。安全标志分为禁止标志、警告标志、指令标志、提示标志四类。禁止标志的含义是不准或制止人们的某种行动：警告标志的含义是提醒人们注意可能发生的危险；指令标志的含义是必须遵守的意思；提示标志的含义是示意目标的方向。

禁止标志的几何图形是带斜杠的圆环，图形背景为白色，圆环和斜杠为红色，图形符号为黑色。禁止标志有禁止烟火、禁止吸烟、禁止用水灭火、禁止通行、禁放易燃物、禁带火种、禁止启动、修理时禁止转动、运转时禁止加油、禁止跨越、禁止乘车、禁止攀登、禁止饮用、禁止架梯、禁止入内、禁止停留等 16 个。

警告标志的几何图形是三角形，图形背景是黄色，三角形边框及图形符号均为黑色。警告标志有注意安全、当心火灾、当心爆炸、当心腐蚀、当心有毒、当心触电、当心机械伤人、当心伤手、当心吊物、当心扎脚、当心落物、当心坠落、当心车辆、当心弧光、当心冒顶、当心瓦斯、当心塌方、当心坑洞、当心电离辐射、当心裂变物质、当心激光、当心微波、当心滑跌等 23 个。

指令标志是提醒人们必须要遵守的一种标志，几何图形是圆形，背景为蓝色，图形符号为白色。指令标志有必须戴防护眼镜、必须戴防毒面具、必须戴安全帽、必须戴护耳器、必须戴防护手套、必须穿防护靴、必须系安全带、必须穿防护服等 8 个。

提示标志是指示目标方向的安全标志，几何图形是长方形，按长短边的比例不同，分一般提示标志和消防设备提示标志两类。提示标志图形背景为绿色，图形符号及文字为白色。一般提示标志有太平门、安全通道，消防提示标志有消防警铃、火警电话、地下消火栓、地上消火栓、消防水带、灭火器、消防水泵接合器等 7 个。

安全标志牌可分为移动式和固定式两种。移动式安全标志牌可用金属板、塑料板、木版制作，固定式安全标志牌可直接画在墙壁或机具上。有触电危险场所的标志牌必须用绝缘材料制作。

安全标志牌应挂在需要传递信息的相应部位，且要处于十分醒目处。门、窗等可移动物体上不得悬挂标志牌，以免这些物体移动使人看不到安全信息。安全标志牌至少每年检查一次，检查图形、颜色是否正确，有无破损，数量及设置地点是否合适，对不符合要求的应及时修理、更换。

语言标志牌是用语言直接向有关人员传递安全信息的，其功能与安全标志牌相同。例如当人接近带电体的距离小于安全距离时，带电体会自动发出“止步，高压危险”字样的语言警告。其工作原理是通过红外线感光探头遥测人体信号，再经过一系列处理后，发出安全语言警告。

3.5.3 安全色

安全色是按照《安全色》（GB 2893—2008）中规定的颜色显示不同的安全信息，通过安全标志的不同颜色告诫人们执行相应的安全要求，以防事故的发生。安全色是表达安全信息的颜色，表示禁止、警告、指令、提示等意义。应用安全色使人们能够对威胁安全和健康的物体环境作出尽快地反应，以减少事故的发生。安全色用途广泛，如用于安全标志牌、交通标志牌、防护栏杆及机器上不准乱动的部位等。安全色的应用必须是以表示安全为目的，且有规定的颜色范围。

为了引人注目，安全色常采用较鲜艳的颜色，并反衬以对比色，使之更加醒目，国际规定了红、蓝、黄、绿四种颜色，其含义和用途分别如下：

红色表示禁止、停止、消防和危险的意思，禁止、停止和有危险的器件设备或环境涂以红色的标记。如禁止标志、交通禁令标志、消防设备、停止按钮和停车、刹车装置的操纵把手、仪表刻度盘上的极限位置刻度、机器转动部件的裸露部分、液化石油气槽车的条带、文字、危险信号旗等。

黄色表示注意、警告的意思，需警告人们注意的器件、设备或环境涂以黄色标记。如警告标志、交通警告标志、道路交通路面标志、皮带轮及其防护罩的内壁、砂轮机罩的内壁、楼梯的第一级和最后一级的踏步前沿、防护栏杆及警告信号旗等。

蓝色表示指令、必须遵守的规定，如指令标志、交通指示标志等。

绿色表示通行、安全和提供信息的意思，可以通行或安全情况涂以绿色标记，如表示通行、机器启动按钮、安全信号旗等。

《安全色》（GB 2893—2008）对安全色的含义、用途、照明要求、颜色范围以及检查与维修等均作了具体规定，见表 3.3。

对比色为黑白两种颜色，如安全色需要搭配对比色使用时，应按表 3.4 的规定使用。

表 3.3　　安全色的含义及用途

安全色	含　义	用　途
蓝色	指令 必须遵守的规定	指令标志，如必须佩戴个人防护用具、交通上指引行人和车辆行驶方向的指令（只有与几何图形同时使用时才表示指令）
黄色	警告注意	警告标志，行车道中线、安全帽警戒标志，如危险机器和坑池边周围的警戒线，机构上齿轮箱内部
绿色	提示 安全状态通行	提示标志，车间内安全通道，行人和车辆通知标志，消防设备和其他安全防护设备的位置

表 3.4　　安全色与对比色的搭配

安全色	对比色	安全色	对比色
红色	白色	黄色	黑色
蓝色	白色	绿色	白色

3.6　电工安全用具的保管

保管电工安全用具时应做到以下几点：

（1）电工安全用具应设专人保管，建立入库检查、维护保养、借用、定期试验及报废等制度，并严格执行且有详细记录。

（2）电工安全用具应放在通风良好、清洁、干燥的场所，分门别类的保管，不能随意乱扔乱放及当作他用。

（3）绝缘用具使用后要用不掉纤维的棉布蘸酒精擦干净发面；不得放在过冷、过热、阳光暴晒及有酸、碱、油等的地方；绝缘杆应放在专用木架上，不能靠墙或在地面上放置；绝缘手套、绝缘靴（鞋）要放在箱或柜内；绝缘垫、绝缘台致绝缘隔板则放在专用支架上。

（4）检修安全用具中的临时接地线挂在木架或墙上，临时遮拦、标志牌要放在固定有篷的场所，防烧伤用具、围栏绳则放在立柜或货架上。

（5）登高安全用具中的脚扣、安全带要挂在室内的木架上，梯子应放在固定有篷的场所；升降车用后要将伸臂收回，停放在车库内。

（6）电工安全用具要定期进行试验。

常用的电工安全用具试验标准见表 3.5。

表 3.5　　常用电工安全用具试验标准

序号	用具名称	电压等级 /kV	试验周期	试验电压 /kV	试验时间 /min	泄露电流 /mA	备　注
1	绝缘杆	6～10	每年一次	44	5		确定机械强度，检查有无裂纹和损坏，每 3 个月一次。检查时将表面擦拭干净
		35～110		3 倍线电压			
		220					

续表

序号	用具名称	电压等级/kV	试验周期	试验电压/kV	试验时间/min	泄露电流/mA	备注
2	绝缘隔板	6～10	每年一次	30	5		确定机械强度，检查有无裂纹和损坏，每3个月一次。检查时将表面擦拭干净
		35		80			
3	绝缘夹钳	35及以下	每年一次	3倍线电压			
		110		260			
		220		400			
4	验电笔	6～10	每6个月一次	40	5		发光电压不高于额定电压的25%
		35		105			
5	绝缘垫	1以上	每2年一次	15	2	15	检查有无破洞、裂纹、损坏，有污垢应清洗，每3个月1次
		1以下		5		5	
6	绝缘台	任何电压等级	每3年一次	40	2		检查台面和支持绝缘子有无破损，并进行清洗及擦拭，每3个月一次
7	绝缘柄工具	低压	每6个月一次	3	1		每次使用前，均应检查绝缘部分是否完好，有无裂开或啮痕等
8	绝缘手套	1以上	每6个月一次	8	1	7	每次使用前应仔细检查，每3个月擦拭一次。新品按12kV试验
		1以下		2.5		7.5	
9	绝缘绳	高压	每6个月一次	105/0.5m	5		每次使用前检查有无断裂或破损
10	绝缘靴	任何电压	每6个月一次	15	1	7.5	每次使用前应仔细检查完好否，户外用后要除污；户内用后，每3个月清洁一次
11	绝缘鞋	1以下		3.5		2	

登高和起重工具的试验标准见表3.6。

表3.6　登高和起重工具试验标准

类别	名称		试验静压力/kgf	试验静重（允许工作倍数）	试验周期	外表检查周期	试荷时间/min	备注
登高工具	安全带	大带	225		半年一次	每月一次	5	
		小带	150					
	安全腰绳		225					
	升降板		225					

续表

类别	名　称	试验静压力/kgf	试验静重（允许工作倍数）	试验周期	外表检查周期	试荷时间/min	备　注
登高工具	脚扣	100		半年一次	每月一次	5	
	竹（木）梯						试验载荷 180kgf
	升降车						按机械要求
起重工具	白棕绳		2	每年一次	每月一次	10	
	铁链						
	钢丝绳						
	扒杆						
	夹头及卡环						
	吊钩		1.25				
	绞磨						
	葫芦及滑车						

第 4 章

电气工作安全措施

电气工作包括电气安装、检修、维护以及电气系统的运行操作等，为确保电气工作中的安全，必须遵循相关的安全规程和安全规定。《电业安全工作规程》规定，在高压电气设备或线路上工作，必须完成保证工作人员安全的组织措施和技术措施；对低压带电工作，也要采取妥善的安全措施后才能进行。

4.1 电气工作安全组织措施

电气工作安全组织措施是指在进行电气作业时，将与检修、试验、运行等有关部门组织起来，在统一指挥、密切配合下，共同保证电气作业安全的规定和制度。在电气设备上工作，保证电气工作安全组织措施主要有工作票制度；工作许可制度；工作监护制度；工作间断、转移和终结制度。

4.1.1 工作票制度

工作票是指将需要检修、试验的设备、工作内容、工作人员、安全措施等填写在具有固定格式的书面上，以作为进行工作的书面联系，这种印有电气工作固定格式的书页称为工作票。

工作票制度是指在电气设备上进行任何电气作业，都必须填写工作票，并依据工作票布置安全措施和办理开工、终结手续，这种制度称为工作票制度。

1. 工作票的作用

工作票是准许在电气设备或线路上工作的书面命令，是明确安全职责、向作业人员进行安全交底、履行工作许可手续、实施安全技术措施的书面依据，是工作间断、转移和终结的手续。因此，在电气设备或线路上工作时，应按要求认真使用工作票或按命令执行。

2. 工作票的种类及适用范围

工作票依据作业的性质和范围不同，分为第一种工作票和第二种工作票两种。

(1) 第一种工作票的使用范围是：

1) 在高压设备上工作时，需要全部停电或部分停电。

2) 在高压室内的二次接线和照明等回路上的工作，需要将高压设备停电或做安全措施。

3) 在停电线路（或在双回线路中的一回停电线路）上的工作。

4) 在全部或部分停电配电变压器台架上，或配电变压器室内的工作（所谓全部停电，系指供给该配电变压器台架或配电变压器室内的所有电源线路均已全部断开）。

(2) 第二种工作票的使用范围是：

1）带电作业和在带电设备外壳上的工作。

2）在控制盘、低压配电盘、低压配电箱、低压电源干线上的工作。

3）在二次接线回路上的工作，无需将高压设备停电。

4）在转动中的发电机、同期调相机的励磁回路或高压电动机转子电阻回路上的工作。

5）非当班、值班人员用绝缘棒和电压互感器定相或用钳形电流表测量高电压回路的电流。

6）在带电线路杆塔上的工作。

7）在运行中的配电变压器台架上或配电变压器室内的工作。

对于其他可口头或电话命令的工作，如注油、取油样、事故抢修等，不用填写工作票，但值班员要将发令人、工作负责人及工作任务详细记入操作记录簿中，无论口头或电话命令，内容必须清楚正确，受令人要向发令人复诵，核对无误后方可执行。对重要的口头或电话命令，双方应进行录音。

第一种工作票和第二种工作票的书面格式及内容见表4.1和表4.2。

3. 工作票的填写与签发

(1）工作票的填写。工作票由签发人填写，也可由工作负责人填写。工作票要用钢笔或圆珠笔填写，一式两份，应正确清楚，不得任意涂改，个别错、漏字需要修改时应字迹清楚。一张工作票只能填写一个工作任务。

下列情况可只填写一张工作票：

1）工作票上所列的工作地点，以一个电气连接部分为限的可填写一张工作票。所谓一个电气连接部分，是指配电装置中的一个电气单元，它通过隔离开关与其他部分截然地分开。

2）若一个电气连接部分或一个配电装置全部停电，则所有不同地点的工作，可以填写一张工作票，但要详细写明主要工作内容。几个班同时工作时，在工作票工作负责人栏内填写总负责人的名字，在工作班成员栏内只填写各班的负责人，不必填写全部工作人员名单。

3）如果检修设备属于同一电压、位于同一楼层、同时送停电，且工作人员不会触及带电导体时，则允许在几个电气连接部分共用一张工作票。开工前应将工作票内的全部安全措施一次做完。

4）如果一台主变压器停电检修，其各侧断路器也一起检修，能同时送停电，虽然其不属于同一电压，为简化安全措施，也可共用一张工作票。开工前应将工作票内的全部安全措施一次做完。

5）在几个电气连接部分上依次进行不停电的同一类型工作，如对各设备依次进行校验仪表的工作，可填写一张第二种工作票。

6）对于电力线路上的工作，一条线路或同杆架设且同时停送电的几条线路，可填写一张第一种工作票；对于同一电压等级、同一类型的工作，可在数条线路上共用一张第二种工作票。

当设备在运行中发生了故障或严重缺陷需要进行紧急事故抢修时，可不使用工作票，但应同样认真履行许可手续和做好安全措施。若设备转入正常事故检修，则仍应按要求填写工作票。

表 4.1 **第 一 种 工 作 票**

编号________

<table>
<tr><td colspan="2">工作负责人：________</td><td rowspan="2">计划工作时间</td><td>自________</td></tr>
<tr><td colspan="2">单位和班组：________</td><td>至________</td></tr>
<tr><td colspan="4">工作班人员：
共______人</td></tr>
<tr><td colspan="4">工作任务：</td></tr>
<tr><td colspan="4">工作地点：</td></tr>
<tr><td rowspan="7">工作要求的安全措施</td><td colspan="3">应拉断路器（开关）和隔离开关（刀闸）（注明编号）</td></tr>
<tr><td>断路器（开关）：</td><td colspan="2">隔离开关（刀闸）：</td></tr>
<tr><td colspan="3">应投切相关直流电源（空气开关、熔断器、连接片）、低压及二次回路：</td></tr>
<tr><td colspan="3">应合接地刀闸（注明编号）、接装底线（注明确实地点）、应设绝缘挡板：</td></tr>
<tr><td colspan="3">应设遮拦、应挂指示牌（注明位置）：</td></tr>
<tr><td colspan="3">线路对侧安全措施：</td></tr>
<tr><td colspan="3">需办二次设备及回路工作安全技术措施单（是/否）：______，共______张</td></tr>
<tr><td>签发</td><td colspan="3">工作票签发人：________ 工作票会签人：________</td></tr>
<tr><td>接收</td><td colspan="3">收到工作票时间：________ 值班负责人签名：________</td></tr>
</table>

续表

<table>
<tr><td rowspan="4">工作许可</td><td colspan="6">满足工作要求的安全措施（是/否）：________
需补充或调整的安全措施：</td></tr>
<tr><td colspan="6">线路对侧安全措施，经调度员________（姓名）确认线路对侧已按要求执行。</td></tr>
<tr><td colspan="2">工作地点保留的带电部位</td><td colspan="4">带电母线、导线：
带电隔离开关：
其他：</td></tr>
<tr><td colspan="6">其他安全注意事项：
现场满足工作要求的时间：________________
工作许可人签名：________________ 专责监护人签名：________________</td></tr>
<tr><td colspan="7">指定________________为专责监护人 工作负责人签名：________________</td></tr>
<tr><td>工作负责人变更</td><td colspan="6">工作签发人签名：________________ 同意变更，时间： 年 月 日 时 分
原工作负责人签名：________________ 现工作负责人签名：________________
工作许可人签名：________________</td></tr>
<tr><td>工作延期</td><td colspan="6">有效期延长到： 年 月 日 时 分
工作负责人签名：________________ 值班负责人签名：________________</td></tr>
<tr><td rowspan="4">工作间断</td><td>工作间断时间</td><td>负责人</td><td>许可人</td><td>工作开始时间</td><td>许可人</td><td>负责人</td></tr>
<tr><td>年 月 日
时 分</td><td></td><td></td><td>年 月 日
时 分</td><td></td><td></td></tr>
<tr><td>年 月 日
时 分</td><td></td><td></td><td>年 月 日
时 分</td><td></td><td></td></tr>
<tr><td>年 月 日
时 分</td><td></td><td></td><td>年 月 日
时 分</td><td></td><td></td></tr>
<tr><td>增加工作内容</td><td colspan="6">不需变更安全措施下增加的工作项目：
工作负责人签名：________________ 工作许可人签名：________________</td></tr>
<tr><td>工作总结</td><td colspan="6">____________结束，临时措施拆除，已恢复到工作开始前状态。
工作负责人签名：________________ 工作许可人签名：________________</td></tr>
<tr><td>工作票总结</td><td colspan="6">接地线共________组已拆除
接地刀闸共________把已拉开
  年 月 日 时 分 值班负责人签名：________________</td></tr>
<tr><td colspan="7">注：调度批复时间从________________到________________</td></tr>
</table>

表 4.2 **第 二 种 工 作 票**

编号＿＿＿＿＿＿

<table>
<tr><td colspan="2">工作负责人：＿＿＿＿＿＿</td><td rowspan="2">计划工作时间</td><td>自＿＿＿＿＿＿</td></tr>
<tr><td colspan="2">单位和班组：＿＿＿＿＿＿</td><td>至＿＿＿＿＿＿</td></tr>
<tr><td colspan="4">工作班人员：
共＿＿＿人</td></tr>
<tr><td colspan="4">工作任务：</td></tr>
<tr><td colspan="4">工作地点：</td></tr>
<tr><td rowspan="5">工作要求的安全措施</td><td rowspan="2">工作条件</td><td colspan="2">相关高压设备状态：</td></tr>
<tr><td colspan="2">相关直流、低压及二次回路状态：</td></tr>
<tr><td colspan="3">应投切相关直流电源（空气开关、熔断器、连接片）、低压及二次回路：</td></tr>
<tr><td colspan="3">应设遮拦、应挂标示牌（注明位置）：</td></tr>
<tr><td colspan="3">需办二次设备及回路工作安全技术措施单（是/否）：＿＿＿＿，共＿＿＿＿张</td></tr>
<tr><td>签发</td><td colspan="3">工作票签发人：＿＿＿＿＿＿　工作票会签人：＿＿＿＿＿＿</td></tr>
<tr><td>接收</td><td colspan="3">收到工作票时间＿＿＿＿＿＿：　值班负责人签名：＿＿＿＿＿＿</td></tr>
</table>

续表

<table>
<tr><td rowspan="3">工作
许可</td><td colspan="6">满足工作要求的安全措施（是/否）：________
需补充或调整的安全措施：</td></tr>
<tr><td colspan="6">工作地点应注意的带电部位或运行设备：</td></tr>
<tr><td colspan="6">其他安全注意事项：
现场满足工作要求的时间：____________________
工作许可人签名：____________________ 工作负责人签名：____________________</td></tr>
<tr><td>工作
负责人
变更</td><td colspan="6">工作签发人签名：____________________ 同意变更，时间：____________________
原工作负责人签名：__________________ 现工作负责人签名：__________________
工作许可人签名：____________________</td></tr>
<tr><td>工作延期</td><td colspan="6">有效期延长到：____________________
工作负责人签名：____________________ 值班负责人签名：____________________</td></tr>
<tr><td rowspan="4">工作间断</td><td>工作间断
时间</td><td>负责人</td><td>许可人</td><td>工作开始
时间</td><td>许可人</td><td>负责人</td></tr>
<tr><td></td><td></td><td></td><td></td><td></td><td></td></tr>
<tr><td></td><td></td><td></td><td></td><td></td><td></td></tr>
<tr><td></td><td></td><td></td><td></td><td></td><td></td></tr>
<tr><td>增加工作内容</td><td colspan="6">不需变更安全措施下增加的工作项目：
工作负责人签名：____________________ 工作许可人签名：____________________</td></tr>
<tr><td>工作总结</td><td colspan="6">____________________结束，临时措施拆除，已恢复到工作开始前状态。
工作负责人签名：____________________ 工作许可人签名：____________________</td></tr>
<tr><td colspan="7">注：调度批复时间从____________________ 到____________________</td></tr>
</table>

（2）工作票的签发。工作票应由工作票签发人签发。工作票签发人应由车间、工区（变电所）中熟悉技术水平、熟悉设备情况、熟悉安全规程的生产领导人、技术人员或经主管生产领导批准的人员担任。工作票签发人员名单应书面公布。工作负责人和工作许可人（允许办理工作票的值班员）应由主管生产的领导书面批准。

工作票的签发应遵守下述规定：

1）工作票签发人不得兼任所签发任务的工作负责人。

2）工作许可人不得签发工作票。

3）整台机组检修的工作票必须由车间主任、检修副主任或专责工程师（技术员）签发。

4）外单位在本单位生产设备系统上工作的由管理该设备的生产部门签发。

工作票签发人必须明确工作票上所填写的安全措施是否正确完备，所派的工作负责人和工作班人员是否合适和足够，精神状况是否良好。

4. 工作票的使用（执行）

填写完成并经签发人审核签字后的一式两份工作票中的一份必须经常保存在工作地点，由工作负责人收执，另一份由值班员收执，按值移交。值班员应将工作票号码、工作任务、许可工作时间及完工时间记入操作记录簿中。在开工前工作票内标注的全部安全措施应一次性做完；工作负责人应检查工作票所列的安全措施是否正确完备和值班员所做的安全措施是否符合现场的实际情况。工作票必须经工作许可人签字后方可使用，即执行工作许可制度。第一种工作票应在工作前一日交给值班员，若变电所离工区较远或因故更换新的工作票不能在工作前一天将工作票送到，工作票签发人可根据自己填好的工作票用电话全文传达给变电所的值班员，值班员应做好记录，并复诵核对。若电话联系有困难，也可在进行工作的当天预先将工作票交给值班员。临时工作可在工作开始以前直接交给值班员。第二种工作票应在进行工作的当天预先交给值班员。

（1）工作票的执行流程，如图 4.1 所示。

（2）工作票的有效时间。第一、二种工作票的有效时间，以批准的检修期为限。第一种工作票至预定即计划时间，工作尚未完成时，应由工作负责人办理延期手续（延期一次）。延期手续应由工作负责人向值班负责人申请办理；主要设备检修延期要通过值班长办理。第二种工作票不办理延期手续，到期尚未完成工作应重新办理工作票。工作票有破损不能继续使用时，应填补新的工作票。

（3）工作班成员的变更。需要变更工作班的成员时，须经工作负责人同意。需要变更工作负责人时，应由工作票签发人将变动情况记录在工作票上。若扩大工作任务，必须由工作负责人通过工作许可人，并在工作票上填入增加的工作项目。若需变更或增设安全措施，必须填写新的工作票，并重新履行工作许可手续。

执行工作票的作业，必须有人监护。在工作间断、转移时执行间断、转移制度。工作终结时，执行终结制度。

5. 工作票中有关人员的安全责任

工作票中的有关人员包括工作负责人、工作票签发人、工作票会签人、工作许可人、值班负责人、专责监护人、工作班成员等，他们在工作票中负有相应的安全责任。

（1）工作负责人的安全责任：

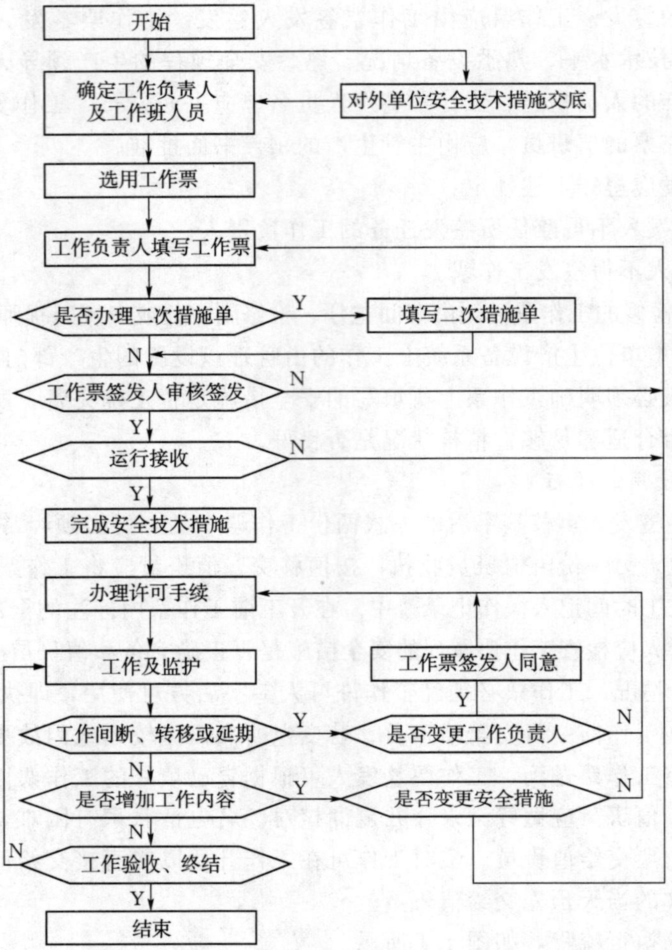

图 4.1　工作票的执行流程

1）亲自并正确完整地填写工作票。

2）确认工作票所列安全措施正确、完备，符合现场实际条件，必要时予以补充。

3）核实已做完的所有安全措施是否符合作业安全要求。

4）正确、安全地组织工作。工作前应向工作班全体人员进行安全交代。关注工作人员身体和精神状况是否正常以及工作班人员有无变动和变动是否合适。

5）监护工作班人员执行现场安全措施和技术措施、正确使用劳动防护用品和工器具，在作业中不发生违章作业、违反劳动纪律的行为。

（2）工作票签发人的安全责任：

1）负责审查工作必要性和安全性。

2）负责审查工作票所列安全措施是否正确完备。

3）负责审查所派工作负责人和工作班人员是否适当、充足，精神状态是否良好。

（3）工作票会签人的安全责任：

1）负责审核工作必要性和安全性。

2）负责审核工作票所列安全措施是否正确完备。

3）负责审核外单位工作人员资格是否具备。

（4）工作许可人的安全责任：

1）接受调度命令，确认工作票所列安全措施是否正确、完备，是否符合现场条件。

2）确认已布置的安全措施符合工作票要求，防范突然来电时安全措施完整可靠，按《电业安全工作规程》规定，应以手触试的停电设备应实施以手触试。

3）仔细检查工作票所列内容，对工作票中所列内容即使发生很小疑问，也必须向工作票签发人询问清楚，必要时应要求作详细补充。

4）在许可签名之前，应对工作负责人进行安全交代。

5）所有工作结束时，确认工作票中本厂站所负责布置的安全措施具备恢复条件。

（5）值班负责人的安全责任：

1）审查工作的必要性。

2）审查检修工期是否与批准期限相符。

3）对工作票所列内容有疑问时，应向工作票签发人（或工作票会签人）询问清楚，必要时应作补充。

4）确认工作票所列安全措施是否正确、完备，必要时应补充安全措施。

5）负责值班期间的电气工作票、检修申请单或规范性书面记录过程管理。

（6）专责监护人的安全责任：

1）明确被监护人员、监护范围和内容。

2）工作前对被监护人员交代安全措施，告知危险点和安全注意事项。

3）监督被监护人员执行《电业安全工作规程》和现场安全措施，及时纠正不安全行为。

4）及时发现并制止被监护人员违章指挥、违章作业和违反劳动纪律的行为。

（7）工作班成员的安全责任：

1）熟悉工作内容、流程，掌握安全措施，明确工作中的危险点，并履行签名确认手续。

2）遵守各项安全规章制度、技术规程和劳动纪律。

3）服从工作负责人的指挥和专责监护人的监督，执行现场安全工作要求和安全注意事项。

4）发现现场安全措施不适应工作时，应及时提出异议。

5）正确使用工器具和劳动防护用品。

（8）不规范工作票：

1）非关键词字迹不清及涂改超过 3 处。

2）工作票编号漏填或填写不规范。

3）工作计划时间超 15 天。

4）未按规定盖“工作终结”“工作票终结”章或盖错章。

5）应与工作票一同保存的安全技术交底单、二次设备及回路工作安全技术措施单、附页等，未与工作票一同保存。

6）工作票上使用的技术术语不规范。

7）工作票上的各类时间没有按 24 小时制填写。

4.1.2 工作许可制度

为了进一步确保电气作业的安全进行，完善保证安全的组织措施，对于工作票的执行，规定了工作许可制度。就是未经工作许可人（值班员）允许不准执行工作票。

1. 工作许可手续

工作许可人（值班员）认定工作票中安全措施栏内所填的内容正确无误且完善后，到施工现场具体实施。然后，会同工作负责人在现场再次检查所做的安全措施，并以手触试，证明欲检修的设备确无电压，同时向工作负责人指明带电设备的位置及工作中的注意事项。工作负责人明确后，工作负责人和工作许可人在工作票上分别签名。完成上述手续后，工作班方可开始工作。

2. 工作许可应注意的事项

线路停电检修，必须将可能受电的各方面都拉闸停电，并挂好接地线，再将工作班（组）数目、工作负责人姓名、工作地点和工作任务记入记录簿内。才能发出许可工作的命令；许可开始工作的命令，必须通知到工作负责人。可采用当面通知、电话传达或派人传达；严禁约时停、送电；工作许可人、工作负责人任何一方不得擅自变更安全措施；值班人员不得变更有关检修设备的运行结线方式，工作中如有特殊情况需要变更时，应事先取得对方的同意。

4.1.3　工作监护制度

工作监护制度是指在工作过程中，工作负责人（监护人）必须始终在工作现场，对工作人员的安全认真监护，及时纠正不安全的操作和其他的危险误动作的制度。特别是在靠近有电部位工作及工作转移时，监护工作更为重要。

1. 监护人的职责范围

工作负责人同时又是监护人；也可根据具体情况增设监护人，工作票签发人或工作负责人根据现场的安全条件、施工范围、工作需要等具体条件也可增设专责监护人，专责监护人不得兼做其他工作，在下列情况下，监护人可以参加工作班的工作：

（1）全部停电时。

（2）变电所部分停电时，只有安全措施可靠，工作人员集中在一个工作地点，工作人员连同监护人不超过三人时。

（3）所有室内、外带电部分均有可靠的安全遮拦，完全可以做到防止触电时。

2. 执行监护

完成工作许可手续后，工作负责人（监护人）应向工作班人员交代现场的安全措施、带电部位和其他注意事项。工作负责人（监护人）必须始终在工作现场，对工作班人员的安全认真监护，及时纠正违反安全的动作，防止意外情况的发生。

所有工作人员（包括监护人），不许单独留在室内、外变电所高压设备区内。若工作需要一个或几个在高压室内工作，如测量极性、回路导通试验等工作时，必须满足两个条件：

（1）现场的安全条件允许。

（2）所允许的工作人员有实践经验。

值班人员如发现工作人员违反安全规程或发现有危及工作人员安全的任何情况，均应向工作负责人提出改正意见，必要时暂时停止工作，并立即向上级报告。

分组工作时，每小组应指定小组负责人（监护人）。

4.1.4 工作间断、转移和终结制度

1. 工作间断制度

工作间断制度是指当日工作因故暂停时，如何执行工作许可手续、采取哪些安全措施的制度。工作间断时，工作班人员应从现场撤离，所有安全措施保持不变，工作票仍由工作负责人执存。间断后继续工作时，无需通过工作许可人。每日收工，应清扫工作地点，开放已封闭的道路，并将工作票交回值班员。次日复工时，应得到值班员许可，取回工作票，工作负责人必须重新认真检查安全措施是否符合工作票要求后方可工作。若无工作负责人或监护人带领，工作人员不得进入工作地点。

在工作间断期间，若需紧急合闸送电时，值班员在确认工作地点的工作人员已全部撤离，报告工作负责人或上级领导，并得到许可后，可在未交回工作票的情况下合闸送电，并应采取下列措施：

（1）拆除临时遮拦、接地线和标示牌，恢复常设遮拦，换挂“止步，高压危险”标示牌。

（2）所有通道必须派专人守候，以便告诉工作班人员“设备已经合闸送电，不得继续工作”，守候人员在工作票交回前，不得离开守候地点。

2. 工作转移制度

工作转移制度是指每转移一个工作地点，工作负责人应采取哪些安全措施的制度。在同一电气连接部分用同一工作票依次在几个工作地点转移工作时，全部安全措施由值班员在开工前一次做完，不需再办理转移手续，但工作负责人在转移工作地点时，应向工作人员交代带电范围、安全措施和注意事项。

3. 工作终结制度

工作终结制度是指工作结束时，工作负责人、工作班人员及值班员应完成哪些规定的工作内容之后工作票方告终结的制度。全部工作完毕后，工作班应清扫、整理现场。工作负责人应先周密检查，待全体工作人员撤离工作地点后，再向值班人员讲清所检修项目、发现的问题、试验结果和存在的问题等，并同值班人员共同检查设备状况、有无遗留物件、是否清洁等，然后在工作票上记载工作终结的时间，经双方签名后，工作票方告终结。已结束的工作票，保存三个月。认真执行终结制度，主要目的是防止向还有人在工作的设备上错误送电和带地线送电等恶性事故的发生。

4.1.5 工作票填写实例

某变电所的运行方式如图4.2所示。

工作任务是停电更换110kV广从线1268断路器。

（1）申请单位：广东从良电力工程公司（变电检修1班）。

（2）停电设备：广从站110kV从良线1268开关间隔，户外常规布置，电气接线形式为双母线接线。

（3）工作内容：110kV从良线1268开关进行更换工作。

（4）申请停电时间：2017年11月8日8：00—21：00。

（5）批准工作时间：2017年11月8日8：00—18：00。

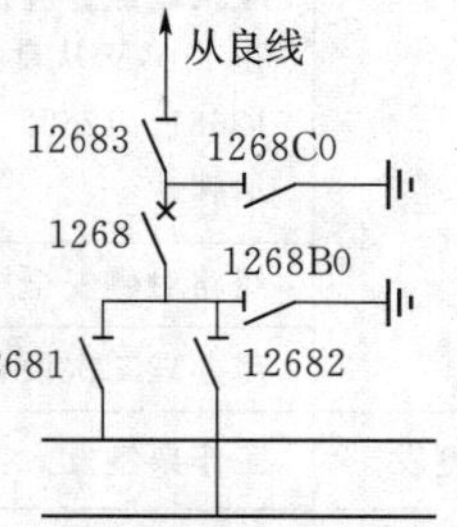

图4.2 某变电所的运行方式

(6) 广东从良电力工程公司工作票签发人、工作负责人、工作班成员等名单见表 4.3。

表 4.3　　成　员　名　单

姓　名	职　务	资　格
王一	技术主管	工作票签发人
唐二	队长	工作负责人
张三	班员	工作班成员
李四	班员	工作班成员
叶五	班员	工作班成员
杨六	实习人员	工作班成员
何七	司机	吊车司机

根据工作票种类的使用范围，属于第一种工作票，工作票项目见表 4.4。

表 4.4　　变电所第一种操作工作票

<table>
<tr><td colspan="2">工作负责人：唐二</td><td rowspan="2">计划工作时间</td><td>自 2017 年 11 月 8 日 8 时 00 分</td></tr>
<tr><td colspan="2">单位和班组：广东从良电力工程公司变电检修 1 班</td><td>至 2017 年 11 月 8 日 18 时 00 分</td></tr>
<tr><td colspan="4">工作班人员：张三、李四、叶五 、杨六、何七
共 6 人</td></tr>
<tr><td colspan="4">工作任务：110kV 从良线 1268 开关更换</td></tr>
<tr><td colspan="4">工作地点：110kV 从良线 1268 开关</td></tr>
<tr><td rowspan="7">工作要求的安全措施</td><td colspan="3">应拉断路器（开关）和隔离开关（刀闸）（注明编号）</td></tr>
<tr><td>断路器（开关）：
1268</td><td colspan="2">隔离开关（刀闸）：
12681、12682、12683</td></tr>
<tr><td colspan="3">应投切相关直流电源（空气开关、熔断器、连接片）、低压及二次回路：
拉开 1268 开关和 12681、12682、12683 刀闸操作及控制电源</td></tr>
<tr><td colspan="3">应合接地刀闸（注明编号）、接装底线（注明确实地点）、应设绝缘挡板：
合上 1268C0、1268B0</td></tr>
<tr><td colspan="3">应设遮拦、应挂指示牌（注明位置）：
在 110kV 从良线 1268 开关工作地点四周装设遮拦，并挂“止步、高压危险”标示牌；在 1268 开关和 12681、12682、12683 操作把手上挂“禁止合闸、有人工作”标示牌；在工作地点挂“在此工作”标示牌</td></tr>
<tr><td colspan="3">线路对侧安全措施：要求线路对侧接地（是/否）：　否</td></tr>
<tr><td colspan="3">需办理二次设备及回路工作安全技术措施单（是/否）：　否　，共　0　张。</td></tr>
<tr><td>签发</td><td colspan="3">工作票签发人：　王一　　工作票会签人：</td></tr>
<tr><td>接收</td><td colspan="3">收到工作票时间：　　值班负责人签名：</td></tr>
</table>

续表

<table>
<tr><td rowspan="5">工作许可</td><td colspan="2">满足工作要求的安全措施（是/否）：____________
需补充或调整的安全措施：</td></tr>
<tr><td colspan="2">线路对侧安全措施，经调度员____________（姓名）确认线路对侧已按要求执行。</td></tr>
<tr><td>工作地点保留的带电部位</td><td>带电母线、导线：
带电隔离开关：
其他：</td></tr>
<tr><td colspan="2">其他安全注意事项：
现场满足工作要求的时间：____________
工作许可人签名：　　　　专责监护人签名：____________</td></tr>
</table>

<table>
<tr><td colspan="7">指定____________为专责监护人　　工作负责人签名：____________</td></tr>
<tr><td>工作负责人变更</td><td colspan="6">工作签发人签名：____________　　同意变更，时间：　年　月　日　时　分
原工作负责人签名：____________　　现工作负责人签名：____________
工作许可人签名：____________</td></tr>
<tr><td>工作延期</td><td colspan="6">有效期延长到：　年　月　日　时　分
工作负责人签名：____________　　值班负责人签名：____________</td></tr>
<tr><td rowspan="4">工作间断</td><td>工作间断时间</td><td>负责人</td><td>许可人</td><td>工作开始时间</td><td>许可人</td><td>负责人</td></tr>
<tr><td>年　月　日
时　分</td><td></td><td></td><td>年　月　日
时　分</td><td></td><td></td></tr>
<tr><td>年　月　日
时　分</td><td></td><td></td><td>年　月　日
时　分</td><td></td><td></td></tr>
<tr><td>年　月　日
时　分</td><td></td><td></td><td>年　月　日
时　分</td><td></td><td></td></tr>
<tr><td>增加工作内容</td><td colspan="6">不需变更安全措施下增加的工作项目：
工作负责人签名：　　　　工作许可人签名：</td></tr>
<tr><td>工作总结</td><td colspan="6">____________结束，临时措施拆除，已恢复到工作开始前状态。
工作负责人签名：　　　　工作许可人签名：____________</td></tr>
<tr><td>工作票总结</td><td colspan="6">接地线共______组已拆除______
接地刀闸共______把已拉开______
　年　月　日　时　分　　值班负责人签名：____________</td></tr>
<tr><td colspan="7">注：调度批复时间从____________到____________</td></tr>
</table>

4.2　电气工作安全技术措施

全部停电或部分停电时，为了防止停电设备上突然来电，防止工作人员由于身体或使用的工具接近临近设备带电部分的距离超过允许的安全近距，防止工作中由于不注意而误碰到带电运行的设备上，以致造成触电，根据设备和现场的具体情况，必须完成停电、验电、装设接地线、悬挂标示牌和装设遮拦等保证安全的技术措施。

4.2.1　停电

1. 工作地点必须停电的设备或线路

(1) 要检修的电气设备或线路必须停电。

(2) 与电气工作人员在进行工作中正常活动范围的距离小于表 4.5 中规定的设备必须停电。

表 4.5　工作人员工作中正常活动范围与带电设备的安全距离

电压等级/kV	安全距离/m	电压等级/kV	安全距离/m
≤10	0.35	44	0.9
20～35	0.6	60～110	1.5

(3) 在 44kV 以下的设备上进行工作，上述距离虽大于表 4.5 又小于表 4.6 的规定，同时又无安全遮拦措施的设备也必须停电。

表 4.6　设备不停电时的安全距离

电压等级/kV	安全距离/m	电压等级/kV	安全距离/m
≤10	0.7	44	1.2
20～35	1.0	60～110	1.5

(4) 带电部分在工作人员后面或两侧无可靠安全措施的设备，为防止工作人员触及带电部分，必须将其停电。

(5) 对与停电作业的线路平行、交叉或同杆架设的有电线路，有危及停电作业的安全，而又不能采取安全措施时，必须将平行、交叉或同杆架设的有电线路停电。

2. 停电的安全要求

(1) 将检修设备停电，必须将各方面的电源完全断开。对与停电设备或线路有关的变压器、电压互感器，必须从高、低压两侧将断路器、隔离开关全部断开，以防止向停电设备或线路反送电。对与停电设备有电气连接的其他任何运行中的星形接线设备的中性点必须断开，以防止中性点位移电压加到停电作业设备上而危及人身安全。

(2) 断开电源时，不仅要断开断路器，还要拉开隔离开关，使每个电源至检修设备或线路之间至少有一个明显可见的断开点。严禁在只经断路器断开电源的设备或线路上工作。

(3) 为防止已断开的断路器被误合闸，应取下断路器控制回路的合闸熔断器或者关闭气、油阀门等。对一经合闸就有可能送电到停电设备或线路的隔离开关，其操作把手必须锁住。

4.2.2 验电

对已经停电的设备或线路还必须验电，明确无电压并放电后，方可装设接地线。验电的安全要求有以下几点：

(1) 应将电压等级合适的且合格的验电器在有电的设备上试验，证明验电器指示正确后，再在检修的设备进出线两侧各相分别验电。

(2) 对 35kV 及以上的电气设备验电，可使用绝缘棒代替验电器。根据绝缘棒工作触头的金属部分有无火花和放电的"噼啪"声来判断有无电压。

(3) 线路验电应逐相进行。同杆架设的多层电力线路在验电时应先验低压，后验高压，先验下层，后验上层。

(4) 在判断设备是否带电时，不能仅用表示设备断开和允许进入间隔的信号以及或经常接入电压的表计来判断是否有电，但如果指示有电则为带电，应禁止在其上工作。

4.2.3 装设接地线

当验电明确无电压并放电后，应立即将设备接地并三相短路。这是保护在停电设备上的工作人员，防止突然来电而发生触电事故的可靠措施，同时接地线还可使停电部分的剩余静电荷放入大地。

1. 装设接地线的原则

(1) 对可能送电或反送电至停电部分的各方面，以及可能产生感应电压的停电设备或线路均要装设接地线。

(2) 检修 10m 以下的母线，可装设一组接地线；检修 10m 以上的母线，则应根据连接在母线上的电源的进线多少和分布情况以及感应电压的大小，适当增设接地线的数量。

(3) 在用断路器或隔离开关分段的母线或设备上检修时，应分段分别验电、装设接地线。降压变电所全部停电时，只需将各个可能来电侧的部分接地、短路，其余部分不必每段都装设接地线。

(4) 在室内配电装置的金属构架上应有规定的接地地点。这些接地地点的油漆应刮去，以保证导电良好，并画上黑色"⏚"记号。所有配电装置的适当地点，均应设有接地网的接头，接地电阻必须合格。

2. 装设接地线的安全要求

(1) 装设接地线必须由两人进行，若单人值班，只允许使用接地刀闸接地或使用绝缘棒拉合接地刀闸。

(2) 所装接地线与带电部分的安全距离见表 4.7。

表 4.7 接地线与带电设备的允许安全净距

电压等级/kV	户内/户外	允许安全净距/cm
1～3	户内	7.5
6	户内	10

续表

电压等级/kV	户内/户外	允许安全净距/cm
10	户内	12.5
20	户内	18
35	户内	29
	户外	40
60	户内	46
	户外	60

(3) 所装接地线必须先接接地端，后接导体端，必须接触良好；拆除顺序与此相反。装拆接地线均应使用绝缘棒和绝缘手套。

(4) 接地线与检修设备之间不得连有断路器和熔断器。

(5) 严禁使用不合格的接地线或用其他导线做接地线和短路线，应当使用多股软裸铜线，其截面应符合短路电流要求，但不得小于 $25mm^2$；接地线须用专用线夹固定在导体上，严禁用缠绕的方法接地或短路。

(6) 带有电容的设备或电缆线路应先放电后再装接地线，以避免静电危及人身安全。

(7) 需要拆除全部或部分接地线才能进行的工作（如测量绝缘电阻、检查开关触头是否同时接触等）时，要经过值班人员许可（根据调度员命令装设的，须经调度员许可），才能进行工作。

(8) 每组接地线均应有编号，存放位置也应有编号，两者编号一一对应。

4.2.4 悬挂标示牌及装设遮拦

悬挂标示牌及装设遮拦的场所及标示牌的使用详见第 3 章。

在室外地面高压设备上工作，应在工作地点四周用绝缘绳做围栏，在围栏上悬挂适当数量的"止步，高压危险"的标示牌，标示牌必须朝向围栏里面。对 35kV 以下设备，如特殊需要也可用合格的绝缘挡板与带电部分直接接触，隔离带电体。

严禁工作人员在工作中移动或拆除遮拦及标示牌。

4.3 电气倒闸操作的安全技术

电气设备由一种状态转换到另一种状态，或改变电气一次系统运行方式所进行的一系列操作，称为倒闸操作。

倒闸操作的主要内容有：拉开或合上某些断路器或隔离开关；拉开或合上接地隔离开关（拆除或挂上接地线）；取下或装上某些控制、合闸熔断器及电压互感器的熔断器；停用或加用某些继电保护及自动装置及改变定值；改变变压器、消弧线圈组分接头及检查设备绝缘等。

倒闸操作是一项复杂而重要的工作，操作正确与否，直接关系到操作人员的安全和设备的正常运行。如若发生误操作事故，其后果是极其严重的。因此电气运行人员一定要树立“精心操作，安全第一”的思想，严肃认真地对待每一个操作。

4.3.1 设备操作状态的分类及判别方法

1. 设备操作状态的分类

电气设备的工作状态通常分为以下四种：

（1）“运行中”是指设备的断路器及隔离开关都在合闸位置，将电源至受电端间的电路接通。

（2）“热备用状态”指设备的断路器在断开位置，而隔离开关在合闸位置，断路器一经合闸，电路即接通转为运行状态。

（3）“冷备用状态”指设备的断路器及隔离开关均在断开位置。其显著特点是该设备与其他带电部分之间有明显的断开点。

（4）“检修状态”指设备在冷备用状态下并设有安全措施，即检修设备两侧装设了保护接地线（或合上了接地隔离开关）。

2. 操作状态的判别方法

区分配电装置中各种电气设备究竟是处于带电还是断电状态，通常可以采用下列方法进行判断：

（1）开关所处状态有明显断开点的开关从其“分闸”或“合闸”状态即可区分清楚。断路器可从操作机构的指示牌上看出其实际位置，但有时指示牌因松动等原因也会造成指示错误。所以还要结合相关隔离开关所处的状态进行综合判断。

（2）有无电压指示从电压表的指示可以判别电气设备到底是否带电。但要注意仪表及其接线应完好正确，以避免因仪表失灵而误以为无电。

（3）信号灯显示情况由表明通电或是断电的灯光信号显示来进行判别，也是判断装置或设备是否带电的一种辅助方法。

（4）验电器测试反应。必要时也用相应电压等级且完好的验电器（或验电笔）进行直接测试，以判断电气装置或设备究竟是否处于带电状态。

4.3.2 倒闸操作的操作流程

1. 操作前准备工作

操作前准备工作流程如图 4.3 所示。

2. 电气倒闸操作执行中

电气倒闸操作执行中，如图 4.4 所示。

3. 电气倒闸操作结束

电气倒闸操作结束如图 4.5 所示。

4.3.3 倒闸操作的原则

1. 一般原则

（1）配网电气操作应根据配网调度员的指令进行。紧急情况下，为了迅速消除电气设备对人身和设备安全的直接威胁，或为了迅速处理事故、防止事故扩大、实施紧急避险等，允许不经配网调度员许可执行电气操作，但事后应尽快向配网调度员汇报，并说明操作的经过及原因。

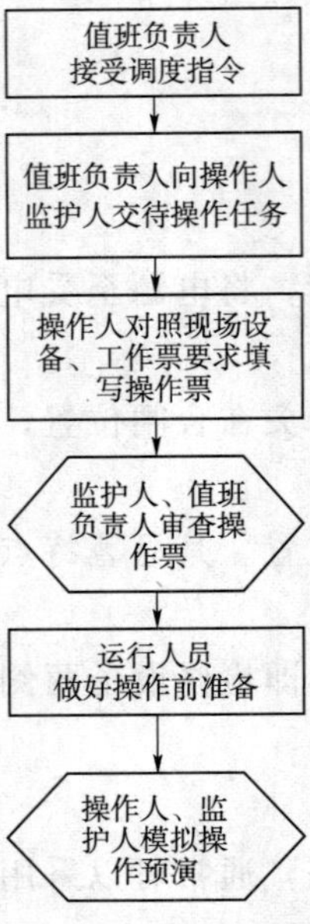

图 4.3　操作前准备工作流程

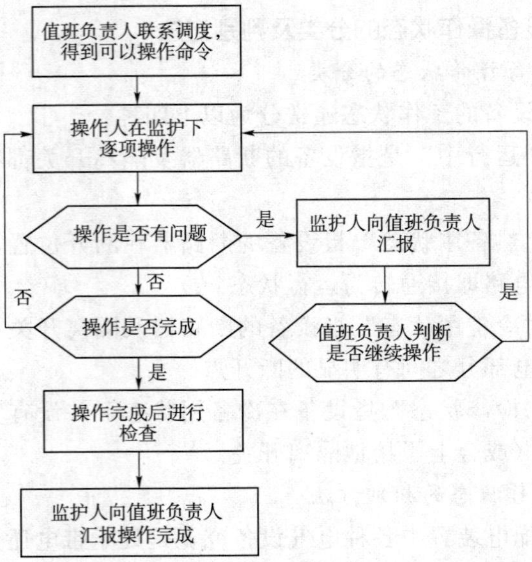

图 4.4　电气倒闸操作执行中

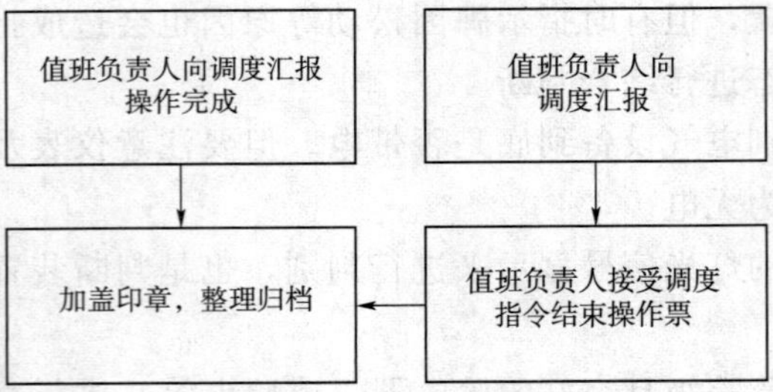

图 4.5　电气倒闸操作结束

（2）发布和接受操作指令时，必须互报单位、姓名，使用规范术语，严格执行复诵、录音制度。对有双重命名的设备，下达操作任务时要按调度规程所规定的设备调度编号，使用双重命名；受令人接受操作任务时，应复诵核对无误，并记录发令人、发令时间等信息。发令及复诵声音要平稳，语言要清晰，发令或复诵不清楚者，严禁执行电气操作。

（3）有权发布、接受操作指令者名单应相互备查，实习而未经上岗考核合格者，不得发布、接受操作指令。

（4）凡发布配电网络运行方式变更、环网供电以及线路主干线全部停电的电气操作任务，配网运检班组必须提前 1 天以上与配网调度沟通确定操作方案（紧急情况除外）。

（5）下列情况可以不用填写操作票：

1）事故处理。

2）断开、合上开关的单一操作。

3）投上或取下熔断器的单一操作。

4）拉开唯一已合上的一组接地刀闸或拆除仅有的一组接地线。

（6）电气设备投入运行或转入热备用前，继电保护必须按规定投入。

（7）运行设备电气操作必须由设备运行管理单位有资格担任电气操作的人员实施，其他人员不得进行运行设备电气操作。

（8）在已断开断路器、拉开的隔离开关的操作把手上悬挂“禁止合闸，线路有人工作”标示牌。

2. 断路器操作原则

(1) 断路器允许断开、合上额定电流以内的负荷电流及切断额定遮断容量以内的故障电流。

(2) 断路器控制电源必须待其回路有关刀闸全部操作完毕后才退出，以防止误操作时失去保护电源。如果为了防止在断路器断开后至拉开刀闸的一段时间内开关误合上，可以在开关切开后立即拉开其合闸电源。

(3) 断路器合闸前，继电保护必须按规定全部投入。

(4) 断路器断开、合上后，应检查的断路器分合位置指示是否正确，检查三相电流指示是否正确，带电指示器指示是否正确。

(5) 操作 SF_6 开关前，应检查压力表指示是否正常。若发现异味、漏气时，应禁止操作，并由室内撤至室外。

3. 隔离开关操作原则

(1) 允许拉开、合上无故障的电压互感器、避雷器 。

(2) 10kV (20kV) 户外三联隔离开关可拉开、合上电压在 10kV (20kV) 及以下，电流在 9A 以下的负荷电流。

(3) 10kV (20kV) 单相隔离开关可拉开、合上励磁电流不超过 2A 的空载变压器和电容电流不超过 5A 的空载线路。

(4) 手动操作刀闸时，必须戴绝缘手套，雨天室外操作应使用带防雨罩的绝缘棒、穿绝缘靴。接地网电阻不符合要求的，晴天也应穿绝缘靴。

(5) 逐相操作的刀闸和跌落保险的操作顺序：

1) 三相水平排列者，停电时应先拉开中间相，后拉开两边相；大风时先拉开下风相，再拉开中间相，后拉上风相。送电操作顺序与此相反。

2) 三相垂直排列者，停电时应从上到下拉开各相；送电操作顺序与此相反。

4. 负荷开关操作原则

(1) 负荷开关允许断开、合上额定电流以内的负荷电流，禁止使用负荷开关断开故障电流。

(2) 负荷开关断开、合上后，应检查负荷开关分合位置指示是否正确，检查三相电流指示是否正确，开关状态指示灯指示、带电指示器指示是否正确。

(3) 在操作 SF_6 负荷开关前发现异味、异响、漏气时，应禁止操作，人员由室内撤至室外并立即远离现场。室外应远离漏气点 10m 以上，并处在上风口。

(4) 负荷开关的机械闭锁应灵活、可靠，禁止将机械闭锁损坏的负荷开关投入运行或列为备用。

(5) 在进行操作的过程中，遇有负荷开关跳闸时，应暂停操作。

5. 变压器的操作原则

变压器停电与送电操作原则，具体如下：

(1) 停电。一般应先断开低压侧支线线路开关，再断开低压侧的总开关，最后断开高压侧开关（负荷开关）或跌落式熔断器，并列运行的变压器停电时可根据实际情况调整顺序。

(2) 送电。一般应先送高压侧、再送低压侧先按照从高到低的顺序合上（负荷开关）

或跌落式熔断器和低压总刀闸，然后合上低压出线开关。

(3) 无载调压的变压器分接开关更换分接头后，必须先测量三相直流电流电阻合格后，方能恢复送电。

6. 线路操作原则

线路上开关操作原则如下：

(1) 停电。先拉开断路器，再拉开刀闸。对于开关两侧都有刀闸的，断开断路器后，先拉开负荷侧刀闸、后拉开电源侧刀闸。

(2) 送电。先合刀闸、后合断路器。对于开关两侧都有刀闸的，先合电源刀闸、后合负荷侧刀闸、最后合断路器。

7. 停电验电、接地原则

(1) 停电设备的各端，应有明显的断开点，若无法观察到停电设备的断开点，应有能够反映设备，运行状态的电气（包括带电指示）和机械等指示。不应只在断路器断开电源的设备上工作。

(2) 可直接在地面操作的断路器、负荷开关、隔离开关操作完后应在操作机构上加锁。不能直接在地面操作的断路器、负荷开关、隔离开关操作完后应悬挂标示牌，必要时（如夜间作业）可采取专人看守。跌落式熔断器的熔管应摘下或悬挂标示牌。

(3) 在已停电的设备上验电前，除确认验电器完好、有效外，还应在相应电压等级的有电设备上检验报警正确，方能到需要接地的设备上验电。验电时必须戴绝缘手套，禁止使用电压等级不对应的验电器进行验电。

(4) 电气设备需要接地操作时，必须先验电，验明确无电压后方可进行合接地刀闸或装设接地线的操作。

(5) 验电完毕后，应立即进行接地操作。验电后因故中断未及时进行接地，若需继续操作必须重新验电。

(6) 验电、装设接地线应有明确位置，并明确杆塔大小号侧，装设接地线或合上接地刀闸的位置必须与验电位置相符，接地线必须有编号，禁止重复编号。

(7) 装设接地线应先在专用接地桩上做好接地，再接导体端，拆除顺序相反。禁止用缠绕方法装设接地线。装设接地线时必须戴绝缘手套，穿绝缘靴。需要使用梯子时，禁止使用金属材料梯。

(8) 对同杆架设的多层、同一横担多回线路验电时，应先验低压、后验高压，先验下层、后验上层，先验近侧、后验远侧。线路中联络用的断路器、隔离开关或其组合进行检修时，应在两侧分别验电。

(9) 对同杆架设的多层、同一横担多回线路接地时，应先接低压、后接高压，先接下层、后接上层，先接近侧、后接远侧。拆除接地线时操作顺序相反。工作中，需要断开耐张杆塔引线（连接线）或拉开断路器、隔离开关时，应先在其两侧装设接地线。

(10) 对于具有“五防”功能的高压开关柜（包括断路器柜、负荷开关柜），在未合接地刀闸前打不开柜门、无法进行直接验电的，可进行间接验电。即通过设备的机械指示位置（例：开关摇至分离/试验位置）、电气指示、带电显示装置、仪表和各种遥测、遥信等信号的变化来判断。判断时应有两个及以上的指示，且所有指示均已同时发生对应变化

（例：设备停电前检查带电显示器显示有电、设备停电后，检查带电显示器显示无电），才能确认设备已无电。对下进线的开关柜，须向调度确认进线电源确已停电，且进线侧带电指示装置、仪表和电气指示均与设备状态一致时，才能确认设备已停电。

（11）采用间接验电并合上接地刀闸的开关柜，若需在柜内进行工作，应在柜门打开后先进行验电，验明确无电压后检查接地刀闸确已合好（无法检查接地刀闸合上情况的除外），才能开始工作。

（12）在电容器组上验电，应待其放电完毕后再进行。

（13）不能直接验电的母线合上接地刀闸前，必须核实连接在该母线上的全部刀闸已拉开且闭锁，检查连接在该母线上的电压互感器的二次空气开关（熔断器）已全部断开。

（14）当新建、扩建、改造、备用设备间隔的所有工作票结束后，应立即将该间隔的所有接地刀闸拉开，拆除所有的临时接地线，把该间隔转为冷备用状态。

4.3.4 电气操作票的填写

操作票是进行电气操作的书面依据，包括变电、配电操作票。在1kV以上的设备上进行倒闸操作时，必须得到电气负责人命令或根据工作票内容与要求，按规定格式正确地填写倒闸操作票。操作票的格式见表4.8。

表4.8　　操　作　票

＿＿＿＿＿＿＿＿电气操作票　　　编号：

发令单位			发令人		
受令人			受令时间	年　月　日　时　分	
操作开始时间	年　月　日　时　分		操作结束时间	年　月　日　时　分	
操作任务					
操作	顺序	操作项目			
备注					
操作人		监护人		操作班负责人	

1. 电气操作票的术语

(1) 发令单位是发出操作指令的单位，一般指调度或设备运行单位。

(2) 发令人是发出操作任务或命令的人员，一般均由当值调度员或电气负责人发令，任务或命令可用书面或口头形式发布，重要的操作任务应进行录音。

(3) 受令人是接受电气操作任务（指令）的人员；受令人必须是运行部门运行人员。

(4) 操作人是指执行操作的人员，在监护人的指令和监护下实施电气操作。

(5) 监护人是指在操作过程中的现场发令人，根据操作票内容（或事故处理过程中，根据实际情况确定的操作内容），向操作人逐项发布操作指令；并在确认操作人复诵的操作指令正确无误的情况下，允许操作人操作和确认操作结果。同时，对操作人实施有效监护。

(6) 操作班负责人指配电运行单位（供电所、供电公司等）的当值负责人。

(7) 操作任务将一种电气运行方式改变为另一种运行方式；将一台电气设备（或一条线路）由一种状态（运行、热备用、冷备用、检修）改变到另一种状态；一系列相互关联、并按一定顺序进行的操作。

(8) 操作动词术语，见表 4.9。

表 4.9　　操作动词术语

序号	操作设备	统一操作术语
1	开关（包括空气开关、负荷开关）	"断开""合上"
2	刀闸（包括接地刀闸）、跌落式开关	"拉开""合上"
3	熔断器	"取下""投上"
4	线夹	"解下""装上"
5	临时接地线、绝缘挡板	"装设""拆除"
6	标示牌	"悬挂""取下"
7	小车 COMPASS	"拉至""推至""摇至"
8	CT 端子	"连通""短接""解开"
9	保护压板	"投入""退出"
10	位置开关、转换开关	"切换"
11	变压器分接头位置	"调整"

(9) 位置术语，见表 4.10。

表 4.10　　位置术语

序号	设备	统一位置术语	含义
1	开关	分闸位置	开关在断开后状态
		合闸位置	开关在合上后状态
2	刀闸（包括接地刀闸）	拉开位置	刀闸（包括接地刀闸）在断开后状态
		合上位置	刀闸（包括接地刀闸）在合上后状态

续表

序号	设备	统一位置术语	含 义
3	开关小车位置	工作位置	开关在运行或热备用状态时
		试验位置	开关在冷备用状态时
		分离位置	开关在检修状态时
4	刀闸小车位置	工作位置	小车在运行状态时
		试验位置	小车在冷备用状态时
		分离位置	小车在检修状态时

2. 操作票的填写要求

(1) 操作票应由操作人填写，监护人初审，值班负责人复审。

(2) 操作票的填写应使用蓝色、黑色钢笔或圆珠笔，禁止使用铅笔或红色笔。

(3) 操作票的内容应无歧义，字迹清楚，不得涂改。

(4) 每份操作票只能填写一个操作任务，操作票应保证电气操作的完整性。对于以下情况，可以采用一份操作票，但操作顺序必须符合相关要求，除以下情况外：

1) 同一启动方案的设备、变电站启动的操作。

2) 按同一调度令进行的220kV及以下电压等级两回或以上两端厂站对应相同的线路停送电，如果线路起止状态完全相同，允许合并为一个操作任务。

3) 按同一调度令进行的10kV (20kV) 多回线路同时停（送）电的操作。

4) 按同一调度综合令进行的同一段10kV (20kV) 母线多个间隔停（送）电的操作。按同一调度综合令进行的500kV变电站同一段35kV母线多个间隔停（送）电的操作。

5) 对于变压器及其各侧开关同时由运行状态转为检修状态或由检修状态转为运行状态的操作。

(5) 如果调度采用逐项令下令，只要逐项令不改变操作票的操作顺序，可采用一份操作票填写，但在操作票中应有明确的“汇报调度”和“再经调度令”的操作项目。

(6) 填写操作票应正确使用调度术语，设备名称编号应严格按照现场安健环设施标志填写。必须严格使用相关操作术语和位置术语。

(7) 电气操作票由操作人填写，填写前应根据配网调度员指令明确操作任务，了解现场工作内容和要求，并充分考虑此项操作对其管辖范围内设备的运行方式、继电保护是否满足有关要求。

(8) 一份操作票只能填写一个操作任务，一项连续操作任务不得拆分成若干单项任务而进行单项操作。

(9) 操作项目不得并项填写，一个操作项目栏内只允许有一个动词；使用一次动词投退同类性质的保护压板的操作视为并项操作，同一套保护或同一线路的保护每块压板均要写明双重命名。一台开关的保护电源、控制电源、合闸电源、信号电源不能同项填写。

(10) 如一页票不能满足填写一个操作任务项目时，应紧接下一张操作票进行填写，在前一页操作票下面留一空白行，填写“下接××××××号操作票”，在对应操作内容的下一张操作票的第一行注明“上接××××××号操作票”字样。操作票连续多页时操作任务只填写在第一页对应栏。

(11) 多页票时间、签名填写。时间只填写在第一页相应栏，操作人、监护人、配网运行值班负责人必须在每一页的相应栏亲笔签名。

(12) 受令人、操作人不能为发令人。

(13) 除现场执行中需要填写的内容外，不得对计算机打印的操作票进行手工修改(包括用涂改液)和添加。

(14) 停电操作票中的接地线编号不允许提前用电脑打印，而应根据现场装设的接地线编号进行人手填写。送电操作票可根据现场装设的接地线编号电脑打印。

(15) 操作项目应逐项按逻辑顺序逐行填写，不得空行。在操作内容结束的下一行填写“以下空白”。

(16)“操作项目”栏填写的内容如下：

1) 断开、合上的开关和拉开、合上的刀闸。

2) 检查开关和刀闸的位置。

3) 合上刀闸前检查开关在分闸位置。

4) 拉开、合上接地刀闸。

5) 检查接地刀闸的位置。

6) 装设、拆除的接地线及编号。

7) 继电保护和自动装置的调整。

8) 检查负荷分配。

9) 投入或取下二次回路及电压互感器回路的熔断器。

10) 断开或合上空气开关。

11) 检查、切换需要变动的保护及自动装置。

12) 投入、退出相关的保护压板。

13) 投入、退出开关等设备的操作电源、控制电源。

14) 在具体位置检验确无电压(合接地刀闸、装设接地线前)。

15) 装设或拆除绝缘挡板或绝缘罩。

16) 核对现场设备的运行状态。

17) 线路检修状态转换时，操作后悬挂和拆除标示牌。

(17) 操作票应编号，操作后应注明或盖戳“已执行”，并保存至少3个月。

(18) 下列项目，不应填入操作票：

1) 在模拟接线图板上进行模拟操作。

2) 除“禁止合闸，线路有人工作”外的标示牌悬挂和遮拦装设。

3) 防误装置的电脑钥匙和锁具的操作。

3. 执行操作票的步骤及注意事项

操作票的执行步骤是不能省略也不能简化的。流程中，执行操作票的步骤一般按下面规定执行：

(1) 电气负责人根据电气设备及线路的运行状况确定检修任务或安装任务，并初步确定工期。

(2) 电气负责人或值班长向作业负责人布置作业任务及计划，或者作业负责人向值班员申请作业任务。

(3) 值班员向上级请示，正式将作业任务及计划批复结果通知作业负责人。

(4) 作业负责人进行现场勘察并进行作业准备（包括安全措施），同时作业负责人向工作票签发人办理并填写操作票。

(5) 作业负责人将操作票提前送到变配电所（室），或者将操作票的内容电话通知值班员。

(6) 作业负责人向作业许可人办理签发手续，并由作业许可人审查操作票内容和安全措施。

(7) 作业许可人补充安全技术措施，并签发操作票。

(8) 根据操作票或调度员的命令，值班员填写停电倒闸操作票。

(9) 作业许可人向作业负责人做开工前的安全交底及技术交底。

(10) 停电。

(11) 验电。

(12) 放电及挂接地线。

(13) 做隔离安全措施，如临时遮拦、标示牌。

(14) 作业负责人检查安全措施符合安全规程后，作业负责人和作业许可人在操作票上签字，办理开工手续。

(15) 作业负责人带领作业人员到现场，并向所有作业人员交代操作票内容、人员分工、开工前的安全交底及安全注意事项等。

(16) 作业负责人带领作业人员进行作业，在作业期间，监护人要不断对班组作业人员进行监护，安全员应行使自己的职责。

(17) 操作票执行期间，作业许可人要经常深入到现场检查监护是否在进行，安全措施是否在变动，发现异常应立即纠正。

(18) 按照规程要求，办理操作票在执行期间的变动、间断、转移等手续，并随时监督安全措施的执行情况。

(19) 作业结束时，执行作业终结制度，清点工具，打扫清理现场，全体作业人员撤离现场，并报告值班员。

(20) 变配电所（室）值班员验收工程合格，作业负责人填写检修试验报告并签名。大型检修工程应由电气负责人或企业负责人组织各类人员进行验收。

(21) 办理操作票结束手续，作业负责人和值班负责人签字。

(22) 拆除临时接地线、遮拦及其临时安全措施，并检查作业范围内的设备线路及安全措施是否均恢复到正常状态。

(23) 向值班调度员或电气负责人报告已竣工，并请求送电。

(24) 按调度命令和操作票步骤拆除调度员下令装设的接地线，进行恢复送电操作。

(25) 向值班调度员报告恢复送电时间及送电后设备线路的运行情况。

(26) 交回操作票，并归档保存。

(27) 作业负责人组织作业班组进行总结，必要时电气负责人及值班负责人应参加总结。

4.4　变电所安全制度及事故处理

4.4.1　变电所安全制度

“两票三制”是变电所安全生产保证体系中最基本的制度之一，“两票”是指工作票、操作票，其作用、要求及执行过程等在前面已经做了重点介绍，这里不再重复。“三制”是指交接班制度、设备巡视检查制度、设备定期试验及轮换制度。下面主要介绍交接班制度、设备巡视检查制度、设备定期试验及轮换制度。

1. 交接班制度

变电所电气值班人员上、下班必须履行交接手续。交接班由值班负责人组织，双方值班员列队在模拟图板前交接，接班在前，交班在后。交班值班负责人手持值班记录簿，高声汇报值班情况，要内容齐全、交接清楚；接班人员要精力集中，认真听取交班汇报，做到运行情况清楚、现场检查正常，双方负责人签字为交接完毕。交班前值班负责人应按照“交班责任书”项目要求，逐项检查落实，应交代的事项写在值班记录簿中。交班必须做到“五清、四交班”。“五清”即：讲清、看清、问清、查清、点清；“四交班”即：站队交班、图板交班、现场交班、实物交班。

(1) 交接班的主要项目：

1) 变电所的运行方式、系统异常运行及事故处理情况、模拟图板的变动情况

2) 各项操作任务的执行情况，包括已执行操作票、待执行操作票、空白操作票。

3) 保护和自动装置运行及变化情况。

4) 执行中的工作票情况、待执行的工作票情况，现场安全措施、接地线的数量和地点。

5) 设备检修情况、缺陷情况、信号异常等。

6) 各种记录簿、资料、图纸的收存保管情况。

7) 上级命令或通知。

8) 仪器、工具、材料的完备情况。

9) 下一值应做的工作和注意事项。本所运行方式。

(2) 交接班的几项规定：

1) 履行交接班手续后，方可交接班。

2) 事故处理或执行倒闸操作时，禁止交接班。

3) 接班人员不齐不交接班。

4) 交接班小结内容不全、不清楚不交接班。

5) 不到现场进行交接，不接班。

6) 特殊情况，应向上级请示。

7) 交接后值班负责人立即召开收工会，认真总结工作，人员撤离变电站。

(3) 接班后负责人立即召开开工会，内容为：

1) 安排当班的工作，针对当班的实际工作情况，分析危险点，制订保障安全的措施。

2) 各种学习的时间安排。

3）设备巡视检查人员的安排。

4）预计倒闸操作票的填写、审核、人员安排。

5）设备检修开工、验收等相关工作的安排。

6）定期维护工作的安排。

7）值班负责人向调度员核对次日设备检修计划、校对时钟等工作。

2. 设备巡回检查制度

巡回检查是生产人员对生产现场设备运行情况进行检查，及时发现设备异常，防止设备事故，保证设备安全经济运行必不可少的主要措施，巡回检查的内容包括：交接班检查、定期巡回检查、预防性检查、特殊情况检查。

(1) 巡回检查的要求：

1）各类检查均应由能独立工作的生产管理人员、检修、运行人员进行，单独巡视高压设备的人员必须经安全生产部批准。

2）巡回检查人员必须遵照本变电站制定的巡回检查规定，按照所规定的时间、路线和项目进行检查，做到检查严、细、无遗漏。

3）巡回检查时必须携带必备的检查工具。

4）巡回检查中不允许随意拆除检修安全措施、挪动和跨越遮拦，以及乱动正在运行的设备等。

5）巡回检查时应思想集中，做到"五到"，即：腿要跑到、眼要看到、耳要听到、手要摸到、鼻要嗅到。

6）需要重点检查的设备有：

a. 过负荷及长期满负荷运行的设备。

b. 处于异常运行及有缺陷的设备。

c. 刚操作或调整完毕的设备。

d. 新投入运行的设备、检修后投入运行的设备。

(2) 巡回检查周期及内容：

1）变电站巡视检查每天一次。巡视内容包括变压器、六氟化硫开关、刀闸、电容器及高压开关柜等设备运行是否正常等。

2）场内集电线路每天检查一次。检查内容包括杆塔倾斜、横担歪扭及杆塔部件锈蚀变形、缺损情况；导线、地线锈蚀、断股、损伤或闪络烧伤情况；拉线松紧情况；避雷器及电缆有无异常情况；金具、绝缘子是否完好等。

3）箱变检查每月一次。检查内容包括声音、温度、油位、状态指示及是否有打火放电现象等。

(3) 值班人员定期巡视检查：

1）值班人员巡回检查按变电站规定的检查路线和内容进行。

2）值班人员在巡检中如发现危及设备或人身安全时，除按有关规定采取紧急措施外，立即汇报值长。

3）巡检人员必须做好巡检记录，并将巡检中发现和处理的设备缺陷记入设备缺陷登记簿内，暂时不能处理，且不影响安全运行的缺陷列入设备大、小修计划处理。

3. 设备定期试验及轮换制度

为保证设备的完好性和备用设备完好的处于备用状态，应定期对设备及备用设备、事故照明、消防设施等进行试验和切换使用。设备定期试验和轮换制度的一般规定：

(1) 各岗位设备定期切换与试验由岗位值班员具体负责，试验数据及轮换的结果，岗位负责人应详细填入值班记录中和定期工作记录簿并签字。

(2) 对系统有影响的电气设备切换试验应由值长联系有关单位后方可进行。

(3) 试验与切换应执行操作监护制度，一人试验一人操作，试验有关人员必须到现场。

(4) 主要试验及主要动力设备的轮换，要经值长同意后方可进行；间隔时间内进行过试验或轮换的设备经值长同意后可以不进行轮换，但应做好记录。

(5) 设备试验与轮换过程中运行工况应稳定，并做好专业、工序间的联系和配合，确保试验数据的准确和操作过程中的安全。

(6) 试验与轮换后的设备要具备备用条件。

(7) 因故不能试验与轮换的设备或项目，要将其原因记录在值班记录和试验记录簿内，等具备试验或轮换条件时补做。

(8) 试验中发现问题及时联系有关单位处理，不应无故拖延，并做好异常情况记录。

(9) 机组大小修前后及设备改进前、后的试验工作应按运行规程规定或试验措施进行。

(10) 各种试验工作的进行不得违反安规，应确保人身和设备的安全，试验前应联系好，试验后应复原方式。

4.4.2　变电所事故处理

4.4.2.1　变电所常见事故类别及起因

变电所发生的事故都有一定的原因，设计、安装、检修、运行中存在的问题和设备缺陷都会引起事故；由于值班人员业务不熟悉或违反规章制度也会造成事故。整个变配电系统中，由于设备种类繁多，可能发生的故障类别也就较多。一般常见的事故或故障类别及其起因如下：

(1) 断路。断路故障大多出现于运行时间较长的变配电设备中，原因是由于受到机械力或电磁力的作用，受到热效应或化学效应的作用等，使导体严重氧化造成而造成断线。断路故障可能发生在中性线或相线上，也会发生在设备或装置内部。

(2) 短路。由于绝缘老化、过电压或机械作用等，都可能造成设备或线路的短路故障。因短路可能出现一相对地、相与相之间及设备内部匝间短路等故障。

(3) 错误接线。错误接线绝大多数是由于工作人员的过失而造成的。在检查、修理、安装、调试等过程中，可能会发生错误接线，所以，在每次接线后都应注意进行仔细核对。常见的错误接线有相序接错、变压器一次侧接反或极性错接等。

(4) 错误操作。常见的错误操作如带负荷拉、合隔离开关；带地线合闸；带电挂接地线（或带电合接地隔离开关）；误拉、合断路器；误入带电间隔等，大多由于未按照安全规程及措施（包括组织措施和技术措施）操作而引起的。

根据运行经验及事故统计变配电所较严重的事故有以下几种：线路事故、变压器事故、电气误操作事故、所用交直流电源事故。

4.4.2.2 变电所处理事故的一般原则

（1）正确判断事故的性质和范围，迅速限制事故的发展，消除事故的根源，解除对人身和设备的威胁。

（2）用一切可能的办法保持无故障设备继续运行，以保证对用户的正常供电。

（3）尽快对已停电的用户恢复供电，并优先恢复站用电和重要用户的供电。

（4）调整电力系统的运行方式，使其恢复正常运行。

（5）将损坏设备隔离，为检修工作做好安全措施，以便缩短抢修时间。

4.4.2.3 常见事故处理方法

1. 线路事故处理

线路事故按短路类型分为单相接地故障、相间接地故障、相间短路故障，按性质类型分瞬时性故障和永久性故障。

运行经验表明，单相接地故障占输电线路故障80%左右。由于线路上普遍采用自动重合闸，线路发生瞬时性故障，自动重合闸动作，使线路在极短时间内恢复运行，这大大提高了供电可靠性。

（1）线路事故的主要现象：

1）事故音响、预告警铃，线路断路器变位，故障线路的电流、功率等遥测值发生变化。

2）监视系统显示线路保护动作、重合闸动作等光字牌。

3）监视系统告警窗显示压电源启动、故障录波器启动等信号。

4）故障线路保护屏显示保护动作情况、故障相别、跳闸相别、重合闸动作情况。

（2）线路保护动作跳闸事故处理原则：

1）线路保护动作跳闸时，运行值班人员应认真检查保护及自动装置动作情况，检查故障录波动作情况，分析保护及自动装置的动作行为。

2）及时向调度汇报，便于调度及时、全面地掌握情况，进行分析判断。

3）线路保护动作跳闸，无论重合闸装置是否动作或重合闸成功，均应对断路器进行外部检查。主要检查断路器的三相位置、油位、油色及有无喷油等异常情况。

4）凡是线路保护动作跳闸，应检查断路器所连接设备、出线部分有无故障现象。

5）充电运行的输电线路，跳闸后一律不试送电。

6）全电缆线路（或电缆线路较长的线路）保护动作跳闸以后，未查明原因不能试送电

7）断路器容量不够、事故跳闸次数累积超过规定，重合闸装置退出运行，保护动作跳闸后，一般不能试送电。

（3）事故分析依据及处理方法。

1）事故分析依据：①后台信号；②现场信号；③保护屏信号。

2）处理方法：①根据各种信息初步判断事故的性质及可能的范围；②检查一次、二次设备异常及动作情况，进一步分析、准确地判断事故的性质和影响的范围，并立即采取必要的应急措施，如对允许强送电的设备进行强送电，停用可能误动的保护、自动装置

等；③迅速隔离故障点，恢复非故障设备的供电，对故障开关或线路进行停电检修。

(4) 瞬时性故障跳闸，重合闸动作成功的处理：

1) 记录故障时间、检查后台遥信、遥测。

2) 根据现象初步判断故障性质、范围、将跳闸线路名称、时间、保护动作情况等向调度简要汇报。

3) 现场检查断路器实际位置及电流互感器到出线第一级杆塔的一次设备有无短路、接地现象，检查开关外观是否正常，开关位置与事故信息是否一致。

4) 将一次设备检查结果及分析情况再次详细汇报调度及有关生产部门，做好相关记录。

(5) 永久性故障跳闸，重合闸动作未成功的处理：

1) 记录故障时间、检查后台遥信、遥测。

2) 根据现象初步判断故障性质、范围、将跳闸线路名称、时间、保护动作情况等向调度简要汇报。

3) 现场检查断路器实际位置及电流互感器到出线第一级杆塔一次设备有无短路、接地现象，检查开关外观是否正常、压力是否正常，然后对保护动作情况结合分析，确定断路器是否确实进行过一次重合闸，排除断路器因机构原因合不上而造成断路器不成功情况。

4) 如果线路保护动作两次并且重合闸动作，可判断线路上发生了永久性短路故障，重合闸不成功，原则上应排除故障后再送电，对单电源架空配电负荷线路是否强送电一次，就严格按照调度规程执行。

5) 将一次设备检查结果及分析情况再次详细汇报调度及有关生产部门，做好相关记录。

(6) 线路故障跳闸，重合闸未动作的处理：

1) 记录故障时间、检查后台遥信、遥测。

2) 根据现象初步判断故障性质、范围、将跳闸线路名称、时间、保护动作情况等向调度简要汇报。

3) 现场检查断路器实际位置及 CT 外侧的一次设备有无短路、接地现象，检查开关外观是否正常，开关位置与事故信息是否一致。

4) 对 110kV 的馈线线路，在断路器外观未发现明显故障点，而重合闸正常投入未动作，可手动强送电一次，然后报告调度。

5) 对重合闸正常投入而重合闸拒动的线路，应汇报调度及上级有关部门，查找拒动原因。

(7) 线路跳闸，不宜强送电的线路：

1) 空充电线路。

2) 试运行线路。

3) 线路跳闸后，经备用电源自动投入已将负荷转移到其他线路上，不影响供电的线路。

4) 电缆线路。

低压侧后备保护动作的原因及动作后的主要检查工作，如下所述：

a. 低压侧后备保护动作的原因：①低压线路发生故障跳闸，保护拒动或开关拒动；②低压母线发生故障（未装设母差保护）。

b. 低压侧后备保护动作后主要检查工作：包括低压母线是否发生短路故障或者是低压线路故障保护拒动或开关拒动。

5）主变压器中性点间隙保护动作。

a. 间隙保护动作的原因：中性点不接地的变压器带单相接地故障运行时，会引起间隙保护动作。

b. 间隙保护动作后主要检查工作：包括高、中压系统的越级跳闸及保护误动、误整定。

（5）变压器事故处理的步骤：

1）变压器保护动作跳闸后，运行人员首先应记录事故发生时间、设备名称、开关变位情况、主要保护和自动装置动作信号等事故信息。

2）检查受事故影响的运行设备状况，主要是指两台主变压器并列运行，如一台主变压器跳闸，另一台主变压器运行状况及站用变压器运行情况。

3）立即检查主变压器中性点接地情况，根据实际情况完成接地操作。

4）检查站用系统电源是否切换正常，直流系统是否正常。

5）将以上信息、天气情况、停电范围和当时的负荷情况及时汇报调度和有关部门，便于调度及有关人员及时、全面地掌握事故情况，进行分析判断。

6）记录保护及自动装置屏上的所有信号，检查故障录波器的动作情况。打印故障录波报告及微机保护报告。

7）检查保护范围内一次设备。

8）将详细检查结果汇报调度和有关部门，根据调度命令进行处理。

9）事故处理完毕后，运维人员填写运行日志、事故跳闸记录、断路器分合闸记录等，并根据断路器跳闸情况、保护及自动装置的动作情况、事件记录、故障录波、微机保护打印报告及处理情况，整理详细的事故经过。

（6）变压器事故处理的注意事项：

1）如果变压器内部故障，应立即停止故障变压器潜油泵的运行，以免扩散故障产生的金属微粒和碳粒。

2）若变压器跳闸时没有系统冲击，录波器没有故障波形，外观检查未发现任何内部故障的征象，则应考虑到保护误动的可能性。若重瓦斯保护动作跳闸，但其信号不能复归，则是重瓦斯触点被短路而引起的保护误动作。若变压器充电时正常，带负荷时差动保护动作跳闸，则有差动保护误接线引起保护误动的可能。应引起注意的是：较轻的短路故障引起的主保护动作跳闸，由于故障产生的气量不是很多，气体从油中析出并聚集于气体继电器中需要一段时间（特别是在变压器内油温较低、油黏度较大的情况下）。因而变压器跳闸当时轻瓦斯没有动作不能作为保护误动的判断依据。

3）主变压器因保护误动跳闸，在查明保护误动以后，可以不经内部检查，在至少保留一种主保护的情况下，停用误动的保护给主变压器送电。

4）变压器两种主保护同时动作跳闸，应认为变压器内部确有故障，在未查明故障性质并消除以前不得试送电。

5）变压器后备保护动作跳闸时，应根据何种保护动作和在变压器跳闸时有何种外部现象（如外部短路、变压器过负荷等），具体分析变压器跳闸原因，做出相应的处理。越级跳闸的要在隔离故障点以后逐级恢复送电；变压器内部故障或未发现故障点的应对变压器进行检查试验，在未查明故障并消除之前一般不应送电；而明显由人员误触或保护误动造成变压器跳闸的，可立即恢复变压器送电（保护误动的可先停用误动保护）。

a. 变压器中、低压侧方向指向系统的相间阻抗保护、接地阻抗保护以及方向过电流保护或零序方向过电流保护动作，三绕组变压器的一侧断路器跳闸，是母线短路故障或线路越级跳闸所引起的。应检查相应母线及线路设备。隔离故障点以后可以逐级恢复送电。

b. 变压器中性点间隙过电压、间隙过电流动作跳闸，是由变压器中性点过电压引起的。若两台主变压器同时跳闸，一般是由于母线或线路发生接地短路故障时故障元件的保护拒动或断路器拒分，越级至中性点接地变压器跳闸，而引起中性点不接地变压器中性点过电压而跳闸。应检查相应母线及线路设备，在隔离故障点以后恢复变压器送电。

c. 变压器过电流保护或零序过电流（无方向）保护动作，变压器各侧断路器跳闸，应检查变压器及相应母线、线路设备，综合分析故障现象，区分是变压器故障还是母线或线路故障。若变压器轻瓦斯动作、母线及线路无任何故障现象，则为变压器内部故障；若有线路断路器保护动作，变压器无任何内部故障的征象，则为线路故障断路器拒跳越级跳闸；若变压器跳闸同时无其他故障现象，则应检查试验变压器，并排除保护误动的可能。

（7）变压器起火事故处理。

1）变压器起火的主要原因：①套管的破损和闪络；②油在油枕的压力下流出并在顶盖上燃烧；③变压器内部故障造成外壳或散热器破裂，使燃烧的变压器油溢出；④变压器周围用喷灯或者有烟火等情况。

2）变压器起火的处理要点：①变压器起火时，首先应检查变压器各侧开关是否已跳闸，否则应立即手动拉开故障变压器各侧开关，立即停运冷却装置，立即拉开变压器各侧电源；②立即切除变压器所有二次控制电源；③立即启动灭火装置，没有灭火装置的应使用灭火器进行灭火。如果使用水或泡沫灭火器灭火，要防止水或灭火液喷向其他带电设备；④立即向消防部门报警、立即将情况向调度及有关部门汇报；⑤确保人身安全的情况下采取必要的灭火措施，如果大火无法控制，应切除与变压器连接的所有电缆，防止大火蔓延至主控制室。

3. 电流互感器异常及事故处理

（1）电流互感器异常处理概述。

1）电流互感器在运行中，运行人员应定期进行检查，以保证安全运行，检查内容：①电流互感器应无异常声音及焦臭味；②电流互感器连接接头应无过热现象；③电流互感器瓷套应清洁，无裂痕和放电声；④注油的电流互感器，要定期进行油化试验，以检查油质情况，防止油绝缘能力降低；⑤对环氧式电流互感器，要定期进行局部放电试验，以检查绝缘水平，防止爆炸起火；⑥对 SF_6 电流互感器，要检查压力是否正常。

2）电流互感器在运行中，要防止二次侧开路而危及人身及设备安全，造成二次侧开路的原因有：①端子排上电流回路导线端子的螺钉未拧紧、松动脱落，造成电流互感器二次侧开路；②保护盘上，电流互感器端子连接片未放或铜片未接触而压在胶木上，造成保护回路开路，相当于电流互感器二次侧开路；③切换三相电流的切换开关接触不良，造成电流互感器二次侧开路。

在运行中，电流互感器如有开路现象，会引起电流仪表、继电保护的不正确动作（或指示）。

3）电流互感器二次回路的操作，一般在断路器断开后进行，以防止电流互感器二次侧开路。在停电的情况下停用电流互感器，应将纵向连接端子连接片取下，然后在电流互感器侧横向短接。

（2）电流互感器常见的异常、事故判断及处理。

1）电流互感器过热，可能是内、外接头松动，一次过负荷或二次开路。

2）互感器产生异常声音，可能是铁芯或零部件松动，电场屏蔽不当，二次开路或电位悬浮，末屏开路及绝缘损坏放电。

3）绝缘油溶解气体色谱分析异常，若仅氢气含量超标，且无明显增加趋势，其他组份正常，可判断正常。

4）电流互感器二次回路开路处理：①立即报告调度，按继电保护和自动装置有关规定退出有关保护；②查明故障点，在保证安全前提下，设法在开路处附近端子上将其短路，短路时不得使用熔丝，如不能消除开路，应考虑停电处理；③互感器着火时，应立即切断电源，用灭火器材灭火。

5）发生不明原因的保护动作，除核查保护定值选用是否正确外，还应设法将有关电流互感器退出运行，进行电流复合误差、电压误差试验和二次回路压降测量。

6）当发生下列情况之一时，应立即将互感器停用（注意保护的投切）：①高压套管有严重裂纹、破损，互感器有严重放电，已威胁安全运行时；②互感器内部有严重异音、异味、冒烟或着火；③SF_6气体绝缘互感器严重漏气、压力表指示为零；④互感器本体或引线端子有严重过热时；⑤膨胀器永久性变形或漏油；⑥压力释放装置（防爆片）已冲破；⑦电流互感器二次侧开路。

4. 电压互感器常见的异常、事故判断及处理

（1）电压互感器常见的异常判断：

1）二次电压波动，二次连接松动，分压器低压端子未接地或未接载波线圈。

2）运行时有异音，可能由于二次回路短路、接地，或螺栓松动。

3）运行中的出现渗、漏油情况时，应视设备的油位和渗漏速度再决定处理方式。运行中的电压互感器渗漏情况严重时，应联系调度和上级领导，并经调度命令，再进行处理。

4）运行中的电压互感器支持瓷瓶闪络等异常故障时，应立即进行隔离。

（2）电压互感器二次回路断线的处理原则：

1）当电压互感器二次小开关跳闸或熔断器熔断时，应特别注意该回路的保护装置的动作情况，必要时经调度令停用有关保护，并查明二次回路是否短路或故障，经处理后再

合上电压互感器二次小开关或更换熔断器，加用有关保护。

2）如果是测量和计量回路，运行人员应记录其故障的起止时间，以便估算电量的漏计。

3）如经外观检查未发现短路点，在有关保护停用的条件下，允许试合一次。

4）无法自行处理，应通知专业人员进行处理。

（3）35kV不接地系统电压互感器高压熔断器一相熔断、低压空气开关脱扣和单相接地故障的区别：

1）单相接地。接地相电压降低，其他两相电压升高，后台发出“接地告警”（接地监察继电器动作）信号。

2）电压互感器高压保险熔断，熔断相电压降低（不为0），其他两相不变，后台发出“接地告警（接地监察继电器动作）、电压回路断线”信号。

3）电压互感器低压空开脱扣，每相电压都为0，后台发出“电压回路断线”信号。

（4）当发生下列情况之一时，应立即将互感器停用（注意保护的投切）：

1）电压互感器高压熔断器连续熔断2～3次。

2）高压套管有严重裂纹、破损，互感器有严重放电，已威胁安全运行时。

3）互感器内部有严重异音、异味、冒烟或着火。

4）SF_6气体绝缘互感器严重漏气、压力表指示为零；电容式电压互感器分压电容器出现漏油时。

5）互感器本体或引线端子有严重过热时。

6）膨胀器永久性变形或漏油。

7）压力释放装置（防爆片）已冲破。

8）电压互感器接地端子N（X）开路、二次短路，不能消除时。

5. 变电站全站失压的事故处理

（1）变电站全站失压的主要原因：

1）单电源进线变电站，电源进线线路故障，线路对侧跳闸。电源中断或本站设备故障，电源进线对侧（电源侧）跳闸。

2）本站高压侧母线及其分路故障，越级使各电源进线跳闸。

3）系统发生事故，造成全站失压。

4）严重雷击事故及外力破坏。

（2）变电站全站失压的特征：

1）站内交流照明全部熄灭。

2）各母线电压表、电流表、功率表均无显示（监控系统运行无数据）。

3）运行中的变压器无声音。

3）继电保护装置发“交流回路断线”等。

4）站内多台断路器跳闸。

5）故障录波等自动装置动作。

当全站失压时，由于失去站用电源，因此，直流系统失去浮充电源，蓄电池开始放电。

需要指出的是，当所有指示一次设备运行的电压表、电流表、功率表均无显示，且同时失去站用变时才能判定全站失压。

(3) 单电源进线运行的变电站全站失压事故处理。单电源进线运行的变电站，因电源进线线路故障或其他原因导致线路对侧（电源侧）跳闸，电源中断一般占多数。电源进线线路有故障，何时具备重新恢复送电的条件，一般难以断定。其处理程序一般为：

1）夜间应先合上事故照明，全面检查保护动作情况、所报信号、仪表指示、断路器跳闸情况，正确判断故障。

2）断开电容器组断路器，断开有保护动作信号的分路断路器，调整直流母线电压。

3）检查各母线及连接设备（主要是高压侧母线）和主变压器有无异常。检查电源进线和备用电源线路上有无电压。断开部分不重要负荷。

4）如果检查站内设备没有发现任何异常，站内没有保护动作信号。属于电源进线对侧断路器因线路故障或系统发生跳闸，电源中断。应断开失压的电源进线断路器（防止反充故障线路），迅速投入备用电源，如果其负荷能力具备条件，可以带全部负荷。否则，只能带部分重要的负荷和站用电。原电源进线来电后，恢复正常运行方式。

应当注意，如果是利用中、低压侧母线上的备用电源恢复供电时，必须防止反充高压侧母线。

(4) 有两个及以上电源的变电站全站失压事故处理：有两个及以上电源的变电站，指高压侧母线上有两个及以上电源，并且母线能分段。这类变电站只要不是单电源运行时，一般不会因电源中断造成全站失压。多电源的变电站，各电源进线，一般都不在同一段母线上运行。所以，母线上有故障时，故障点无论能否和母线隔离，均可以分网。处理方法如下：

1）夜间应先合上事故照明。全面检查保护及自动装置动作情况、报出的信号、仪表指示，断路器跳闸情况，并根据当时的运行方式判断故障。

2）断开电容器组断路器、有保护动作信号的断路器、联络线断路器、保护装置有异常的断路器。各段母线上，只保留一个电源进线，其余电源断开。断开不重要用户断路器。争取和调度取得联系，听从调度指挥。调整直流母线电压正常。

3）检查站内设备（主要是高压侧母线及连接设备、主变压器）有无异常。检查各电源进线、备用电源、联络线线路上有无电压（检查线路重合闸的同期、同期装置的并列、线路上验电等）

4）如果检查站内设备没有发现故障现象，可能是系统发生故障所致，应断开有保护动作信号的断路电源器。断开各侧母线分段（或母联）断路器，使主变压器各连接在不同母线上，互不并列，分开成几个互不联系的部分。各部分保留一台站用主变压器或电压互感器，以监视来电，哪一个电源先来电，先用其恢复原运行方式，恢复对全部用户的供电。

5）某一电源先来电，先恢复该部分的供电及站用变，根据其负荷的能力尽可能恢复其他部分的供电，为了防止其他电源来时造成非同期并列，应先断开可以恢复供电中没有来电的电源进线断路器，监视其他的电源来电，其他电源来电，及时恢复并列。全部电源来电，恢复原运行方式，恢复对用户供电。

(5) 变电站全站失压事故处理的一般程序：

1) 及时检查记录断路器的跳闸情况，保护及自动装置的动作情况，光字牌信号及事件打印情况及事故特征。

2) 迅速对故障范围内的设备进行外部检查，根据事故特征，分析判断故障范围和事故停电范围 。

3) 采取措施限制事故的发展，解除对人身和设备安全的威胁。

4) 首先对故障部分恢复供电。对故障所在范围迅速隔离或排除故障，恢复供电。

5) 对损坏的设备做好安全措施，向有关上级汇报，由专业人员检修故障设备。

对于故障处理的一般程序可以概括为：及时记录，迅速检查，简明汇报，认真分析，准确判断，限制发展，排除故障，恢复供电。

思　考　题

1. 保证电气工作安全的组织措施有哪些？技术措施有哪些？
2. 工作票有什么作用？工作票的种类有哪些？怎样使用工作票？
3. 工作许可制度的主要内容是什么？
4. 工作监护制度的主要内容是什么？
5. 说明电气倒闸操作票制度对防止电气误操作的意义。
6. 进行验电时要注意哪些问题？
7. 变电所“两票三制”的内容是什么？简述“两票三制”对保证安全的意义。
8. 变电所处理事故的一般原则是什么？

第 5 章

电气火灾及防火防爆

5.1 消防基本常识

消防工作的基本方针：坚持“预防为主，防消结合”。

要做到“预防为主，防消结合”就必须做到：

（1）各单位消防工作应指定专门领导负责，制订结合本单位实际的防火工作计划。组建基本消防队伍，绘制消防器材平面布置图。

（2）消防器材管理要由保卫部门或指定专人负责，并进行登记造册，建立台账。

（3）明确防火责任区，将防火工作切实落实到车间、班组，做到防火安全人人有责，处处有人管。

（4）建立定期检查制度，杜绝火灾、爆炸事故的发生，若发现隐患，应及时整改，并在安全台账上作记录。

法律法规依据：

《电力设备典型消防规程》

《中华人民共和国消防法》

《中华人民共和国刑法》

《××省实施〈中华人民共和国消防法〉办法》

《机关、团体、企业、事业单位消防安全管理规定》（公安部令 61 号）

5.1.1 火灾的定义

根据国家标准，火灾是指在时间或空间上失去控制的燃烧。

5.1.2 火灾的分类

1. 按照燃烧对象的性质分类

按照《火灾分类》（GB/T 4958—2008）的规定，火灾分为 A、B、C、D、E、F 六类。

A 类火灾：固体物质火灾。这种物质通常具有有机物性质，一般在燃烧时能产生灼热的余烬。例如木材、棉、毛、麻、纸张等火灾。

B 类火灾：液体或可熔化固体物质火灾。例如汽油、煤油、原油、甲醇、乙醇、沥青、石蜡等火灾。

C 类火灾：气体火灾。例如煤气、天然气、甲烷、乙烷、氢气、乙炔等火灾。

D 类火灾：金属火灾。例如钾、钠、镁、钛、锆、锂等火灾。

E 类火灾：带电火灾、物体带电燃烧的火灾。例如变压器等设备的电气火灾等。

F 类火灾：烹饪器具内的烹饪物（如动物油脂或植物油脂）火灾。

2. 按照火灾事故所造成的灾害损失程度分类

依据国务院 2007 年 4 月 9 日发布的《生产安全事故报告和调查处理条例》（国务院令 493 号）中规定的安全生产事故等级标准，消防部门将火灾相应地分为特别重大火灾、重大火灾、较大火灾和一般火灾四个等级。

特别重大火灾是指造成 30 人以上死亡，或者 100 人以上重伤（包括急性工业中毒），或者 1 亿元以上直接财产损失的火灾。

重大火灾是指造成 10 人以上 30 人以下死亡，或者 50 人以上 100 人以下重伤，或者 5000 万元以上 1 亿元以下直接财产损失的火灾。

较大火灾是指造成 3 人以上 10 人以下死亡，或者 10 人以上 50 人以下重伤，或者 1000 万元以上 5000 万元以下直接财产损失的火灾。

一般火灾是指造成 3 人以下死亡，或者 10 人以下重伤，或者 1000 万元以下直接财产损失的火灾。

注：“以上”包括本数，“以下”不包括本数。

5.1.3　火灾的危害

1. 危害生命安全

建筑物的火灾会对人的生命安全构成严重威胁。一场大火，可能会吞噬几十人甚至几百人的生命。建筑物火灾对生命的威胁主要来自以下几个方面：首先，建筑物采用的许多可燃性材料，在起火燃烧时产生高温高热，对人的肌体造成严重伤害，甚至致人休克、死亡；其次，建筑物内可燃材料燃烧过程中释放出的一氧化碳等有毒烟气，人吸入后会产生呼吸困难、头痛、恶心、神经系统紊乱等症状，威胁生命安全；最后，建筑物经燃烧，达到甚至超过了承重构件的耐火极限，导致建筑整体或部分构件坍塌，造成人员伤亡。

2. 造成经济损失

火灾造成的经济损失主要以建筑火灾为主。体现在以下几个方面：第一，火灾烧毁建筑物内的财物，破坏设施设备，甚至会因火势蔓延使整幢建筑物化为灰烬；第二，建筑物火灾产生的高温高热，将造成建筑结构的破坏，甚至引起建筑物整体坍塌；第三，扑救建筑火灾所用的水、干粉、泡沫等灭火剂，不仅本身是一种资源损耗，而且将使建筑内的财物遭受水渍、污染等损失；第四，建筑火灾发生后，因建筑修复重建、人员善后安置、生产经营停业等，也造成巨大的间接经济损失。

3. 破坏文明成果

一些历史保护建筑、文化遗址一旦发生火灾，除了会造成人员伤亡和财产损失外，大量文物、典籍、古建筑等诸多的稀世瑰宝面临烧毁的威胁，这将对人类文明成果造成无法挽回的损失。

4. 影响社会稳定

当重要的公共建筑、重要的单位发生火灾时，会在很大的范围内引起关注，并造成一定程度的负面效应，影响社会稳定。从许多火灾案例来看，当学校、医院、宾馆、办公楼等公共场所发生群死群伤恶性火灾，或者涉及粮食、能源、资源等国计民生的重要工业建筑发生大火，还会在民众中造成心理恐慌。家庭是社会细胞，普通家庭生活遭受火灾的危害，也将在一定范围内造成负面影响，损害群众的安全感，影响社会的稳定。

5. 破坏生态环境

火灾的危害不仅表现为损坏财物、残害人类生命，而且还会破坏生态环境。如，森林火灾的发生会使大量的动物和植物灭绝，环境恶化，气候异常，干旱少雨，风暴增多，水土流失，导致生态平衡被破坏，引发饥荒和疾病的流行，严重威胁人类的生存和发展。

5.1.4 火灾发生的常见原因

1. 电气

据统计，近年来我国发生的电气火灾数量一直居高不下，占全年火灾总数的30%左右（图5.1），在各类火灾原因当中居首位，造成的危害即人员和财产损失也最大。电气火灾原因复杂，既涉及电气设备的设计、制造及安装，也与产品投入使用后的维护管理、安全防范相关。由于电气设备故障、电气设备设置或使用不妥、电气线路敷设不当及老化等所造成的设备过负荷、线路接头接触不良、线路短路等是引起电气火灾的直接原因。例如，一些电气设备长期处于工作或通电状态，因散热不力，最终可能因过热导致内部故障而引起火灾。

2. 吸烟

烟蒂和点燃烟后未熄灭的火柴梗温度可达到800℃，能引起许多可燃物质燃烧，在起火原因中，占有相当的比重。

3. 生活用火不慎

生活用火不慎主要是指城乡居民家庭生活用火不慎。例如，炊事用火中炊事器具设置不当，安装不符合要求，在炉灶的使用中违反安全技术要求等引起火灾；烧香祭祀过程中无人看管，香灰散落引发火灾等。

4. 生产作业不慎

生产作业不慎主要是指违反生产安全制度引起火灾。例如，在易燃易爆的车间内动用明火，引起爆炸起火；将性质相抵触的物品混存在一起，引起燃烧爆炸；在用气焊焊接和切割时，飞迸出的大量火星和熔渣，因未采取有效的防火措施，引燃周围可燃物；在机器运转过程中，不按时加油润滑，或者没有清除附在机器轴承上面的杂质、废物，使机器该部位摩擦发热，引起附着物起火；化工生产设备失修，出现可燃气体，以及易燃、可燃液体跑、冒、滴、漏，遇到明火燃烧或爆炸等。

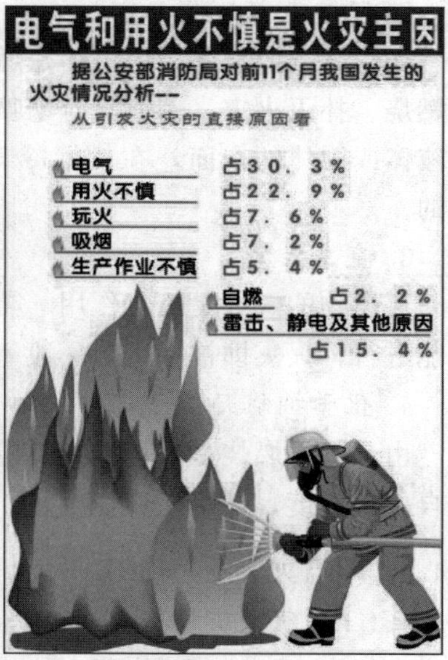

图5.1 火灾原因

5. 玩火

未成年人因缺乏看管，玩火取乐，也是造成火灾发生常见原因之一。此外，燃放烟花爆竹也属于“玩火”的范畴。

6. 放火

放火主要是指采用人为放火的方式引起的火灾。一般是当事人以放火为手段达到某种目的。这类火灾由当事人故意为之，通常经过一定的策划准备，因而往往缺乏初期救助，火灾迅速发展，后果严重。

7. 雷击

雷电导致的火灾原因主要有三种：一是雷电直接击在建筑物上发生热效应、机械效应作用等；二是雷电产生静电感应和电磁感应作用；三是高电位雷电波沿着电气线路或金属管道系统侵入建筑物内部。在雷击较多的地区，建筑物上如果没有设置可靠的防雷保护措施，便有可能发生雷击起火。

5.1.5　灭火的基本原理与方法

燃烧的发生和发展必须具备三个要素，即可燃物、助燃物（氧化剂）和引火源（温度）。以上三个要素必须同时具备，缺少任何一个时，燃烧都不会发生。因此，为防止火势失去控制，继续扩大燃烧而造成灾害，需要采取以下方法将火扑灭，这些方法的原理是破坏燃烧条件。

1. 冷却灭火

可燃物一旦达到着火点，即会燃烧或持续燃烧。在一定条件下，将可燃物的温度降到着火点以下，燃烧即会停止。

2. 隔离灭火

在燃烧三要素中，可燃物是燃烧的主要因素。将可燃物与氧气、火焰隔离，就可以终止燃烧、扑灭火灾。例如，自动喷水泡沫联用系统在喷水的同时喷出泡沫，泡沫覆盖于燃烧液体或固体的表面，在发挥冷却作用的同时，将可燃物与空气隔开，从而达到灭火的目的。

3. 窒息灭火

可燃物的燃烧是氧化作用，需要在最低氧浓度以上才能进行，低于最低氧浓度，燃烧不能进行，火灾即被扑灭。一般氧浓度低于15%时，就不能维持燃烧。

4. 化学抑制灭火

由于有焰燃烧是通过链式反应进行的，如果能有效地抑制自由基的产生或降低火焰中的自由基浓度，即可使燃烧中止。

5.1.6　电气火灾及其预防

5.1.6.1　电气火灾种类

电气火灾一般是指由于电气线路、用电设备、器具以及供配电设备出现故障性释放的热能，如高温、电弧、电火花以及非故障性释放的能量；如电热器具的炽热表面，在具备燃烧条件下引燃本体或其他可燃物而造成的火灾，也包括由雷电和静电引起的火灾。电气火灾主要包括如下几种。

1. 漏电火灾

所谓漏电，就是线路的某一个地方因为某种原因（自然原因或人为原因，如风吹雨打、潮湿、高温、碰压、划破、摩擦、腐蚀等）使电线的绝缘或支架材料的绝缘能力下降，导致电线与电线之间（通过损坏的绝缘、支架等）、导线与大地之间（电线通过水泥墙壁的钢筋、马口铁皮等）有一部分电流通过，这种现象就是漏电。当漏电发生时，漏泄的电流在流入大地途中，如遇电阻较大的部位时，会产生局部高温，致使附近的可燃物着火，从而引起火灾。此外，在漏电点产生的漏电火花，同样也会引起火灾。

2. 短路火灾

电气线路中的裸导线或绝缘导线的绝缘体破损后，火线与零线或火线与地线（包括接地从属于大地）在某一点碰在一起，引起电流突然大量增加的现象就称为短路，俗称碰线、混线或连电。由于短路时电阻突然减少，电流突然增大，其瞬间的发热量也很大，大大超过了线路正常工作时的发热量，并在短路点易产生强烈的火花和电弧，不仅能使绝缘层迅速燃烧，而且能使金属熔化，引起附近的易燃、可燃物燃烧，造成火灾。

3. 过负荷火灾

所谓过负荷是指当导线中通过电流量超过了安全载流量时，导线的温度不断升高，这种现象就称为导线过负荷。当导线过负荷时，加快了导线绝缘层老化变质。当严重过负荷时，导线的温度会不断升高，甚至会引起导线的绝缘发生燃烧，并能引燃导线附近的可燃物，从而造成火灾。

4. 接触电阻过大火灾

众所周知，凡是导线与导线、导线与开关、熔断器、仪表、电气设备等连接的地方都有接头，在接头的接触面上形成的电阻称为接触电阻。当有电流通过接头时会发热，这是正常现象。如果接头处理良好，接触电阻不大，则接头点的发热就很少，可以保持正常温度。如果接头中有杂质，连接不牢靠或其他原因使接头接触不良，造成接触部位的局部电阻过大，当电流通过接头时，就会在此处产生大量的热，形成高温，这种现象就是接触电阻过大。在有较大电流通过的电气线路上，如果在某处出现接触电阻过大现象时，就会在接触电阻过大的局部范围内产生极大的热量，使金属变色甚至熔化，引起导线的绝缘层发生燃烧，并引燃附近的可燃物或导线上积落的粉尘、纤维等，从而造成火灾。

5.1.6.2 电气火灾预防方法

随着现代科学技术的发展，人们的物质生活水平发生了巨大变化，电能相应得到了广泛地开发与利用。电能的应用既造福了人类社会，同时也给人类带来了电击和电气火灾事故的危险。在20世纪80年代，我国电气火灾约占火灾总数的15%，在全世界占第三位。近几年随着电能被广泛地开发与利用，无论是在乡村还是在城镇，电气火灾都在猛增，占火灾总数的20%以上，已上升为世界第一位。在电气火灾中，电气线路火灾约占50%，而低压电气线路火灾又占电气线路火灾的90%以上。很显然，在低压电气线路的利用上，存在着很多问题，减少乃至消除电气火灾刻不容缓。要想解决这个问题，首先要了解一下火灾究竟是如何发生的、发生的主要原因是什么、应采取怎样的措施来预防它。

1. 短路起火

当两导线短路时，电流增大，导线绝缘层被破坏，线芯温度迅速上升，绝缘自燃引起火灾。比如，电气验收规范中规定，导线在配管中所占面积不能超过配管截面积的40%，这主要是为了留有一定空间，保证空气流通，以利导线散热，并预防随着时间推移，导线绝缘层老化，两导线相碰造成短路。我们在监督工程的过程中，经常发现施工单位不能严格按规程施工，如配管超载的问题，有的在直径10毫米的配管中穿七八根导线，更有甚者，配管中导线出现接头，这是绝不允许的。

防止短路起火的措施主要有以下几点：

（1）避免短路发生，使绝缘层完整无损。比如，导线必须用配管，不能裸露，不能直接抹在墙内，导线应带护套、槽、索等敷设；埋地电缆应注意弯曲半径足够大，以防电缆在抽拉的过程中损坏绝缘层。

（2）保持绝缘水平。导线要避免过载、过电压、高温腐蚀以及被泡在水里等。随着物质生活水平的提高，家用电器的不断增多，线路负载也越来越大，用户在未经设计部门许可的情况下，不应随意增大线路负载，特别是一些老建筑物，导线截面积都较小，如果一定要增加负载的话，也一定要另外敷设电源；对于新的建筑物，建议设计部门根据线路负载不断增大的趋势，在导线截面积的选择上留有一定余地，以保证线路绝缘的正常水平。

（3）在敷设导线时，应采用阻燃配管、防火电缆、防火线槽等。

（4）若已经发生短路，则应迅速切断电路，限制火势沿线路蔓延，防止线路互串。应注意在未切断电源时，不能泼水以免造成一些不应有的损失及人员伤亡等。

2. 接地故障电压起火

这是比短路更危险的起火原因。一般来说，接地故障回路阻抗大，导线接地连接不良时，更增大回路阻抗，此时便易出现电弧性故障，俗称打火花。我们要求进户线在进入配电箱时，箱体须作可靠连接接地，接地螺栓须加镀锌垫片，而且若是多股导线须加线鼻子，原因就在于此。

预防接地故障火灾，首先应在电气线路和设备的选用和安装上尽量防止绝缘损坏，以免接地故障的发生。对此，除了采取预防短路火灾的措施外，还应采取如下措施：

（1）在建筑物的电源总进线处装设漏电保护器，应注意用于防火的漏电保护必须装在电源总进线处以对整个建筑物起防火作用。

（2）在建筑物电气装置内实施总等电位连接。当故障电压沿 PE 线进入线路时，建筑物内线路上处于同一故障电压，这样做后消除了电位差，电弧电火花无从发生，也就满足了防火要求。

3. 装一个电气火灾报警监控系统

电气火灾监控系统为用户省电降耗、保护设备、隐患预测、防火减灾。

另外，煤气爆炸事故也与电气打火花有很大的关系。一般来说，在一定空间的煤气达到一定浓度时，此时若有火花，将会发生煤气爆炸。当人们下班回家，若闻到一股煤气或液化气的臭味时，说明煤气或液化气有泄漏，这时不要急于打开灯的开关，应该做的是打开窗户，以免接触不良的开关打火花，引起煤气或液化气爆炸，造成不应有的经济损失和人员伤亡。

电气火灾的预防主要是认真做好日常生活中以下几个方面事项：

（1）对用电线路进行巡视，以便及时发现问题。

（2）在设计和安装电气线路时，导线和电缆的绝缘强度不应低于网路的额定电压，绝缘子也要根据电源的不同电压进行选配。

（3）安装线路和施工过程中，要防止划伤、磨损、碰压导线绝缘，并注意导线连接接头质量及绝缘包扎质量。

（4）在特别潮湿、高温或有腐蚀性物质的场所内，严禁绝缘导线明敷，应采用套管布线，在多尘场所，线路和绝缘子要经常打扫，勿积油污。

(5) 严禁乱接、乱拉导线，安装线路时，要根据用电设备负荷情况合理选用相应截面的导线。并且，导线与导线之间、导线与建筑构件之间及固定导线用的绝缘子之间应符合规程要求的间距。

(6) 定期检查线路熔断器，选用合适的保险丝，不得随意调粗保险丝，更不准用铝线和铜线等代替保险丝。

(7) 检查线路上所有连接点是否牢固可靠，要求附近不得存放易燃可燃物品。

防止电气火灾的措施：

(1) 发生火灾时首先要切断电源以免触电，避免电气设备与线路短路扩大。

(2) 火灾区域内电气设备由于受潮及烟熏，绝缘能力降低，拉开开关时要使用绝缘工具。

(3) 剪断电线时，不同线路应在不同部位剪断，以免发生两相或三相短路，架空线路在支持物件附近断开。

(4) 带电线接地时应设警戒区域，防止人员进入而触电。

5.1.7　爆炸的概念及分类

5.1.7.1　爆炸的定义

物质由于急剧氧化或分解反应产生温度、压力增加或两者同时增加的现象称为爆炸。爆炸是由物理变化和化学变化引起的。在发生爆炸时，势能（化学能或机械能）突然转变为动能，有高压气体生成或释放出高压气体，这些高压气体随之做机械功，会移动、改变或抛射周围的物体。一旦发生爆炸，将会对邻近的物体产生极大的破坏作用，这是由于构成爆炸体系的高压气体作用到周围物体上，使物体受力不平衡，从而遭到破坏。

5.1.7.2　爆炸的分类

按物质产生爆炸的原因和性质不同，通常将爆炸分为物理爆炸、化学爆炸和核爆炸。其中物理爆炸和化学爆炸最为常见。

5.1.7.3　爆炸极限

爆炸极限一般认为是物质发生爆炸必须具备的浓度范围。对于可燃气体、液体蒸气和粉尘等不同形态的物质，通常以与空气混合后的体积分数或单位体积中的质量等来表示遇火源会发生爆炸的最高或最低的浓度范围，成为爆炸浓度极限，简称爆炸极限。能引起爆炸的最高浓度成为爆炸上限，能引起爆炸的最低浓度成为爆炸下限，上限和下限之间的间隔称为爆炸范围。

5.1.7.4　引起爆炸的直接原因

通常，引起爆炸事故的直接原因可归纳为以下几方面。

1. 物料原因

生产中使用的原料、中间体和产品大多是有火灾、爆炸危险性的可燃物。由于工作场所过量堆放物品，对易燃易爆危险品没有安全防护措施，产品下机后不冷却便入库堆积，不按规定掌握投料数量、投料比、投料先后顺序，控制失误或设备故障造成物料外溢，生产粉尘或可燃气体达到爆炸极限等原因，均会酿成爆炸事故。

2. 作业行为原因

作业行为导致爆炸的原因有：违反操作规程、违章作业、随意改变操作控制条件；生产和生活用火不慎，乱用炉火、灯火，乱丢未熄灭的火柴杆、烟蒂；判断失误、操作不当，对生产出现超温、超压等异常现场不及时处理；不按科学态度指挥生产，盲目施工，超负荷运转等。

3. 生产设备原因

由于设备缺陷导致生产火灾的原因有：选材不当或材料质量有问题，导致设备存在先天性缺陷；由于结构设计不合理，零部件选配不当，导致设备不能满足工艺操作的要求；由于腐蚀、超温、超压等导致出现破损、失灵、机械强度下降、运转摩擦部件过热等。

4. 生产工艺原因

生产工艺原因主要表现为物料的加热方式方法不当，致使引燃引爆物料；对工艺性火花控制不力而形成引火源；对化学反应型工艺控制不当，致使反应失控；对工艺参数的控制失灵，导致出现超温、超压现象。

5. 其他原因

由于人为故意破坏，如放火、停水停电、毁坏设备，以及地震、台风、雷击等自然灾害原因等。

5.1.7.5　防爆

1. 建筑防爆

建筑防爆是指对有爆炸危险的厂房和仓库，合理地考虑建筑的布局及平面布置，采取防爆泄压措施消除或减少可燃气体、易燃液体的蒸汽或可燃粉尘的产生或积聚。

2. 电气防爆

预防电气火灾和爆炸事故产生的主要方法是正确地选择和安装使用电气设备及供电线路，运行中加强维护检修，装设必要的保护装置。主要包含了导线材料和允许载流量、线路的敷设和连接、电气设备的选型和带电部件的接地等方面的内容。

3. 设备防爆

设备防爆主要是指在具有爆炸危险性的场所，其通风、空调系统和供暖系统设施在布置或选型采取防爆措施，以限制易燃易爆物质在空气中的含量，降低爆炸发生的概率和危害。

5.2　消　防　设　施

建筑消防设施是指依照国家、行业或者地方消防技术标准的要求，在建筑物、构筑物中设置的用于火灾报警、灭火、人员疏散、防火分隔、灭火救援行动等防范和扑救建筑火灾的设备设施的总称。

不同建筑根据其使用性质、规模和火灾危险性的大小，需要有相应类别、功能的建筑消防设施作为保障。建筑消防设施的主要作用是及时发现和扑救火灾、限制火灾蔓延的范围，为有效地扑救火灾和人员疏散创造有利条件，从而减少由火灾造成的财产损失和人员伤亡。

5.2.1　建筑消防设施分类

现代建筑消防设施种类多、功能全，使用普遍。按其使用功能进行划分，常用的建筑消防设施主要有以下几类。

1. 消防给水设施

水是最常用的一种天然灭火剂，在灭火中具有高效、经济、获取方便、使用简单的特点，在消防灭火中获得了广泛的应用。消防给水设施是建筑消防给水系统的重要组成部分，其主要功能是为建筑消防给水系统储存并提供足够的消防水量和水压，确保消防给水系统的供水安全。消防给水设施通常包括消防供水管道、消防水池、消防水箱、消防水泵、消防稳（增）压设备、消防水泵接合器等。

2. 消火栓系统

消火栓系统是扑救、控制建筑物初期火灾的最为有效的灭火设施，是应用最为广泛、用量最大的水灭火系统，分为室外消火栓系统和室内消火栓系统。

3. 防烟系统与排烟设施

防烟与排烟系统是建筑物内设置的用以控制烟气运动，防止火灾初期烟气蔓延扩散，确保室内人员的安全疏散和安全避难，并为消防救援创造有利条件的防烟系统和排烟系统的总称。建筑的防烟设施分为机械加压送风的防烟设施和可开启外窗的自然排烟设施。建筑的排烟设施分为机械排烟设施和可开启外窗的自然排烟设施。建筑机械防排烟设施是由送排风管道、管井、防火阀、门开关设备、送排风机等设备组成。

4. 消防供配电设施

消防供配电是建筑电力系统的重要组成部分，消防供配电系统主要包括消防电源、消防配电装置（从消防电源到消防用电设备的中间环节）、线路等。

5. 火灾自动报警系统

火灾自动报警系统是火灾探测报警与消防联动控制系统等的简称，是以实现火灾早期探测和报警、向各类消防设备发出控制信号并接收设备反馈信号，进而实现火灾预防和自动灭火功能的一种自动消防设施，由火灾探测触发装置、火灾报警装置、火灾警报装置以及具有其他辅助功能的装置组成。此系统能在火灾初期将燃烧产生的烟雾、热量、火焰等物理量，通过火灾探测器变成电信号，传输到火灾报警控制器，并同时显示出火灾发生的部位、时间等，使人们能够及时发现火灾并采取有效措施。

6. 自动喷水灭火系统

自动喷水灭火系统是扑救、控制建筑物初期火灾的最为有效的自救灭火设施之一，是应用最为广泛、用量最大的自动灭火系统，由洒水喷头、报警阀组、水流报警装置等组件以及管道、供水设施组成的，能在火灾发生时做出响应并实施喷水的自动灭火系统。

7. 气体灭火系统

气体灭火系统是指平时灭火剂以液态、液化气体或气体状态存储于高压容器内，灭火时以气体（包括蒸气、气雾）状态喷射灭火介质的灭火系统。该系统能在防护区空间内形成各方向均一的气体浓度，而且至少能保持该灭火浓度达到规范规定的浸渍时间，实现扑灭该防护区的空间、立体火灾。气体灭火系统适用于扑救电气火灾、固体表面火灾、液体火灾、灭火前能切断气源的气体火灾，具有化学稳定性好、耐储存、腐蚀性小、不导电、毒性低、蒸发后不留痕迹等特点。

8. 可燃气体报警系统

可燃气体报警系统即可燃气体泄漏检测报警成套装置。当系统检测到泄漏可燃气体浓度达到报警器设置的爆炸临界点时，可燃气体报警器就会发出报警信号，提醒及时采取安全措施，防止发生气体大量泄漏以及爆炸、火灾、中毒等事故。

9. 消防通信设施

消防通信设施是指专门用于消防检查、演练、火灾报警、接警、安全疏散、消防力量调度以及与医疗、消防等防灾部门之间进行联络的系统设施。其主要包括火灾事故广播系统、消防专用电话系统、消防电话插孔以及无线通信设备等。

10. 移动式灭火器材

移动式灭火器材是相对固定式灭火器材而言的，即可以人为移动的各类灭火器具，如灭火器、灭火毯、消防梯、消防钩、消防斧、安全锤、消防桶等，除此以外，一些其他的器材和工具在火灾等不利情况下，也能够起到灭火和辅助逃生等作用，如防毒面具、消防手电、消防绳、消防沙、蓄水缸等。常见的灭火器对扑救建筑初期火灾最为有效，具有轻便灵活、容易操作等特点。

11. 消防应急照明和疏散指示系统

消防应急照明系统和疏散指示系统是用于建筑内人员安全疏散、逃生、避难和消防作业等应急行动的重要消防设施。消防应急照明和疏散指示系统的主要功能是在火灾事故发生时，为人员的安全疏散、逃生提供疏散路线和必要的照明，同时为灭火救援工作的持续开展提供应急照明，从而最大限度地减少人员的伤亡和降低财产的损失。

5.2.2　建筑消防设施的设置

按照国家有关法律法规和国家工程建设消防技术标准设置的建筑消防设施是预防火灾、及时扑救初期火灾的有效措施。所有建筑物都应当按照消防法律、法规和消防技术标准的要求设置建筑消防设施，基本要求如下：

(1) 按照消防法律、法规和消防技术标准需要进行消防设计的建设工程，应当进行消防专项设计，并依法由公安机关消防机构进行消防设计审核、消防验收或者备案抽查。

(2) 建筑消防设施的安装单位应具备相应等级的专业施工资质，并按图施工，确保工程质量符合相关技术标准要求。

(3) 建筑消防设施产品应当符合国家标准或者行业标准。禁止生产、销售、配置不合格或者国家明令淘汰的建筑消防设施产品。质量技术监督部门、工商行政管理部门、公安机关消防机构应当按照各自职责加强对消防产品质量的监督检查。

(4) 建筑物的建设单位、工程监理单位和建筑消防设施的设计单位、施工单位、设计审核单位、竣工验收单位，应依法对建筑消防设施工程的质量负责。

(5) 配置火灾自动报警系统的单位应当与城市火灾自动报警信息系统联网，并确保其正常运行。

5.2.3　建筑消防设施的管理

建筑消防设施管理是一项社会责任，各单位对本单位设置的建筑消防设施负有自主管理责任，各级政府与部门负有领导和行业管理责任。任何单位和个人都有依法维护消防安全、保护建筑消防设施的义务，不得损坏、圈占、挪用或者擅自改造、拆除、停用建筑消防设施。

1. 各级政府及相关部门职责

各级人民政府应当加强对消防工作的领导，加大建筑消防设施的公共资金投入力度，逐步消除历史遗留问题，组织开展对建筑消防设施重大安全隐患的整治工作。

2. 单位自主管理职责

建筑消防设施的产权单位或者受其委托管理的单位应当履行日常管理责任。建筑消防设施的使用、管理单位应当依法履行下列管理职责：

(1) 贯彻执行国家有关建筑消防设施使用、维护保养的法律法规、技术标准和地方规章。

(2) 明确专门部门和专人负责建筑消防设施的操作、检查和维护保养工作。

(3) 制定建筑消防设施的管理制度和操作规程。

(4) 落实建筑消防设施的日常维护保养制度，及时整改设置与运行中存在的问题。

(5) 定期组织对建筑消防设施进行检查测试。

(6) 建立建筑消防设施配置、运行等情况的管理档案。

(7) 对员工进行建筑消防设施使用常识教育，定期组织消防演练。

(8) 履行法律、法规、规章规定的其他责任。

5.3 电力系统主要设备的防火防爆与灭火

电力系统是由发电厂、送变电线路、供配电所和用电等环节组成的电能生产与消费系统。它的功能是将自然界的一次能源通过发电动力装置转化成电能，再经输电、变电和配电将电能供应到各用户。现主要针对其中发电厂及变电站的防火进行介绍。

5.3.1 发电厂分类

现在的发电厂按照发电途径的不同，主要分为火力发电厂、水力发电厂、核能发电厂、风力发电厂等。目前，我国的发电厂主要是燃煤机组火力发电厂，占总装机容量的80%以上。火力发电是利用燃烧燃料（煤、石油及其制品、天然气等）所得到的热能发电。

5.3.2 火力发电厂的火灾危险性

发电厂的生产过程实质上就是进行能量转化的过程。火力发电厂的基本原料是可燃或易燃性燃料，在燃料的装卸、储存、运输、制备和燃烧等过程中，都有潜在的火灾危险性。在火力发电厂的主要设备中还存有一些易燃易爆物质，容易发生火灾事故，如汽轮发电机组、变压器、断路器等存有一定量的油料，氢冷发电机组的氢气系统则有大量的氢气，脱硝还原需要使用液氨作为还原剂等。因此，柴油储罐区、制氢站、氢气罐区、液氨储罐区等均为发电厂重大火灾爆炸危险源。

发电厂发生火灾事故后，不仅可造成发电设备的损坏和人身伤亡，而且修复时间较长，直接和间接损失均较大，甚至会直接影响社会生产和人民生活。火力发电厂的火灾危险性主要有以下几个方面。

1. 煤的自燃

煤炭堆场的火灾危险性主要在于煤的自燃。煤自燃的原因可归结为存在放热反应和热量积累，煤的组分中存在易发生氧化的物质，如黄铁矿（FeS_2）等，煤尘结构松散，表面积大，松散的煤堆中存在空隙，与空气接触面大以及含水量大、炭化程度低的煤都容易发生缓慢氧化，使煤堆发热。煤堆长期稳定堆放，其内部热量积累至一定程度就会引起煤的自燃。

2. 锅炉爆炸

一些火力发电厂仍沿用老的锅炉标准点炉方法，即先以轻柴油为主要燃料，以煤粉为辅助材料对炉膛进行加温，当温度上升到规定温度后逐渐减少轻柴油的供给量，以煤粉为主要燃料。当锅炉运行时，如果煤粉的供给量突然减少，或煤质发生变化而送风没有调整，或炉膛负压过低、风速过大时造成炉膛温度过低，都可能导致锅炉突然熄火，如果此时煤粉仍继续供应，则当浓度达到一定量时就会导致锅炉燃烧室爆燃事故。

3. 油料泄漏

油料泄漏主要有两种形式：一种是汽油、柴油蒸气的泄漏，如储罐收油过程中的“大呼吸”现象、环境温度变化引起的“小呼吸”现象、隔油池内残油的挥发等；另一种是油料液体泄漏，如输油泵因密封不良、老化造成漏油，装车鹤管和汽车加油枪在作业完毕后内存残液流出等。泄漏的油料液体会沿着地面或设备设施流向低洼地，同时挥发形成蒸气。由于泄漏的油蒸气较空气重，因此也会沿着地面扩散，或窜入地下管沟，极易在非防爆区域或防爆等级较低的场所引起火灾爆炸事故。

4. 氢气泄漏

制氢室、供氢站以及用于火力发电厂发电机组冷却的氢气，在生产、储存及设备运行中都可能出现外漏，如压力表、安全阀失灵或储存氢气压力超过储罐的使用压力都可能引发泄漏抛料事故。如果氢气泄漏流速较大或排氢过快就可能产生静电引起爆炸起火；由于氢气的爆炸极限范围较大，为4.0%～75%，因此当泄漏的氢气与空气混合到爆炸极限浓度时，遇火源极易发生爆炸，且爆炸破坏影响非常严重。

5. 液氨泄漏

随着国家对环境保护标准的日益提高，越来越多的火力发电厂陆续安装了烟气脱硝装置以减少氮氧化合物的排放，液氨作为脱硝还原剂的主要原料在火力发电厂被广泛应用，脱硝区一般都设置液氨储罐。液氨是一种无色液体，在工业上广泛应用，而且具有腐蚀性，且容易挥发，通常将气态的氨气通过加压或冷却得到液态氨。氨气是一种易燃易爆（火灾危险性为乙A类）、有毒的危险化学品，常温下密度比空气小，爆炸极限为15%～28%，易溶于水、乙醇、乙醚。虽然火力发电厂液氨储存总量不大，一般在100t以下，但由于液氨的易燃易爆以及有毒的特性，安全生产就显得尤为重要。

6. 电气设备与线缆起火

火力发电厂有着许多的电气、电子设备，使用中如果出现短路、接触电阻过大、过载、漏电以及安装、操作不当等都会成为潜在的电气火灾危险，其他如瓷套管破裂、表面受潮积污和引出线间距过小、雷击过电压等也都可能引起火灾。配电装置中最为突出的是变压器发生火灾，能造成电能对外输出和对外输送的中断。火力发电厂中使用的电缆遍布全厂，数量很多，一旦电缆着火往往会沿着敷设途径蔓延扩大，可能造成全厂范围的供电中断和所有设备停机，甚至直接导致生产整体瘫痪。

5.3.3 火力发电厂的防火

结合火力发电厂的火灾特点，火力发电厂的防火应结合以下内容进行。

1. 总平面

火力发电厂厂区的用地面积较大，建（构）筑物的数量较多，而且建（构）筑物的重要程度、生产操作方式、火灾危险性等方面的差别也较大，因此合理划分重点防火区域很重要。重点防火区域划分的原则是将存在重大火灾危险源或生产工艺、控制系统存在容易导致火灾发生的不安全因素以及出现故障可能导致一定范围不理连锁反应的重点区间、要害部位在平面设计中通过防火间距、分隔设施等加以限制、分隔，并分别考虑其独立的建筑与防火设计。

2. 耐火构造

随着我国电力建设事业的蓬勃发展，火电机组容量不断增大，火电厂厂房随之增高变大，过去惯用的钢筋混凝土结构的厂房很难适应；同时，为了缩短电厂建设周期，提高投资效益，火力发电厂厂房采用钢结构的逐渐增多。对钢结构，在容易发生火灾的部位必须采取必要的防火保护措施，以达到防火要求。

3. 安全疏散

为保证人员的安全疏散，必须按国家相关规定设置相应数量的安全出口；疏散距离决定疏散所需时间，因此，要分别计算由人员工作地点到安全出口允许的最大距离，确定安全出口的设置形式、数量、宽度、间距等。

4. 建筑内部装修

各类控制室、电子计算机室、通信室、资料档案室等的墙面、顶棚、地面及其他装修使用的装修材料以及各类管道、管件及保温材料等，均应符合国家相关规定；所有的防火构件与材料，如消防设施、防火门窗、防火涂料等均须经过国家有关部门的检验合格，满足相关防火技术指标要求。

5. 采暖、通风、空气调节系统

火力发电厂应根据采暖、通风、空气调节设备各自性能和适用范围合理地选择产品类型。蓄电池室、供氢站、供油泵房、油处理室、汽车库及运煤（煤粉）系统建（构）筑物严禁采用明火取暖；变压器室通风系统应与其他通风系统分开，变压器室之间的通风系统不应合并；蓄电池室送风设备和排风设备不应布置在同一风机室内。

6. 防排烟系统

火力发电厂在进行平面划分时，需合理划分防火、防烟分区，并根据建筑的规模和使用功能等因素，合理采用防烟、排烟方式，合理选用防排烟风机。计算机室、控制室、电子设备间应设排烟设施，机械排烟系统的排烟量可按房间换气次数每小时不小于5次计算。

7. 火灾自动报警系统

按照相关要求，合理设置火灾自动报警系统，使之能准确报警，并与有关消防设备联动。在选择火灾探测器时，应注意火力发电厂的高频电磁干扰、粉尘积聚和热、湿等特点，正确选择合适的火灾探测器，避免拒报或误报的情况出现。

8. 灭火系统

大型火力发电厂的主厂房建筑面积、高度和体积都很庞大，受工艺布置和生产运行要求的限制，难于形成较小的防火分区，各种管廊、桥架、通道纵横交错，难以分隔，一旦失火容易扩散蔓延。因此，除建设消防站、配备消防车辆、设置消火栓并配置移动式灭火器外，还要为火灾危险性较大的部位和设施设置固定灭火水系统。如汽轮机油箱、电液装置（抗燃油除外）、氢密封油装置汽机运转层下及中间层油管道、电缆夹层、主变压器、高压厂用变压器等可采用自动喷水与水喷雾灭火系统；点火油罐区宜采用低倍数或中倍数泡沫灭火系统；集中控制楼内的单元控制室、电子设备间、电气继电器室、原煤仓等，宜采用组合分配气体灭火系统。

9. 消防供电系统

正常条件下，消防用电设备依靠城市电网供给电能。一旦发生火灾，就会直接影响城市电网电能输出的可靠性和安全性，也就直接影响消防用电设备在火灾条件下工作的可靠性和安全性。火灾自动报警系统、消防水泵等消防设备是保障消防安全的核心，其动力必须得到保证，消防用电设备配线是在火灾发生期间使用的，设置与敷设必须安全可靠，应采用双电源供电，且在最末一级配电箱处切换。

10. 消防应急照明系统

发生火灾时为防止损失扩大，并为扑救火灾创造安全条件，常常需要立即切断电源。为了满足紧急安全疏散和坚持工作的需要，应合理设置应急照明和疏散指示标志。如果未设置应急照明，或应急照明不能正常发挥作用，则在夜间发生火灾时由于能见度低，加上大量烟气充塞，很容易引起混乱，造成次生灾害。因此，消防应急照明的可靠性非常重要。

5.3.4　变电站的火灾危险性

变电站是电力系统中变换电压、接受和分配电能、控制电力的流向和调整电压的电力设施，它通过变压器将各级电压的电网联系起来。变电站主要分为升压变电站、主网变电站、二次变电站和配电站。在电力系统中，变电站是输电和配电的集节点，它的特殊作用和要求使其拥有变压器、开关、电缆、电容器等电气设施，这些设施在运行中不仅火灾危险性较大，而且一旦发生火灾，造成的损失大，对供电保障的影响也很大。

1. 电力变压器火灾

电力变压器一旦发生严重过载、短路，可燃的绝缘材料和易燃的绝缘油就会受到高温和电弧作用分解燃烧，并产生大量气体，使变压器内部压力急剧增加，造成外壳破裂、大量喷油，会进一步扩大火灾危害。

2. 油断路器火灾

油断路器是以密封的绝缘油作为断开故障的灭弧介质，用来切断和接通电源，并在短路时能迅速可靠地切断电流的一种高压开关设备。油断路器的爆炸燃烧原因有以下几个方面：一是油面过低，油断路器触点至油面的油层过薄，油受电弧作用而分解的可燃气体冷却不良，这部分可燃气体进入顶盖下面的空间而与空气混合，形成爆炸性气体，在自身的高温下就有可能爆炸燃烧；二是油箱内的油面过高，析出的气体在油箱内得不到空间缓冲，形成过高的压力，也可能引起油箱爆炸起火；三是油的绝缘强度劣化，杂质或水分过多，引起油断路器内部闪络；四是操作机构调整不当，部件失灵后会使操作时动作缓慢或合闸后接触不良，当电弧不能及时被切断和熄灭时，在油箱内产生过多的可燃气体，便可能引起爆炸和燃烧；五是遮断容量小，油开关的遮断容量对输配电系统来说是个很重要的参数，当遮断容量小于系统的短路容量时，断路器无能力切断系统强大的短路电流，致使断路器燃烧爆炸，造成输配电系统的重大事故；六是油断路器的进、出线都通过绝缘套管，当绝缘套管与油箱盖、油箱盖与油箱体密封不严时，油箱进水受潮或油箱不洁、绝缘套管有机械损伤都可造成对地短路，从而引起爆炸或火灾事故。

3. 电缆火灾

变电站电缆发生火灾的原因主要来自两个方面：一是电缆本身故障引起着火，如电缆头因制作质量不良起火、电缆长期运行绝缘老化击穿短路起火、电缆经长时间短路电流冲击，导致绝缘水平下降短路起火、电缆受外力作用机械损伤致绝缘破坏短路起火、电缆敷设条件恶劣（高温或受潮）致使绝缘下降短路起火、电缆本身质量不过关等引起电缆起火等；二是外界因素引发电缆火灾事故，如电气焊或切割的金属熔渣引燃电缆，电气设备故障起火导致电缆着火；由于相见距离或相对地距离不足，在过电压作用下产生弧光时电缆着火；其他起火引燃电缆等。

4. 其他原因引发火灾

变电站除上述电气设备与电缆易发生火灾外，电动机、电焊氧焊机、蓄电池、电容器、主控制室及二次回路、电流互感器、电压互感器等在使用中也可能引发火灾事故。

5.3.5 变电站的防火

1. 建筑防火

变电站建（构）筑物的燃烧性能、耐火极限和变电站内的建（构）筑物与变电站外的民用建（构）筑物及各类厂房、库房、堆场、储罐之间的防火间距应符合现行国家标准的相关规定。

2. 电气设备与电缆敷设防火要求

总油量超过100kg的室内油浸变压器，应设置单独的变压器室；35kV及以下室内配电装置当未采用金属封闭开关设备时，其油断路器、油浸电流互感器和电压互感器应设置在两侧有不燃烧实体墙的间隔内；35kV以上室内配电装置应安装在有不燃烧实体墙的间隔内，不燃烧实体墙的高度不应低于配电装置中带油设备的高度；室内单台总油量为100kg以上的电气设备应设置储油或挡油设施；电缆从室内进入室内的入口处、电缆竖井的出入口处、电缆接头处、主控制室与电缆夹层之间以及长度超过100m的电缆沟或电缆隧道，均应采取防止电缆火灾蔓延的阻燃或分隔措施；220kV及以上变电站，当电力电缆与控制电缆或通信电缆敷设在同一电缆沟或电缆隧道内时，宜采用防火槽盒或防火隔板进行分隔；地下变电站电缆夹层宜采用C类或C类以上的阻燃电缆。

3. 安全疏散

变压器室、电容器室、蓄电池室、电缆夹层、配电装置室的门应向疏散方向开启；当门外为公共走道或其他房间时，该门应采用甲级防火门。各机房如主控通信室、电容器室、配电装置室等，其疏散出口的数量应满足相关规定。

4. 消防给水及消防设施

变电站应设置消防给水系统，消防水源应有可靠的保证；单台容量为125MW及以上的主变压器应设置水喷雾灭火系统、合成型泡沫喷雾系统或其他固定式灭火装置，其他带油电气设备宜采用干粉灭火器；变电站中的主控通信室、配电装置室、可燃介质电容器室、继电器室、采用固定灭火系统的油浸变压器、220kV 及以上变电站的电缆夹层及电缆竖井等火灾危险性较大场所应采用火灾自动报警系统。

5. 采暖、通风和空气调节系统

地下变电站采暖、通风和空气调节系统的设置应符合下列要求：

（1）所有采暖区域严禁采用明火取暖。

（2）电气配电装置室应设置机械排烟装置，其他房间的排烟设置应符合现行国家标准相关规定。

（3）当火灾发生时，送风、排风系统和空调系统应能自动停止运行，当采用气体灭火系统时，穿过防护区的通风或空调风道上的防火阀应能立即自动关闭。

6. 消防供电

变电站的消防供电设计应符合下列规定：

（1）消防水泵、电动阀门、火灾探测报警与灭火系统、火灾应急照明应按Ⅱ类负荷供电。

（2）当消防用电设备采用双电源或双回路供电时，应在最末一级配电箱处自动切换。

（3）应急照明可采用蓄电池作为备用电源，其连续供电时间不应少于 20min。

（4）消防用电设备应采用单独的供电回路，当发生火灾切断生产、生活用电时，仍应保证消防用电，其配电设备应设置明显标志。

（5）消防用电设备的配电线路应满足发生火灾时连续供电的需要。

7. 消防应急照明

主控通信室、配电装置室、变压器室、继电器室、消防水泵房和建筑疏散通道等应设置应急照明；人员疏散时使用的应急照明的照度不应低于 1.0Lx。

5.3.6　电气防火防爆检查及预防措施

5.3.6.1　电气防火检查的主要内容与要求

（1）检查电气设备设计安装，购买使用，维护保养。

（2）检查电气设备用电负荷。

（3）检查电气设备违章用电。

（4）检查电热器具安装、使用。维护保养。

（5）检查电气设备通风散热。

（6）检查电气设备接地接零。

（7）检查电气设备绝缘。

（8）检查电气设备除尘。

（9）检查电气设备受潮。

（10）检查电气设备电阻、电流、电压。

（11）检查电气设备漏电保护措施。

（12）检查电气设备分类分区。

（13）检查电气设备防雷、防静电。

（14）检查电气设备安全距离。

（15）检查热源火源。

（16）检查电缆孔洞封堵。

(17) 检查自动报警灭火。

(18) 检查电器隔离。

(19) 检查用电环境。

(20) 检查周围危险源。

(21) 检查电气设备老化寿命。

(22) 检查安全用电警示警告标志。

(23) 检查电气设备小动物跨接防护。

5.3.6.2 电气防爆检查的主要内容与要求

(1) 防爆电气设备的类型是否根据其适用的危险分区。

(2) 选择和确定的防爆电气设备是否与适用的爆炸性混合物的传爆级别和点燃温度组别相适应。

(3) 检查防爆电气设备包括报警仪表及通信设备的整体防爆性能是否符合设计要求。

(4) 对移动电子器具及插座的使用应严格控制。

(5) 对现有电气线路进行检查：①检查现有电气线路的敷设是否远离释放源；电缆或电线的高度是否根据爆炸性气体的比重确定；线路的孔洞是否被堵塞；线路是否避开受损的区域；②检查线路敷设的技术要求；额定电压应不低于500V；导线的载流量应不小于熔断器额定电流的1.25倍；镀锌钢管是否密封，螺纹啮合是否符合要求；电缆等的铜芯截面是否不小于2.5mm（1区）；1区接线盒是否为隔爆型；2区接线盒是否为隔爆型或增安型；导线严禁采用绞接法连接；③1区内的照明等单相设备的相线及中性线应设短路保护，并采用双线开关同时切断电源。

(6) 1区内严禁有中间接头；2区内不应有中间接头。

(7) 架空线路跨越区域的水平距离应不小于杆塔高度的1.5倍。

(8) 接地系统应采用等电位连接。

5.3.6.3 电气防火防爆预防措施

电气火灾和爆炸必须具备两个条件：一是环境中存在足够数量和浓度的可燃性易爆物质甚至危险源；二是有引燃或引爆的能源-电气引燃源。在无法消除它们时，应设法采用各种隔离措施使它们不能同时存在。

1. 消除或减小爆炸性混合物的措施

(1) 采取封闭式作业，防止爆炸性混合物泄漏。

(2) 清理现场积尘，防止爆炸性混合物积累。

(3) 设计正压室，防止爆炸性混合物侵入。

(4) 采取开式作业或通风措施，稀释爆炸性混合物。

(5) 在危险空间充填惰性气体或不活泼气体，防止形成爆炸性混合物。

(6) 安装报警装置，当混合物中危险物品的浓度达到其爆炸下限的10%时报警等。

2. 设置隔离和间距

(1) 户内电压为10kV以上、总油量为50kg以下的充油设备，可安装在两侧有隔板的间隔内；总油量为50～500kg，应安装在有防爆隔墙的间隔内；总油量为500kg以上，应安装在单独的防爆间隔内。

(2) 10kV 及其以下的变、配电室不得设在爆炸危险环境的正上方或正下方。配电室允许通过走廊或套间与火灾危险环境相通，但走廊或套间应由非燃性材料制成。

(3) 室外变、配电站与建筑物、堆场、储罐应保持规定的防火间距。

(4) 露天变、配电装置不应设置在易于沉积可燃粉尘或可燃纤维的地方。

3. 消除引燃源

(1) 在危险场所，应根据危险场所的级别，合理选用电气设备的类型并严格按规定安装和使用，危险场所的电气线路应符合防火防爆要求。

(2) 正常运行时能够产生电火花、电弧和危险高温的非防爆电气装置，应安装在危险场所之外。危险场所应尽量不用或少用携带式电气设备。

(3) 为了避免产生火花，在爆炸危险环境更换灯泡应停电操作。在爆炸危险环境内一般不应进行测量操作。

4. 保护接地

(1) 应将所有不带电的金属物件做等电位连接，一般环境不要求接地（或接零）的部分在爆炸危险环境仍应接地（或接零）。

(2) 如低压由接地系统配电，应采用 TN－S 系统，不得采用 TN－C 系统，即在爆炸危险环境应将保护零线与工作零线分开。保护导线的最小截面，铜导体不得小于 $4mm^2$、钢导体不得小于 $5mm^2$。

如低压由不接地系统配电，应采用 IT 系统，并装有一相接地时或严重漏电时能自动切断电源的保护装置或能发出声、光双重信号的报警装置。

5. 电气灭火

火灾发生后，电气设备和电气线路可能是带电的，如不注意，可能引起触电事故。根据现场条件，可以断电的应断电灭火，无法断电的则带电灭火。电力变压器、多油断路器等电气设备充有大量的油，着火后可能发生喷油甚至爆炸事故，造成火焰蔓延，扩大火灾范围，这是必须加以注意的。

(1) 先断电后灭火。发现起火后，首先要设法切断电源。切断电源应注意以下几点：

1) 火灾发生后，由于受潮和烟熏，开关设备绝缘能力降低，因此，拉闸时最好用绝缘工具操作。

2) 高压应先操作断路器而不应该先操作隔离开关切断电源，低压应先操作电磁启动器而不应该先操作刀开关切断电源，以免引起弧光短路。

3) 切断电源的地点要选择适当，防止切断电源后影响灭火工作。

4) 剪断电线时，不同相的电线应在不同的部位剪断，以免造成短路。剪断空中的电线时，剪断位置应选择在电源方向的支持物附近，以防止电线剪后断落下来，造成接地短路和触电事故。

(2) 带电灭火的安全要求。为了争取灭火时间，防止火灾扩大，来不及断电；或因灭火、生产等需要不能断电，则需要带电灭火。带电灭火须注意以下几点：

1) 应按现场特点选择适当的灭火器。二氧化碳灭火器、干粉灭火器的灭火剂都是不导电的，可用于带电灭火。泡沫灭火器的灭火剂（水溶液）有一定的导电性，而且对电气设备的绝缘有影响，不宜用于带电灭火。

2）用水枪灭火时宜采用喷雾水枪，这种水枪流过水柱的泄漏电流小，带电灭火比较安全。用普通直流水枪灭火时，为防止通过水柱的泄漏电流通过人体，可以将水枪喷嘴接地（即将水枪接入埋入接地体，或接向地面网络接地板，或接向粗铜线网络鞋套）；也可以让灭火人员穿戴绝缘手套、绝缘靴或穿戴均压服操作。

3）人体与带电体之间保持必要的安全距离。用水灭火时，水枪喷嘴至带电体的距离：电压为10kV及其以下不应小于3m，电压为220kV及其以上不应小于5m。用二氧化碳等有不导电灭火剂的灭火器灭火时，机体、喷嘴至带电体的最小距离：电压为10kV不应小于0.4m，电压为35kV不应小于0.5m等。

4）对架空线路等空中设备进行灭火时，人体位置与带电体之间的仰角不应超过45°。

5）高压电气设备或线路发生火灾时，在室内，扑救人员不得进入距故障点4m以内范围；在室外，扑救人员不得接近距故障点8m以内范围。如进入上述范围，必须穿绝缘靴，需接触设备外壳或构架时应戴绝缘手套。

（3）充油电气设备的灭火。充油电气设备的油或设备外部起火，可用二氧化碳、干粉灭火器带电灭火。如火势较大，应切断电源，然后可用水灭火。

如油箱破坏、喷油燃烧、火势很大时，除切断电源外，有事故储油坑的应设法将油放进储油坑，坑内和地面上的油火可用泡沫扑灭。

要防止燃烧着的油流入电缆沟而顺沟蔓延，电缆沟内的油火只能用泡沫覆盖扑灭。

6．“三不动火”措施

（1）没有动火手续不动火。

（2）监火人不到场不动火。

（3）没有防范措施不动火。

5.3.7 重要典型设备的防火防爆

5.3.7.1 变压器防火防爆

变压器是变电所和用户最重要的电气设备，一旦发生火灾和爆炸，不仅会造成变压器损坏，而且会造成变电所及用户大面积停电，带来巨大的损失。

1．变压器的火灾及爆炸的危险性

变压器油箱内充满一种闪点在140°以上的可燃液体，而且变压器内的材料多是可燃物质，因此，变压器发生火灾，爆炸的危险性很大。

2．变压器发生火灾和爆炸的基本原因

（1）绕组绝缘老化或损坏，产生短路。

（2）绕组接触不良产生高温或者电火花。

（3）套管损坏爆裂起火。

（4）变压器油老化变质引起绝缘击穿。

（5）其他原因引起火灾和爆炸。

3．预防变压器火灾和爆炸的措施

（1）预防变压器绝缘击穿。

（2）预防铁芯多点接地及短路（测试铁芯绝缘、测试穿芯螺丝绝缘）。

（3）预防套管闪络爆炸。

（4）设置事故蓄油坑。

（5）建设防火隔墙或防火防爆建筑。

（6）设置消防设备。

5.3.7.2 断路器防火防爆

1. 断路器发生爆炸的主要原因

（1）断路器本身的断流容量不能适应电力系统短路容量的要求。

（2）检修工艺不良而造成断路器开断能力降低。

（3）运行维护不当造成断路器开断能力下降。

（4）操作不当也会导致意外事故的发生。

（5）过去厂家生产的旧型断路器开断容量达不到铭牌的开断容量。

（6）油断路器断开间隔的弧光短路事故经常会产生着火爆炸。

2. 断路器防火防爆措施

（1）断路器的遮断容量必须满足要求。

（2）加强断路器运行的管理工作。

（3）加强运行检查、维护，时刻保护断路器灭弧绝缘介质的质量。

（4）注意保证油断路器的气体压力和液体压力为正常值。

（5）注意断路器的防雨、防潮、防泄漏、防污染。

（6）在户内和户外的配电作业中，必须保持断路器之间的距离。

5.3.7.3 电力电缆防火防爆

1. 电力电缆爆炸起火的原因

电力电缆的绝缘层由纸、油、麻、橡胶、塑料、沥青等可燃物构成，因此具有引起火灾的可能。

电缆一旦发生火灾，则火势凶猛，蔓延迅速，在燃烧时会发生大量的有害气体，造成扑救困难。电缆烧坏后，修复时间长，损失严重，因此必须十分重视防范电缆火灾事故。

（1）通风不良、积尘过厚，电缆沟（道）应保持干燥通风，加强维护，清除积尘电缆沟（道）。

（2）内有可燃气体或液体泄露，经高温或明火引燃。

（3）电缆长期过负荷运行，使绝缘老化。

（4）电缆与热力管等热源距离过近，电缆长期受高温烘烤，使绝缘老化。

（5）电缆的防护层在电缆敷设时遭机械损伤、防护层被老鼠等小动物咬坏。

（6）油浸电缆敷设时高低位差较大，发生淌油或电缆头渗油现象，致使高位电缆端的绝缘油流失，热阻增加，绝缘焦化而击穿起火。

（7）灌注时盒内有气孔。

（8）接头盒密封不良或受损裂纹浸入潮气，使绝缘击穿起火爆炸。

2. 电缆火灾的预防措施

（1）保证施工质量，特别是电缆头的制作质量一定要严格符合规定要求。

（2）加强电缆运行监视，避免电缆过负荷运行。

(3) 按期进行电缆测试，发现不正常时应及时处理。

(4) 电缆沟要保持干燥，防止电缆受潮，造成绝缘下降，引起短路。

(5) 定期清扫电缆上所积粉尘，防止所积粉尘自燃引起电缆着火。

(6) 加强电缆回路开关及保护的定期校验维护，保证其动作可靠。

(7) 电缆敷设时要保持与热管路有足够距离，控制电缆不小于0.5m；动力电缆不小于1m。控制电缆与动力电缆应分槽、分层并分开布置，不能层间重叠放置。对不符合规定的部位，电缆应采取阻燃、隔热措施。

(8) 安装火灾报警装置及时发现火情，防止电缆着火。

拓展阅读

1. 灭火的基本方法

常用灭火的方法有四种：窒息法、冷却法、隔离法、化学抑制法。

(1) 窒息法：隔绝空气，使助燃气体（如氧）与燃烧物分开，就可停止燃烧。

(2) 冷却法：降低燃烧物质的温度，当降到燃点以下，就停止燃烧。

(3) 隔离法：将燃烧物质与未燃烧物质分开，使火势孤立，不致蔓延。

(4) 化学抑制法：采用含氟、氯、溴等化学剂，使链式反应中断，燃烧即停止。

2. 防火基本技术措施

(1) 消除着火源，如禁止烟火、采用防爆灯具等。

(2) 控制可燃物，如防止可燃物的跑、冒、滴、漏，以难燃或以不燃材料代替可燃材料。

(3) 隔绝空气，如使生产置于真空条件下进行，钠存于煤油中等。

(4) 阻止火灾范围的扩大，如筑防火墙或设置阻火装置。

(5) 监视酝酿期的特征。

(6) 组织训练消防队伍。

(7) 配备相应的消防器材。

3. 常用防火用具用品

(1) 液态灭火物质——水。水具有显著的冷却作用，热容量大，水蒸发时能大量吸收热量，水蒸气即可冲淡燃烧区的可燃气体浓度，又能阻止氧气进入燃烧区，当空气中水蒸气达30%以上就能灭火。

水可以扑灭任何建筑物和一般物质（如棉织物、部分水溶性或水浸润的化学物质）的火灾。但禁用水扑灭以下火灾：

1) 遇水燃烧爆炸的物质，如金属钾、钠、镁、铝、过氧化物、电石、浓硫酸、熔触状的盐。

2) 带电设备的火灾，因水能导电。

3) 比水轻又不溶于水的易燃液体的火灾，如汽油、煤油。

(2) 固态灭火物质。固体物质有黄沙、泥土，它可以用来扑灭小量易燃液体和某些不宜用火扑灭的化学物品的火灾，但禁止用它来扑灭镁合金火灾，因为黄沙的主要成分二氧化硅与燃烧着的镁反应能放出大量的热，反而促进镁燃烧。另外，可以用湿棉被、湿麻袋扑灭初起的火灾。

(3) 根据火种，正确使用灭火机。

1) 泡沫灭火机。普通泡沫灭火机用硫酸铝、碳酸氧纳溶液和发泡剂配制产生二氧化碳泡沫，可以用来扑灭汽油、煤油、油漆等易燃体的火灾，但不能扑救带电电器火灾。因其有污迹存留，不能扑救精密仪器仪表及贵重物品；因其与忌水性物质接触后燃烧，不能扑救忌水性物品产生的火灾。

使用方法和注意事项：

a. 灭火机置于干燥、阴凉，容易看到、取下的地方。

b. 经常疏通喷嘴，防止堵塞。1～2年换一次配剂，对筒壳进行水压试验。

c. 使用灭火机时，要离开胸前20cm以上，以防喷嘴堵塞，筒内压力过大，发生筒体爆炸伤人。扑灭火源应从外围到中间；不要同其他灭火液体一起使用，否则失去作用。

2) "1211"化学液体灭火机。"1211"是一碳二氟一氯一溴甲烷（CF_2ClBr)。常温为液体状态，易于气化。无色、无刺激性气味，对金属无腐蚀作用。

"1211"灭火机适用于扑灭油类、易燃液体、气体及电器设备、精密仪器等初起火灾，不宜用于扑救活泼金属、金属有机化合物、硼烷等物质的火灾。可在图书馆、文物、资料档案室、精密仪器室配备。

使用方法和注意事项：空气中含有"1211"，当浓度低于4%时，比较安全；超过5%～10%时，能引起人体中毒。需注意灭火时间不宜过长，避开气体、有毒物质接近人体。

3) 化学干粉灭火机。干粉灭火剂无毒、不易变质，对人畜无害、对容器无腐蚀，易长期保存使用。

使用方法和注意事项：火灾时，手提灭火机，撕去器头上的铅封，拔去保险销，一手握住胶管，将喷嘴对准火焰根部，另一手按下压把，干粉即可喷出灭火。

喷粉要由近及远，向前平推，左右横扫，不使火焰窜回。

喷粉不要直接冲击油面，以防飞溅，造成灭火困难。

4. 灭火剂的选用

(1) 水和水蒸气。水是常用的灭火剂，它资源丰富，取用方便。水的热容量大，1kg水温度升高1℃，需要1kcal的热量；1kg100℃的水气化成水蒸气则需要吸收539 cal的热量。因此水能从燃烧物中吸收很多的热量，使燃烧物的温度迅速下降，燃烧终止。水在受热汽化时，体积增大1700多倍，当大量的水蒸气笼罩于燃烧物的周围时，可以阻止空气进入燃烧区，从而大大减少氧的含量，使燃烧因缺氧而窒息熄灭。在用水灭火时，加压水流能喷射到较远的地方，具有较大的冲击作用，能冲过燃烧表面进入内部，从而使未着火的部分与燃烧区隔离开来，防止燃烧物继续分解而熄灭。

水能稀释或冲淡某些液体或气体，降低燃烧强度。水能浸湿未燃烧的物质，使之难以燃烧。水还能吸收某些气体、蒸汽和烟雾，有助于灭火。

不能用水扑灭下列物质和设备的火灾：

1) 密度小于水和不溶于水的易燃液体。如汽油、煤油、柴油等油品（密度大于水的可燃液体，如二硫化碳，可以用喷雾水扑救，或用水封阻止火势的蔓延)。

苯类、醇类、醚类、酮类、酯类及丙烯腈等大容量储罐，如用水扑救，则水会沉在液体下层，被加热后会引起爆沸形成可燃液体的飞溅和溢流，使火势扩大。

2）遇水燃烧物不能用水或含水的泡沫液灭火，而应用沙土灭火。如金属钾、钠及碳化钙等。

3）盐酸和硝酸不能用强大的水流冲击。因为强大的水流能使酸飞溅，流出后遇可燃物质，有引起爆炸的危险。酸溅在人身上，能烧伤人。

4）电气火灾未切断电源前不能用水扑救。因为水是良导体，容易造成触电。

5）高温状态下的化工设备不能用水扑救，防止遇冷水后骤冷引起变形或爆炸。

(2) 泡沫灭火剂。泡沫灭火剂是扑救可燃液体的有效灭火剂，它主要是在液体表面生成凝聚的泡沫漂浮层，起窒息和冷却作用。

(3) 二氧化碳灭火剂。二氧化碳在通常状态下是无色无味的气体，相对密度1.529，比空气重，不燃烧也不助燃。经过压缩液化的二氧化碳灌人钢瓶内，制成二氧化碳灭火剂（MT）。从钢瓶里喷射出来的固体二氧化碳（干冰）温度可达－78.5℃，干冰汽化后，二氧化碳气体覆盖在燃烧区内，除了窒息作用之外，还有一定的冷却作用，火焰就会熄灭。

由于二氧化碳不含水、不导电，所以可以用来扑灭精密仪器和一般电气火灾，以及一些不能用水扑灭的火灾。

但是二氧化碳不宜用来扑灭金属钾、钠、镁、铝等及金属过氧化物（如过氧化钾、过氧化钠）、有机过氧化物、氯酸盐、硝酸盐、高锰酸盐、亚硝酸盐、重铬酸盐等氧化剂的火灾。

(4) 干粉灭火剂。干粉灭火剂（MF）的主要成分是碳酸氢钠和少量的防潮剂硬脂酸镁及滑石粉等。用干燥的二氧化碳或氮气作动力，将干粉从容器中喷出，形成粉雾喷射到燃烧区，干粉中的碳酸氢钠受高温作用发生分解，放出大量二氧化碳和水，水受热变成水蒸气并吸收大量的热能，起到一定的冷却和稀释可燃气体的作用。

(5) 酸碱灭火剂。水型灭火剂（MS）也称为酸碱灭火剂，它是用碳酸氢钠与硫酸相互作用，生成二氧化碳和水。这种水型灭火剂用来扑救非忌水物质的火灾，它在低温下易结冰，天气寒冷的地区不适合使用。

(6) 卤代烷灭火剂。卤代烷的灭火原理主要是抑制燃烧的连锁反应，它们的分子中含有1个或多个卤素原子，在接触火焰时，受热产生的卤素离子与燃烧产生的活性氢基化合，使燃烧的连锁反应停止。此外，它们兼有一定的冷却、窒息作用。卤代烷灭火剂的灭火效率比二氧化碳和四氯化碳要高。

目前，我们使用的卤代烷灭火剂主要有“1211”、“1202”（即一碳二氟二溴甲烷，CF_2Br_2）。

卤代烷灭火剂不宜扑灭自身能供氧的化学药品、化学活泼性大的金属、金属的氢化物和能自燃分解的化学药品的火灾。

(7) 四氯化碳灭火剂。四氯化碳是无色透明液体，不自燃、不助燃、不导电、沸点低(75.8℃)。当它落入火区时迅速蒸发，由于其蒸气重（约为空气的5.5倍），很快密集在火源周围，起到隔绝空气的作用。当空气中含有10%的四氯化碳蒸气时，火焰就将迅速熄灭，故它是一种很好的灭火剂，特别适用于电气设备的灭火。

各类灭火剂适用范围见表5.1。

表5.1　　各类灭火剂适用范围

灭火剂			火灾种类				
			木材等一般火灾	可燃液体火灾		带电设备火灾	金属火灾
				非水溶性	水溶性		
液体	水	直流	○	×	×	×	×
		喷雾	○	△	○	○	△
	水溶液	直流（加强化剂）	○	×	×	×	×
		水加表面活性剂	○	△	△	×	×
		水加增黏剂	○	×	×	×	×
		水胶	○	×	×	×	×
		喷雾（加强化剂）	○	○	○	×	×
		酸碱灭火剂	○	×	×	×	×
	泡沫	化学泡沫	○	○	△	×	×
		蛋白泡沫	○	○	×	×	×
		氟蛋白泡沫	○	○	×	×	×
		水成膜泡沫（轻水）	○	○	×	×	×
		合成泡沫	○	○	×	×	×
		抗溶泡沫	○	△	○	×	×
		高、中倍数泡沫	○	○	×	×	×
	特殊液体（7150灭火剂）		×	×	×	×	○
气体	卤代烷	二氟二溴甲烷（1202）	△	○	○	○	×
		四氟二溴乙烷（2402）	△	○	○	○	×
		四氯化碳	△	○	○	○	×
		二氟一氯一溴甲烷（1211）	△	○	○	○	×
		三氟一溴甲烷（1301）	△	○	○	○	×
	不燃气体	二氧化碳	△	○	○	○	×
		氮气	△	○	○	○	×
固体	干粉	钠盐、钾盐、Monnex干粉	△	○	○	○	×
		磷酸盐干粉金	○	○	○	○	×
		属火灾用干粉	×	×	×	×	○
	烟雾灭火剂		×	○	×	×	×

注　○—适用；△—一般不用；×—不适用。

5. 火灾类别

根据物质及其燃烧特性，将火灾分为以下几类：

(1) A类火灾指含碳固体可燃物，如木材、棉、毛、麻、纸张等燃烧的火灾。

(2) B类火灾指甲、乙、丙类液体，如汽油、煤油、柴油、甲醇、乙醚、丙酮等燃烧的火灾。

(3) C类火灾指可燃气体，如煤气、天然气、甲烷、乙炔、丙烷、氢气等燃烧的火灾。

(4) D类火灾指可燃金属，如钾、钠、镁、钛、锆、锂、铝镁合金等燃烧的火灾。

(5) 带电火灾指带电物体燃烧的火灾。

思考题

1. 常见电气点火源有哪些？
2. 配电线路火灾原因有哪些？
3. 造成短路的主要原因有哪些？
4. 造成超负荷的主要原因有哪些？
5. 造成接触不良的主要原因有哪些？
6. 电气火灾和爆炸的原因有哪些？
7. 防火防爆安全管理有哪些主要措施？

第6章

现场紧急救护知识

6.1 触电及急救

6.1.1 触电方式

触电是由于人体直接接触电源，受到一定量的电流通过人体致使组织损伤和功能障碍甚至死亡。触电时间越长，人体所受的电损伤越严重。自然界的雷击也是一种触电形式，其电压可高达几千万伏特，造成极强的电流电击，危害极大。触电或雷击是由于人体直接接触电源，受到一定量的电流通过人体致使组织损伤和功能障碍甚至死亡。触电时间越长，人体所受的电损伤越严重。触电方式主要有以下几种。

1. 单相触电

人体的一部分接触带电体时，另一部分与大地或中性线相接，电流从带电体流经人体到大地形成回路，这种触电方式称为单相触电。

2. 两相触电

当人体的不同部位同时接触同一电源两相带电体之间并构成回路，所引起的触电称为两相触电。

3. 跨步电压触电

当带电体接地时，有电流向大地扩散，其电位分布以接地点为圆心向圆周扩散，在不同位置形成电位差。若人站在这个区域内，则两脚之间的电压称为跨步电压，由此所引起的触电称为跨步电压触电。如当高压线断落到地面时，会在导线接地点及周围形成强电场，其中，接地点电位最高，距离越远电位越低，当人或牲畜跨进这个区域时，两脚跨步之间将存在一个跨步电压，导致人或牲畜产生跨步电压触电。

4. 接触电压触电

当运行中的电气设备绝缘损坏或由于其他原因而造成接地短路故障时，接地电流通过接地点向大地流散，在以接地点为圆心的一定范围内形成分布电位。当人触及漏电设备外壳时，电流通过人体和大地形成回路，由此造成的触电称为接触电压触电。

5. 感应电压触电

当人触及带有感应电压的设备和线路时，造成的触电事故称为感应电压触电。例如，一些不带电的线路由于大气变化（如雷电活动），会产生感应电荷。此外，停电后一些可能感应电压的设备和线路如果未接临时地线，则这些设备和线路对地均存在感应电压。

6. 剩余电荷触电

当人体触及带有剩余电荷的设备时，带有电荷的设备对人体放电所造成的触电事故称为剩余电荷触电。例如，在检修中用摇表测量停电后的并联电容器、电力电缆、电力变压器及大容量电动机等设备时，因检修前没有对其充分放电，造成剩余电荷触电。又如，并联电容器因其电路发生故障而不能及时放电，退出运行后又未进行人工放电，从而使电容器储存着大量的剩余电荷。当人员接触电容或电路时，就会造成剩余电荷触电。

7. 雷击触电

自然界的雷击也是一种触电形式，一部分带电的云层与另一部分带异种电荷的云层，或者是带电的云层对大地之间迅猛的放电，其电压可高达几千万伏特，造成极强的电流电击。

6.1.2 触电原理

人体组织有60%以上是由含有导电物质的水分组成，因此，人体是个导体，当人体接触设备的带电部分并形成电流通路时，就会有电流流过人体，从而造成触电。触电时电流对人身造成的伤害程度与电流流过人体的电流强度、持续的时间、电流频率、电压大小及流经人体的途径等多种因素有关。

人体一旦遇到强电流通过或人体细胞中的导电元素全部参与导电时，其身体中的大化学分子就会彻底的解体而致使生命终结。这种状态会出现在超过安全电压的情况下，电压越高对人体细胞的伤害作用越大，当电压在数万伏特以上或者是在数亿伏特的雷电场中，人体的细胞会完全被碳化。通常，2mA 以下的电流通过人体，仅产生麻感，对机体影响不大。8～12mA 电流通过人体，肌肉自动收缩，身体常可自动脱离电源，除感到“一击”外，对身体损害不大。但超过 20mA 即可导致接触部位皮肤灼伤，皮下组织也可因此碳化。25mA 以上的电流即可引起“心室纤维性颤动”，导致血液循环停顿而死亡。

6.1.3 人体触电后的表现

1. 假死

所谓假死，即触电者丧失知觉、面色苍白、瞳孔放大、脉搏和呼吸停止。假死可分为三种类型：心跳停止，尚能呼吸；呼吸停止，心跳尚存，但脉搏很微弱；心跳、呼吸均停止。由于触电时心跳和呼吸是突然停止的，虽然中断了供血供氧，但人体的某些器官还存在微弱活动，有些组织的细胞新陈代谢还在进行，加之一般体内重要器官并未损伤，只要及时进行抢救，触电者极有被救活的可能。

2. 局部电灼伤

触电者神志清醒，电灼伤常位于电流进出人体的接触处，进口处的伤口常为一个，出口处的伤口有时不止一个。电灼伤的面积有时较小，但较深，有时可深达骨骼，大多为三度灼伤，灼伤处是焦黄色或褐黑色，创面与正常皮肤有明显的界线。

3. 伤害较轻

触电者神志清醒，只是有些心慌、四肢发麻、全身无力、一度昏迷，但未失去知觉，出冷汗或恶心呕吐等。

6.1.4 安全电压与安全电流

根据 GB 3805—83 规定，通常安全电流：交流 50Hz、10mA，直流 50mA；安全电压：交流 36V，直流 48V。

6.1.5　触电急救的原则

现场急救的原则是：迅速、就地、准确、坚持。

1. 迅速

要动作迅速，切不可惊慌失措，要争分夺秒、千方百计地使触电者脱离电源，并将触电者移到安全的地方。

2. 就地

要争取时间，在现场（安全地方）就地抢救触电者。

3. 准确

抢救的方法和施行的动作姿势要正确。

4. 坚持

急救必须坚持到底，直至医务人员判定触电者已经死亡，再无法抢救时，才能停止抢救。

6.1.6　触电急救的步骤

1. 脱离电源

(1) 触电急救，首先要使触电者迅速脱离电源，越快越好。因为电流作用的时间越长，伤害越重。

(2) 脱离电源就是要把触电者接触的那一部分带电设备的开关、刀闸或其他断路设备断开；或设法将触电者与带电设备脱离。在脱离电源中，救护人员既要救人，也要注意保护自己。

(3) 触电者未脱离电源前，救护人员不准直接用手触及伤员，因为有触电的危险。

(4) 如触电者处于高处，触脱电源后会自高处坠落，因此，要采取预防措施。

(5) 触电者触及低压带电设备，救护人员应设法迅速切断电源，如拉开电源开关或刀闸，拔除电源插头等；或使用绝缘工具、干燥的木棒、木板、绳索等不导电的东西解脱触电者；也可抓住触电者干燥而不贴身的衣服，将其拖开，切记要避免碰到金属物体和触电者的裸露身躯；也可戴绝缘手套或将手用干燥衣物等包起绝缘后解脱触电者；也可站在绝缘垫上或干木板上，绝缘自己进行救护。为使触电者与导电体解脱，最好用一只手进行。如果电流通过触电者入地，并且触电者紧握电线，可设法用干木板塞到身下，与地隔离，也可用干木把斧子或有绝缘柄的钳子等将电线剪断。剪断电线要分相，一根一根地剪断，并尽可能站在绝缘物体或干木板上。

(6) 触电者触及高压带电设备，救护人员应迅速切断电源，或用适合该电压等级的绝缘工具（戴绝缘手套、穿绝缘靴并用绝缘棒）解脱触电者。救护人员在抢救过程中应注意保持自身与周围带电部分必要的安全距离。

(7) 如果触电发生在架空线杆塔上，如系低压带电线路，若可能立即切断线路电源的，应迅速切断电源，或者由救护人员迅速登杆，束好自己的安全皮带后，用带绝缘胶柄的钢丝钳、干燥的不导电物体或绝缘物体将触电者拉离电源。

如系高压带电线路，又不可能迅速切断电源开关的，可采用抛挂足够截面的适当长度的金属短路线方法，使电源开关跳闸。抛挂前，将短路线一端固定在铁塔或接地引下线上，另一端系重物，但抛掷短路线时，应注意防止电弧伤人或断线危及人员安全。无论是何级电压线路上触电，救护人员在使触电者脱离电源时要注意防止发生高处坠落的可能和再次触及其他有电线路的可能。

(8) 如果触电者触及断落在地上的带电高压导线，且尚未确证线路无电，救护人员在未做好安全措施（如穿绝缘靴或临时双脚并紧跳跃地接近触电者）前，不能接近断线点至8～10m范围内，防止跨步电压伤人。触电者脱离带电导线后亦应迅速带至8～10m以外后立即开始触电急救。只有在确证线路已经无电，才可在触电者离开触电导线后，立即就地进行急救。

(9) 救护触电伤员切除电源时，有时会同时使照明失电，因此应考虑事故照明、应急灯等临时照明。新的照明要符合使用场所防火、防爆的要求。但不能因此延误切除电源和进行急救。

2. 伤员脱离电源后的处理

(1) 触电伤员如神志清醒，应使其就地躺平，严密观察，暂时不要站立或走动。

(2) 触电伤员如神志不清，应就地仰面躺平，且确保气道通畅，并在5s内，呼叫伤员或轻拍其肩部，以判定伤员是否意识丧失。禁止摇动伤员头部呼叫伤员。

(3) 需要抢救的伤员，应立即就地坚持正确抢救，并设法联系医疗部门接替救治。

(4) 触电伤员如意识丧失，应在10s内，用看、听、试的方法，判定伤员呼吸、心跳情况。

3. 现场对症救治

触电者脱离电源后，应立即就近移至干燥通风的场所，再根据情况迅速进行现场救护，同时应通知医务人员到现场，并做好送往医院的准备工作。现场救护可按以下办法进行：

(1) 触电者所受伤害不太严重，如触电者神志智清醒，只是有些心慌、四肢发麻、全身无力，一度昏迷，但未失去知觉，此时应使触电者静卧休息，不要走动，同时应严密观察。如在观察过程中，发现呼吸或心跳很不规律甚至接近停止时，应赶快进行抢救，请医生前来或送医院诊治。

(2) 触电者的伤害情况较严重，触电者无知觉、无呼吸，但心脏有跳动，应立即进行人工呼吸；如有呼吸，但心脏跳动停止，则应立即采用胸外心脏按压法进行救治。

(3) 触电者伤害很严重，触电者心脏和呼吸都已停止、瞳孔放大、失去知觉，这时须同时采取人工呼吸和人工胸外心脏按压两种方法进行救治。做人工呼吸要有耐心，尽可能坚持抢救4h以上，直到把人救活，或者一直抢救到确诊死亡时为止；如需送医院抢救，在途中也不能中断急救措施。触电急救用药应注意以下两点：

1) 任何药物都不能代替人工呼吸和胸外心脏按压抢救。人工呼吸和胸外心脏按压是基本的急救方法，是第一位的急救方法。

2) 应慎重使用肾上腺素。肾上腺素有使停止跳动的心脏恢复跳动的作用，即使出现心室颤动，也可以使细的颤动转变为粗的颤动而有利于除颤；肾上腺素可能使衰弱的、跳动不正常的心脏变为心室颤动，并由此导致心脏停止跳动而死亡，因此对于用心电图仪观察尚有心脏跳动的触电者不得使用肾上腺素。只有在触电者已经经过人工呼吸和胸外心脏按压的急救，用心电图仪鉴定心脏确已停止跳动，又备有心脏除颤装置的条件下，才可考虑注射肾上腺素。

4. 口对口（鼻）人工呼吸法

该方法也称为口吹法，其操作步骤如下：

(1) 头部后仰，触电者脱离电源后，很快清理掉他嘴里的东西，使头尽量后仰，让鼻孔朝天，如图 6.1 所示。这样，舌头根部就不会阻塞气道；同时，解开他的领口和衣服。注意，头下不要垫枕头，否则会影响通气。

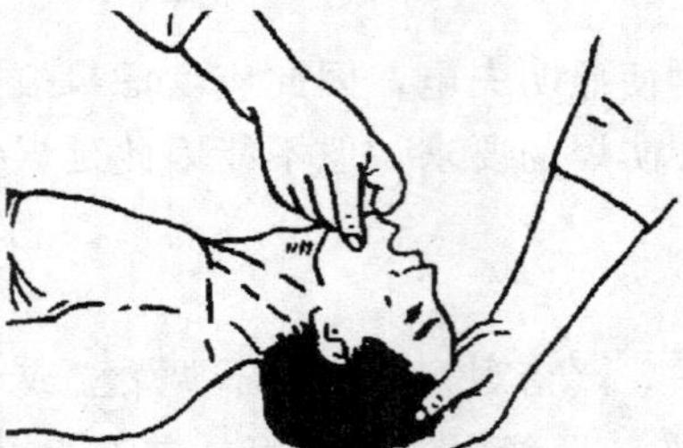

图 6.1　头部后仰

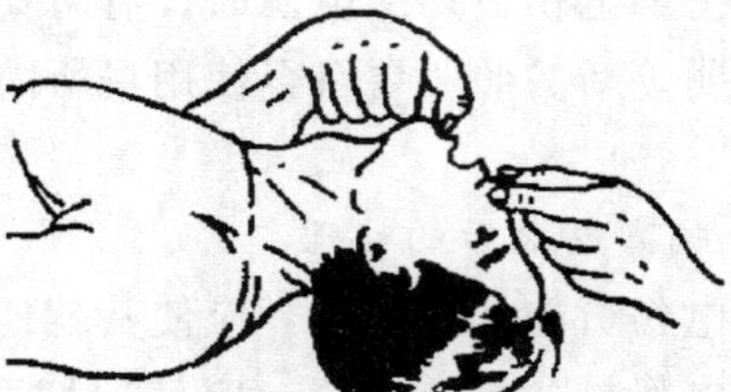

图 6.2　捏鼻掰嘴

(2) 捏鼻掰嘴，救护人在触电人的头部左边或右边，用一只手捏紧他的鼻孔，另一只手的拇指和食指掰开嘴巴，如图 6.2 所示。如果掰不开嘴巴，可用口对鼻的人工呼吸法，捏紧嘴巴，紧贴鼻孔吹气。

(3) 贴紧吹气，深吸气后，紧贴掰开的嘴巴吹气，如图 6.3 所示，也可隔一层布吹；吹气时要使他的胸部膨胀，每 5s 吹一次，吹 2s 放松 3s；小孩肺小，只能小口吹气。

(4) 放松换气，救护人换气时，放松触电人的嘴和鼻，让他自动呼气，如图 6.4 所示。

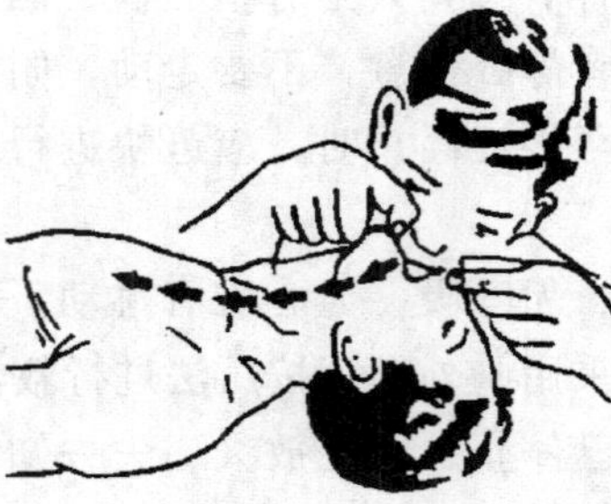

图 6.3　贴紧吹气

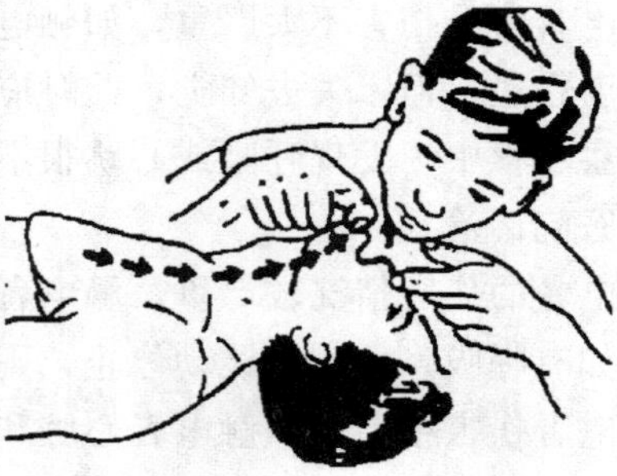

图 6.4　放松换气

5. 胸外心脏按压法

(1) 正确压点，应将触电人衣服解开，仰卧在地上或硬板上，不可躺在软的地方，找到正确的按压点，如图 6.5 所示。

(2) 叠手姿势，救护人跨腰跪在触电人的腰部，如图 6.6 所示（儿童用一只手），手掌根部放在心口窝稍高一点的地方，掌根放在胸骨下 1/3 的部位。

(3) 向下按压，掌根用力向下面，即向脊背的方向按压，压出心脏里面的血液，如图 6.7 所示。成人压陷到 3～5cm，每秒钟挤压一次，太快了效果不好；对儿童要用力轻一些，对成人太轻则效果不好。

(4) 迅速放松，按压后掌根很快全部放松，如图 6.8 所示，让触电人胸廓自动复原，血又充满心脏，每次放松时掌根不必完全离开胸膛。

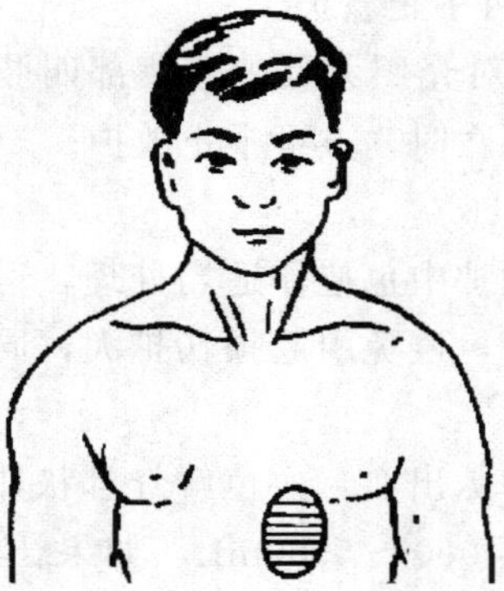

图 6.5　正确压点

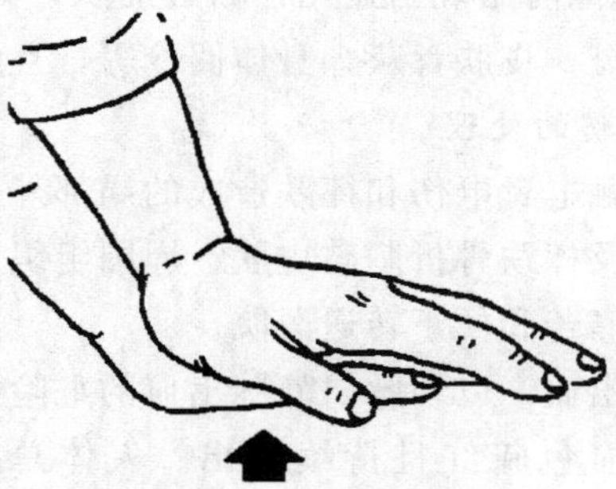

图 6.6　叠手姿势

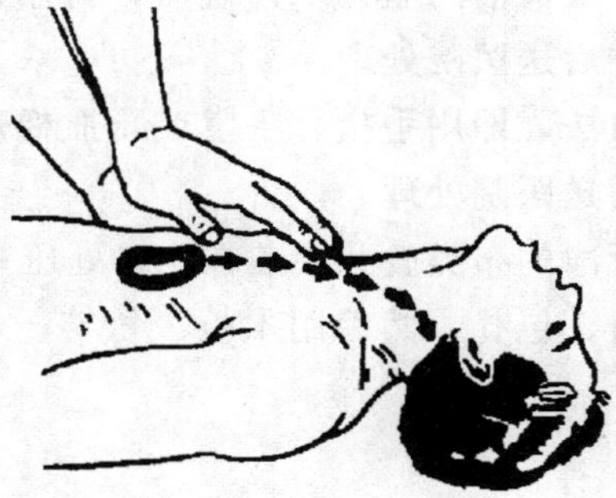

图 6.7　向下按压

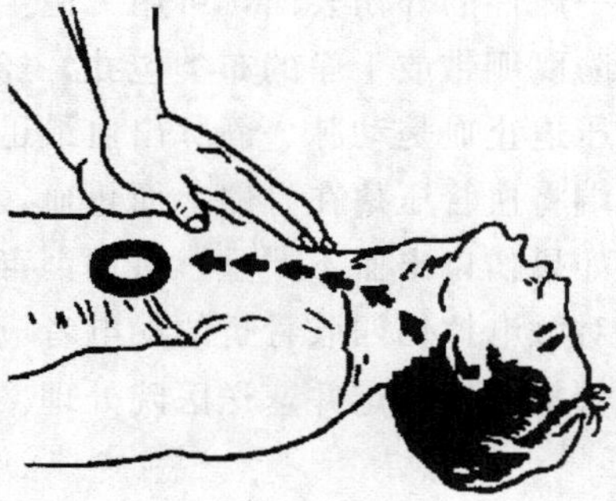

图 6.8　迅速放松

施行上述两种急救方法时，如双人抢救，每做胸外心脏按压 5 次后由另一人吹气 1 次 (5：1)，反复进行；如只有一人，又需同时采用两种方法，可以轮番进行，做胸外心脏按压 15 次以后，吹气 2 次 (15：2)。为便于记忆，上述两种方法的操作要领总结成口诀如下。

1) 口对口人工呼吸法：

清口捏鼻手抬颌，
深吸缓吹口对紧；
张口困难吹鼻孔，
五秒一次不放松。

2) 胸外心脏按压法：

掌根下压不冲击，
突然放松手不离；
手腕略弯压一寸，
一秒一次较适宜。

施行上述两种急救方法时，还应仔细观察触电者发生的一些变化，如：

1）触电者的皮肤由紫变红、瞳孔由小变大，说明急救方法已见效。

2）当触电者嘴唇稍有开口，眼皮活动或咽喉处有咽东西的动作，应观察其呼吸和心脏跳动是否恢复。

3）触电者的呼吸和心脏跳动完全恢复正常时，方可中止救护。

4）触电者出现明显死亡综合症状，如瞳孔放大，对光照无反映，背部四肢等部位出现红色尸斑，皮肤青灰，身体僵冷等，且经医生诊断死亡时，方可中止救护。

6. 外伤的处理

对于触电者电伤和摔跌造成的局部外伤，在现场救护中也应作适当处理，可防止细菌侵入感染及摔跌骨折刺破皮肤、周围组织、神经和血管，避免引起损伤扩大，同时可减轻触电者的痛苦和便于转送医院。

伤口出血，以动脉、静脉出血的危险性为最大。动脉出血，血色鲜红且状如泉涌；静脉出血，血色暗红且持续溢出。人体总血量大致有4000～5000mL，如果出血量超过1000mL，可能引起心脏跳动停止而死亡，因此，如触电者有出血状况要立即设法止血。常用的外伤处理方法如下：

（1）一般性的外伤表面，可用无菌生理食盐水或清洁的温开水冲洗后，再用适量的消毒纱布、防腐绷带或干净的布类包扎，经现场救护后送医院处理。

（2）压迫止血是动脉、静脉出血最迅速的止血法，即用手指、手掌或止血橡皮带在出血处供血端将血管压瘪在骨骼上而止血，同时，速送医院处理。

（3）如果伤口出血不严重，可用消毒纱布或干净的布类叠几层盖在伤口处压紧止血。

（4）对触电摔伤四肢骨折的触电者应首先止血、包扎，然后用木板、竹竿、木棍等物品临时将骨折肢体固定并速送医院处理。

6.2 外 伤 急 救

外伤指身体或物体由于外界物体的打击、碰撞或化学物质的侵蚀等造成的组织或器官解剖结构的破坏和生理功能的紊乱损伤。常见的外伤及处理方法如下所述。

6.2.1 深度裂伤

（1）止血，直接加压加抬高患部。

（2）清洗和消毒，用生理食盐水、矿泉水、碘酒。

（3）包扎→送医。

6.2.2 扭伤

（1）让患部休息。

（2）冰敷。

（3）绷带包扎。

（4）抬高患部。

6.2.3 骨折

（1）止血。

(2) 固定需注意：

1) 固定骨折处上下两端的关节。

2) 以木板、长棍、雨伞等坚硬的物品皆可。

3) 可将伤肢与健肢或躯干绑在一起。

4) 预防休克、保暖→送医。

5) 脱臼，疼痛、受伤关节无法移动。需加以固定→冰敷→送医。

6.2.4　颈部或脊椎骨折

从高处落下，怀疑颈部或脊椎骨折的征象为：

(1) 外伤引起意识不清。

(2) 颈背疼痛、呼吸困难。

(3) 手脚无骨折却不能动。

注意不要搬动患者以免造成二次伤害，尽快通知专业人员前来处理；同时注意患者呼吸道是否通畅，要预防休克、保暖→送医。

6.2.5　头部外伤

疑似脑震荡、脑挫伤、甚或脑出血的症状为头痛、头晕、呕吐、嗜睡、意识不清等。应平躺观察、维持呼吸道通畅、外伤止血并送医。

6.2.6　异物哽塞

世界共通的语言：手抓住咽喉口张开无法言语。

世界通用急救法：先问“你哽住了吗?”，再进行急救。如患者意识清楚，采用头向下姿势鼓励他用力咳嗽。无法咳出时，用腹部挤压法：双手握拳将横膈往上快速压挤 6～10 次，如患者是儿童的话，可将孩童倒提，于其两肩胛骨间用力叩击。

6.3　烧伤急救

烧伤主要指热力、化学物质、电能、放射线等引起的皮肤、黏膜甚至深部组织的损害，皮肤热力烧伤较为多见。据统计，每年因意外伤害的死亡人数，烧伤仅次于交通事故，排在第二位。

6.3.1　烧伤机理

烧伤的程度因为温度的高低、作用时间的长短而不同。局部的变化可分为四度：第一度，因血管麻痹而充血；第二度，形成充满血清的烧伤水疱；第三度，组织坏死；第四度，组织的炭化。烧伤时可见血液中的乳酸量增加，动静脉血的 pH 值降低，随着组织毛细血管功能障碍的加重缺氧血症也增重。临床经验证明，烧伤达全身表面积的 1/3 以上时则可有生命危险。大多数人都认为高温是引起烧伤的唯一原因，然而，某些化学物质和电流也能引起灼伤。皮肤常常只是身体烧伤的一部分，皮下组织也可能被烧伤，甚至没有皮肤烧伤时，也可能有内部器官烧伤。例如，饮入很烫的液体或腐蚀性的物质（如酸等）能灼伤食管和胃；在建筑物火灾中，吸入烟或热空气，可能造成肺部烧伤。烧伤的组织可能坏死。组织烧伤时，血管内的液体渗出引起组织水肿。

大面积烧伤时，血管渗透性异常，丢失大量液体，可能引起休克。休克时，血压很低，流到大脑和其他重要器官的血流量减少。电灼伤是由电流流经身体时产生 5000℃以上高温引起的，有时又称为电弧烧伤。在电流进入身体的部位，皮肤常常被完全破坏和烧焦。因为接触带电体的皮肤电阻很高，大量的电能在那里转换成热量使表面烧伤。大多数电灼伤也严重损伤皮下组织，烧伤的范围和深度各不相同。影响范围可能比灼伤皮肤的面积大得多。严重的电休克可使呼吸暂停、心律不齐，引起危险的心率紊乱。

6.3.2　烧伤处理

1. 迅速脱离致伤源或消防致伤原因

（1）火焰烧伤时，伤员应迅速灭火，立即平卧于地，慢慢滚动躯体以灭火，或者跳入附近的水池、小河中灭火，切勿站立、呼喊或奔跑，以免火焰因奔跑而燃烧更旺，因喊叫吸入炽热气体而造成吸入性损伤，赤手扑打火焰可致手部烧伤，深部烧伤多可造成手功能障碍，亦应避免。他人或消防人员除指导伤员自救以外，应使用大量清水或其他灭火材料将火扑灭，或用棉被、毯子、大衣覆压在伤员身上灭火，并尽快协助伤员离开现场。

（2）热流体或蒸气烫伤时，应使病人迅速离开现场并立即脱去浸湿的衣服，以免衣服上的余热继续产生作用，使创面深化。要尽可能避免将泡皮剥脱，可先用冷水冲洗带走热量后剪开热液浸湿的衣服。如贴身衣服与伤口粘在一起时，切勿强行撕脱，以免使伤口加重，可用剪刀先剪开，然后慢慢将衣服脱去。

（3）化学物质烧伤时，最简单、最有效地处理办法是：脱离现场后即刻脱去化学物质沾染或浸透的衣服、手套、鞋袜等，用大量清洁冷水冲洗烧伤人员，时间不得少于 20～30min，一方面可冲洗去化学物品，另一方面可使伤者局部毛细血管收缩，减少对化学物品的吸收。除现场备有拮抗剂或中和剂并有使用经验的人在场以外，切勿因寻找拮抗剂或中和剂而耽搁冲洗时间。应特别注意病人眼部感觉并仔细检查，在有损伤情况下应予冲洗。对个别具有剧毒的化学物质（如氰化物），应在大量冲洗的同时尽早采取相应的解毒措施。生石灰烧伤时，应在除去生石灰料后方行冲洗，防止生石灰遇水生热，加重损伤。磷烧伤时则应将创面浸于水中，或以多层湿纱布覆盖，以防止磷在空气中继续燃烧，加重损伤，并尽量剔除磷粒。

（4）电烧伤时，立即切断电源，再接触患者，并扑灭着火衣服。在未切断电源以前，急救者切记不要接触伤员，以免自身触电。灭火后，如发现伤员呼吸心跳停止，应在现场立即行体外心脏按压和口对口人工呼吸抢救，待心跳和呼吸恢复后，及时转送就近医院进一步处理；或在继续进行心肺复苏的同时，将伤员迅速转送到最近的医疗单位进行处理。如电弧烧伤，应切断电源后，按火焰烧伤处理。

2. 保护创面与镇静止痛

现场烧伤创面一般无需特殊处理。为防止创面污染而加重损害，应进行简单包扎，或以清洁的被单、衣服等覆盖、包裹以保护创面。不管是烧伤或烫伤，创面严禁用红汞、龙胆紫等有颜色的药物，以免影响对创面深度的判断和处理，且大量涂擦红汞，可因创面吸收而致汞中毒。勿用盐、糖、酱油、牙膏等涂抹创面，防止污染。天寒季节，尤其是夜间应注意保暖，以避免加速发生或加重休克。

病人剧痛、情绪紧张或恐惧，可酌情应用镇痛剂，常静脉缓慢推注稀释的杜冷丁，也可合用杜冷丁及异丙嗪，或皮下注射杜冷丁 50mg 或吗啡 10mg。但吸入性损伤、并发颅脑损伤及 1 岁以下婴儿忌用杜冷丁，以免抑制呼吸，可改用苯巴比妥钠或异丙嗪。对持续躁动不安的患者要考虑是否休克，切不可盲目镇静。

3. 重视全身检查，处理危及生命的合并伤

体表烧伤一眼可见，如不做初步的全身检查，就会只顾烧伤，而忽略了其他合并损伤，给伤员带来不应有的损害，甚至危及生命。因此，在处理紧急情况的烧伤病人时，首先得注意有无立即危及生命的情况，如严重的呼吸困难以至停止，心搏极弱以至停搏，血压下降以至测量不出，中毒、昏迷、大出血、骨折等，并予以优先处理。仅从烧伤角度处理烧伤而忽略其他，往往造成不可弥补的损失。

如煤气中毒引起的烧伤，对中毒要予以相应的处理。化学烧伤时，不能忽略全身中毒的解救。有呼吸道烧伤者，应注意口腔和鼻腔的卫生，清除泥土和异物，随时清除分泌物，保持呼吸道通畅。若发生急性喉头梗阻、窒息，在紧急时，可用粗针头从环甲膜处刺入气管内，以保证通气，暂时缓解窒息的威胁，然后在有备件时艰险行气管切开。严重车祸、爆炸事故时的烧伤往往同时合并有骨折、脑外伤、气胸或腹部脏器损伤，均应按外伤急救原则作相应的紧急处理。如用急救包填塞包扎开放性气胸，制止大出血；简单固定骨折等，再送附近医院处理。

4. 运送

经过现场急救的严重烧伤病人，应迅速运送至附近的医院进行初期处理并住院治疗。在休克期内，病人有效血容量低，循环系统不稳定，在搬动、长途颠簸、受寒、创面疼痛情况下，尤其是在运送前及运送中途未作输液治疗者，可加速休克的发生或加重休克，并增加创面污染的机会，对以后的治疗极为不利。因此，应该就实行抗体休克治疗而不应长途运送。但附近实无治疗条件，必须运送者则应注意以下几点。

（1）运送时机休克发生时间的早晚及严重程度，在未行输液治疗条件下，与烧伤的严重程度有关。据统计，无并发症的轻度及中度烧伤，休克发生率很低，这类病人如果需要转送，时间上并无限制。重度烧伤应于伤后 8h 内送达，最好在伤后 6h 内，特重烧伤应在伤后 2～4h 内送达，或就近的医疗单位进行抗体休克治疗，在渡过休克期后再运送。如烧伤面积大于 70%，则应于伤后 1h 内送达医院，否则就近行抗休克治疗。战时如不能就地救治休克，必须在休克期转送时，则应在中途设立中转站，进行分段输液。

（2）运送前处理必须运送的病人，运送前处理得当与否是运送成功的关键。凡头、面、颈部深度烧伤有可能发生呼吸道梗阻者，或者可能发生重度吸入性损伤者，应采取措施保证呼吸道畅通，包括进行预防性气管切开术。应行静脉输注液体，包括平衡盐液、血浆代用品（右旋糖酐、羟乙基淀粉）、生理盐水、葡萄糖液等，待休克情况稳定后方可运送。还应注意保暖，特别是在寒冷季节、夜间、运输工具简陋（如敞篷卡车）的条件下。适量应用镇静剂，在急救阶段已应用镇静剂者，应注意总剂量及用药时间间隔。创面应仔细保护，如急救阶段已进行包扎，可不予更换或仅更换外层已浸透之敷料，尽可能少骚扰病人。

（3）运送途中注意事项：①保证持续输液、供氧；②保持呼吸道通畅，对已行气管切

开的患者，要防止气管导管脱落；③留置导尿管，观察尿量，并做好进出液体总量的记录；④注意创面保护；⑤注意复合伤的处理；⑥注意患者保暖；⑦运输途中要尽可能避免颠簸，减少休克发生的可能性。

(4) 运送工具与伤员体位。常用的运用工具为汽车，如有可能，病人取横放位置，即与汽车纵轴相垂直，如无可能则采取病人足向车头、头向车尾方向的位置。路途长又在铁路沿线者可利用火车，严重烧伤或成批烧伤可借用邮政车厢或加挂专用车厢。超过100km的城市间运送，在有条件的地方可应用飞机或直升机。应用飞机运送时，病人体位应取与飞机纵轴垂直的位置即横位，或起飞时，病人头部应向飞机尾侧，降落时应将病人换到足部向飞机尾侧的方向，这样可避免飞机起飞、降落时因惯性致使病人头部急剧缺血。

6.4 昏厥、中暑、溺水急救

6.4.1 昏厥及救治

1. 昏厥的表现

昏厥又称晕厥、虚脱、昏倒，是一过性脑缺血（缺氧）引起的短暂的意识丧失。血压降低是昏厥的普遍现象，所以，昏厥多在人体直立、坐时发生。昏厥有别于昏迷。昏迷多是患重危病伤的结果，其意识障碍时间比昏厥长得多，恢复时间也比昏厥长且较困难。所以，昏迷不属于昏厥。昏厥与眩晕也有区别，后者在发病时主要是感觉自身与周围景物在旋转，且多无意识障碍。

引起昏厥的原因有很多种，但主要是低血压、低血糖、脑源性、心源性、血管性、失血性、药物过敏性以及精神受强烈刺激、剧烈疼痛、剧烈咳嗽等导致的。其中除心源性（急性心梗、室颤、心律不齐等）、脑源性（脑血管破裂，栓塞和脑挫伤等）、失血性（各类大出血）昏厥常有生命危险外，其余原因发生的昏厥大都无生命危险。

2. 昏厥的一般救治措施

(1) 立即扶病人平卧，取头低脚高位，解开其领口、腰带，女性患者同时解开其乳罩。可用双手由病人下肢向其心脏部位加压按摩，驱使其血液流向脑部。

(2) 立即用针刺病人人中穴、少冲穴（在小手指甲根下面），或手指用力掐上述穴位，以促病人苏醒。同时配合针刺百会、合谷、内关、十宣等穴位。

(3) 如条件许可，可给病人饮热茶或咖啡；对低血糖性昏厥可静脉注射10%葡萄糖50mL。病人稍醒或仍然迷糊时，可服用白果龙眼汤1碗（白果5只、龙眼10只，水煮汤）可促速醒。

(4) 如因剧烈咳嗽引起昏厥，可给病人甘草复方片（将3片研碎，用温水送下），川贝止咳糖浆（10mL，1次服下），待咳止、苏醒后再送医院救治。

6.4.2 中暑及防范救治

1. 中暑症状的表现

(1) 先兆中暑。其症状为在高温环境中劳动一段时间后，出现大量流汗、口渴、身感到无力、注意力不集中、动作不能协调等症状。

(2) 轻度中暑。其症状为除有先兆中暑症状外，还可能出现头晕乏力、面色潮红、胸闷气短、皮肤灼热而干燥，还有可能出现呼吸循环系统衰竭的早期症状，如面色苍白、恶心、呕吐、血压下降、脉搏细弱而快、体温上升到 38.5°以上。此时如不及时救护，就会发生热晕厥或热虚脱。

(3) 重症中暑。一般是因未及时和适当处理出现的轻症中暑（病人），导致病情加重，随着出现昏迷、痉挛或手脚抽搐。此时中暑病人皮肤往往干燥无汗，体温升至 40°以上，若不赶紧急救，很可能危及生命安全。

2. 现场救治

中暑发生后，应在现场及时迅速地开展抢救工作，立即让患者脱离热源或阳光直射环境，转移到通风、阴凉、安静干爽的地方。解开患者衣服，用冷水擦身，或头部、颈部、腋下、腹股沟处放冷水袋或冰袋冰帽；较重者可用冷水浸泡，严重者送医院急救。多给患者饮用些含盐的清凉饮料或运动饮料。

3. 常见处置措施

(1) 首先应尽快脱离高温环境。迅速将中暑者转移至阴凉通风处休息，使其平卧，头部抬高，松解衣扣，并用冷水毛巾敷其头部。

(2) 人工降温。迅速采用降温措施，如用冷水毛巾敷额部或用冷水擦身。有条件的地方，可用冰袋、冰水敷头部，或用冰块、冰袋放在病人的头部、腋窝、大腿根部等处。或将病人浸浴在 4℃水中，并按摩四肢皮肤，使皮肤血管扩张，加速血液循环，促进散热。还可采用电风扇吹风等散热方法，但不能直接对着病人吹风，防止又造成感冒。

(3) 补充液体。如果中暑者神志清醒，并无恶心、呕吐，可给予十滴水、人丹、风油精或藿香正气水等药物口服，外擦清凉油或风油精。并同时给予加适量盐的绿豆汤、冷饮料或冷开水服用，以补充体内丢失的水分，起到既降温又补充血容量的作用。

注意：别给昏迷的患者灌饮任何东西，以免呛倒患者或液体入了肺。

(4) 冰敷。亦可头部冷敷，应在头部、腋下、腹股沟等大血管处放置冰袋（用冰块、冰棍、冰激凌等放入塑料袋内，封严密即可），并可用冷水或 30%酒精擦浴直到皮肤发红。每 10～15min 测量 1 次体温。

(5) 刺血疗法。取穴十宣、曲泽、大椎、委中、金津、玉液。常规消毒后，以三棱针在以上穴位上点刺放血。对轻症中暑，刺血后挤出数滴血，片刻诸症即可消失。重症中暑者每次可挤出紫黑色血液 0.5～1mL，并给予清凉饮料，针后约 10min 患者神志即可转清，继而热退汗出、诸症消失。

(6) 穴位按摩疗法。轻症中暑，可取足三里、大椎、曲池、合谷、内关穴，以单手拇指或双手拇指由轻至重在该穴位上掐压，缓慢疏推和点按穴位，反复进行 3～5min，以局部产生酸、麻、胀感为度。重症中暑，除上述穴位按摩外，另增加人中、十宣、委中、阳陵泉、少冲穴，以点掐、按压为主，每穴点掐、按压 3～5min。或以银针针刺以上穴位，有增强疗效作用。

(7) 擦药疗法。取食盐一握，揉擦两手腕、双足心、两胁、胸前、背部等 8 处，擦出许多红点，患者即觉轻松而愈，适用于先兆中暑或轻度中暑。

（8）药物防治。藿香正气水、广东凉茶、仁丹、十滴水、清凉含片、清凉油、风油精等。

4. 中暑事故预防措施

（1）采取综合的措施，切实预防中暑事故的发生，从技术、保健、组织等多方面去做好防暑降温工作。

（2）加强防暑降温工作的领导，在入暑以前，制订防暑降温计划和落实具体中暑措施。

（3）要加强对职工防暑降温知识教育，增强自防中暑的能力，注意保持充足的睡眠时间。

（4）根据本地气温情况，适当调整作息时间，利用早晨、傍晚气温较低时工作，延长休息时间等办法，避开中午时间，减少阳光辐射热，以防中暑。

（5）贯彻劳动法，控制加班加点；切实做到劳逸结合，保证工人吃好、睡好、休息好。

（6）在职工较集中的露天作业施工现场中设置休息室，室内通风良好，室温不宜超过30℃；工地露天作业较为固定时，也可采用活动凉棚、遮阳伞等，减少阳光辐射。

（7）对露天和高温作业者，应供给足够的符合卫生标准的饮料。供给含盐浓度0.1%～0.3%的清凉饮料。暑期还可供给绿豆汤、茶水等。

（8）加强个人防护。一般宜选用浅蓝色或灰色的工作服，颜色越浅热阻率越大。对辐射强度大的工种应供给白色工作服，并根据作业需要佩戴好各防护用具。露天作业应戴白色安全帽，防止阳光曝晒。

6.4.3　溺水

人在水中被淹死的主要原因是水入气道后，使人窒息缺氧。淹溺者可因脑缺氧、脑水肿而造成不同程度的面色青紫或苍白、两眼红肿，四肢厥冷、全身皮肤水肿，抑或昏迷、抽搐、烦躁不安、记忆力减退或消失、视觉障碍等各种神经系统症状；由于口腔、气管、胃及肺内有很多水泡沫，使上腹部膨隆，全身冰冷，同时可出现血压降低、心律失常或心跳停止、呼吸困难或呼吸停止，在幼儿更易出现体温降低。若抢救不及时，4～6min即可死亡。另有一种溺水者，因落水后惊慌而立即昏迷，或因冷水强烈刺激而引起喉头痉挛和声带关闭导致呼吸、心跳停止，这种情况下，虽落水后肺内进水不多，也可致死，而死者出水后一般口内仅有少量水泡，腹部多不隆起，摸之较柔软。

常见溺水的过程：当人溺水时，首先出现一种保护性反射措施，即呼吸暂停，经过0.5～1min，由于缺氧又开始呼吸，水分被吸入呼吸道，此时因各种反射仍然存在，因此可发生剧烈呕吐，呕吐物又可被吸入引起呼吸道阻塞，由于严重窒息缺氧、意识几乎丧失，约1.5min，呼吸停止或停止后暂时恢复，继续吸入水导致意识完全丧失、瞳孔散大，约再持续1min后，呼吸完全停止，继之心跳停止。因此，淹死过程仅4～5min。小儿发生溺水后，多数由于惊慌、剧烈躁动，加之体力较弱，故进程更快。

溺水抢救方法及其原则：一旦发生溺水，应分秒必争地进行抢救，一定要注意现场抢救或者边抢救边转送，千万不要只注重送往医院而不进行现场急救，否则贻误了抢救的关键时机（对于溺水者，现场人员在黄金 8min 内的紧急抢救很重要。每耽误 1min，病人的死亡率就会增加 10%）。溺水者大多数出现呼吸障碍或心跳呼吸停止。

溺水的根本机制是缺氧，关于溺水急救正确做法是：先进行 5 次人工呼吸，再进行胸外按压 30 次，随后 2 次人工呼吸，继之 30 次胸外按压，随后重复 2∶30 循环。首先给予人工呼吸，目的就是为了在第一时间提供给患者充足的氧气。

6.5 冻伤急救

1. 冻伤的表现

冻伤事故是由于天气寒冷时工作人员室外作业或人员操作氨气、液氯、二氧化碳、氮气等化学低温液体、气体而引起的人身冻伤事件。分为两类：一类为非冻结性冻伤，是由 10℃以下至冰点的低温和潮湿引起如冻疮；另一类为冻结性冻伤，由冰点以下低温所造成，如局部冻伤和全身冻伤。

冻伤事故多发生在冬季。冻伤对脑功能有一定影响，使注意力不集中、反应时间延长、作业失误率增多，甚至产生幻觉，对心血管系统、呼吸系统也有一定影响，会造成体温降低，甚至死亡。

2. 处置措施

（1）当发生冻伤事故后，用温水（38～42℃）浸泡患处，浸泡后用毛巾或柔软的干布进行局部按摩。

（2）患处若破溃感染，应在局部用 65%～75%酒精或 1%的新洁尔灭消毒，吸出水泡内液体，外涂冻疮膏、樟脑软膏等，保暖包扎。必要时应用抗生素及破伤风抗毒素。

（3）对于全身冻僵者，要迅速复温。先脱去或剪掉患者的湿冷的衣裤，在被褥中保暖，也可用 25～30℃的温水进行淋浴或浸泡 10min 左右，使体温逐渐恢复正常。但应防止烫伤。

（4）如有条件可让患者进入温暖的房间，给予温暖的饮料，使伤员的体温尽快提高。同时将冻伤的部位浸泡在 38～42℃的温水中，水温不宜超过 45℃，浸泡时间不能超过 20min。

（5）发生冻僵的伤员已无力自救，救助者应立即将其转运至温暖的房间内，搬运时动作要轻柔，避免僵直身体的损伤。然后迅速脱去伤员潮湿的衣服和鞋袜，将伤员放在 38～42℃的温水中浸浴；如果衣物已冻结在伤员的肢体上，不可强行脱下，以免损伤皮肤，可连同衣物一起时入温水，待解冻后取下。

3. 注意事项

（1）注意冻伤后不可直接用火烤，也不能把浸泡的热水加热，所有冻伤部位应尽可能缓慢地使之温暖而恢复正常体温。切忌直接用雪团按摩患部及用毛巾用力按摩，否则会使伤口糜烂，患处不易愈合。

（2）如因人员操作氨气、液氯、二氧化碳、氮气等化学低温液体气体而引起的人身冻伤事件，必须先隔离危险源，同时抢救人员须采取防止冻伤措施。

6.6 动物咬伤急救

6.6.1 毒蛇咬伤

1. 青蛇咬伤的表现

我国已被发现的毒蛇约 40 多种，其中常见的约 10 多种，根据所分泌的蛇毒性质，大致可分为三类：神经毒、血液毒和混合毒，病情的严重程度与进入身体毒素的毒力与剂量相关。

夏秋季气温升高，土地湿润，是毒蛇频繁活动的时期。田间劳作，野外游玩，都有可能被毒蛇咬伤。除了引起局部疼痛、肿胀、出血外，蛇毒在 3～5min 内即被吸收，毒液迅速扩散至全身，引起全身中毒反应。若蛇大，咬得很深，咬住不放，注入毒汁量大，蛇毒可以直接进入血循环，在短时间内引起死亡。

2. 急救措施

(1) 一旦被毒蛇咬伤，要保持镇静，力争在几分钟内进行急救处理，排除毒液，防止吸收和扩散。切勿拼命奔跑去就医。因为奔跑时肌肉加快收缩，可促使血液循环加快，加速毒素吸收。应当立即用止血带在患肢伤口近心端 5～10cm 处绑扎，以阻断静脉回流，减少毒素的吸收、扩散。绑扎应松紧适度，不宜过紧。若无止血带，可用鞋带、领带、手帕、绳子、布条或树藤等代替。注意不要反复绑扎和放松。

(2) 将被咬肢体放低，可用冰袋局部冷敷，无冰时可用冷水或井水代替。可用吸乳器，或用拔火罐吸出毒液。必要时，也可用嘴吸出。但一定要注意，吸吮者口腔黏膜必须无损伤、破溃，没有龋齿，否则，可引起施救者中毒。同时，应尽快到最近的医院急救处理。

(3) 被毒蛇咬伤 12h 内，可在医院切开伤口排毒。同时服用或外敷蛇药片。有条件的，最好注射单价或多价抗毒血清。

(4) 为了防止破伤风和其他细菌感染，还应注射破伤风抗毒素和抗生素防止混合感染。积极防止肾衰竭或其他并发症的发生。

上述紧急措施可以概括为毒蛇咬伤后要及早防止毒素扩散，越早越好，应急措施步骤是：①绑扎伤肢；②局部降温；③伤肢休息；④排除毒液；⑤急送医院抢救。

3. 注意事项

遇到毒蛇时，可用木棍或石块将其赶走或打死。遇眼镜蛇高昂头部呼呼作响时，不要惊慌，不可直线跑动或向下坡逃走，应作“之”字形跑动，或者站立原地，根据它的来势左右避开。

6.6.2 狗、猫咬伤

1. 狗、猫咬伤的表现

现在不少家庭中喜欢养小狗、小猫，由于宠物的增加，被狗、猫咬伤和抓伤的人数也在增多。特别是儿童喜欢与小动物玩耍、打逗，因此特别容易被猫、狗咬伤或抓伤。无论是狗或猫，它们的唾液中常常带有狂犬病毒，即使健康的狗、猫，也难免带有这种致命的病毒。

狂犬病是由狂犬病毒引起的人畜共患传染病，此类病毒主要存在狗和猫身上。人狂犬病主要是通过被携带狂犬病病毒的动物咬伤、抓伤而引起。被抓咬伤后，狂犬病毒会通过破损的皮肤进入人体。据卫生防疫部门报道，当带有狂犬病毒的动物用舌舔人手时，即使手部并无外伤，也会被感染引起狂犬病。

狂犬病毒主要侵犯人的中枢神经系统，其典型症状是恐水症，表现为兴奋、恐惧，听到水声或见到水，即发生强烈的喉头痉挛，喝水不能下咽，水从口角流出。发病后5～7天左右死亡，其死亡率几乎是100%。人狂犬病潜伏期长短不一，5天到19年或更长，一般为1～3个月。如伤在头、面、颈等距离脑额较近的部位，或感染的病毒量较大，潜伏期会更短些。在潜伏期内受凉、惊吓、劳累或悲痛都可能是诱发因素。

2. 急救措施

(1) 被狗咬伤（抓伤）后，应就地及时正确处理伤口，即用20%的肥皂水或0.1%的新洁尔灭彻底清洗咬伤局部，反复用纯净水冲洗伤口，再用3%的碘酒和75%的酒精消毒，进行必要的清创。虽然局部处理越早越好，但即使延迟了1～2天甚至3～4天也不应忽视局部处理。如果伤口已结痂，也应将痂去掉按上法处理。

(2) 局部伤口不做一期缝合，不包扎，不涂抹软膏，不用粉剂，以利于伤口排毒。应立即到当地疾病控制中心就诊，注射狂犬疫苗或高效免疫血清。即或是出现局部或全身反应，也要在对症治疗的同时继续注射不应中止。

(3) 已被污染的伤口应同时使用破伤风抗毒素和其他抗感染处理，但不可与抗狂犬病免疫球蛋白、血清、狂犬疫苗在同一部位注射。

3. 预防措施

(1) 春季是动物的发情期，也是宠物伤人的高峰期，主人与宠物不要过于亲昵，比如亲吻宠物、将手指伸入宠物的口中或用食物挑逗宠物等，以免遭到宠物的意外伤害。应及时给宠物注射狂犬疫苗，这不但能使其健康成长，对于主人也是自我保护的措施。

(2) 不要靠近你不熟悉的狗，更不要抚摸和逗它玩。遇见陌生的狗，不要与其对视，也不要试图意外逃跑，平静地站立即可。不要打搅正在睡觉、吃食的狗、猫，避免被狗、猫咬伤。

(3) 被宠物撕咬污染的衣物，应及时换洗并煮沸消毒、日光暴晒或使用消毒剂清洗。

(4) 被宠物咬伤或抓伤后，绝不要抱任何侥幸心理，不管宠物是否打过疫苗，不管是咬伤还是抓伤，只要有皮下渗血或出血点，就应及时注射狂犬疫苗。

6.6.3 毒虫咬伤

毒虫咬伤主要包括蜈蚣咬伤、蝎子蜇伤、蚂蟥叮咬、毛虫蜇伤、蜂蜇伤等。

6.6.3.1 蜈蚣咬伤

1. 蜈蚣咬伤的表现

其伤口是一对小孔，毒液流入伤口，局部红肿、疼痛、发麻，蜈蚣的毒液为酸性。

2. 处理方法

(1) 立即用肥皂水、小苏打水等碱性水溶液冲洗伤口，以中和蜈蚣的酸性毒液。

(2) 冲洗后包扎，包扎伤口时不需要用碘酒或红汞涂抹伤口。

（3）若伤口处疼痛剧烈，可酌情口服止痛片，也可用蛇药外敷或口服。

（4）若伴有全身毒血症症状，如头痛、头晕、发热、呕吐时，应到医院进一步处理。

（5）局部也可涂抹淡氨水，在咬伤后不久使用效果更好。

6.6.3.2　蝎子蜇伤

1. 蝎子蜇伤的表现

蝎尾部有一个尖锐的钩，与一对毒腺相通。蝎子蜇人，毒液即由此流入伤口，由于蝎毒毒性较大，受伤者症状多较严重，局部剧痛、红肿、发麻，甚至失去感觉，伤口周围发黑、起水疱，还伴有头晕、心慌、出虚汗等全身症状，严重者可以引起休克。

2. 处理方法

（1）若伤及四肢，应立即用绷带、止血带、布条等绑扎在伤口近心端，同时用镊子或针头小心挑去伤口中留下的毒钩，用吸引器或拔火罐吸出毒汁。

（2）用碱性液体如 3%的苏打水或 1∶5000 高锰酸钾溶液清洗伤口。伤口清洗干净后，用蛇药调成糊状，在距伤口 2cm 处环敷一圈，勿使药物进入伤口内。或将明矾研碎，用浓茶或烧酒调成糊状，涂敷伤口。后包扎伤口。

（3）若伤口周围红肿，可进行冷敷。

（4）多喝水，以利排毒。若疼痛严重时，适当服用止痛片。剧痛者可到医院用 2%普鲁卡因局部封闭。

（5）若出现全身症状应立即送医院抢救。

6.6.3.3　蚂蟥叮咬

1. 蚂蟥叮咬的表现

夏季在水田作业或在水塘、浅水河中游泳时容易遭受蚂蟥的伤害。蚂蟥虽然无毒，但易致皮肤损伤后出血感染。蚂蟥用其吸盘吸附在人体皮肤上，并逐渐深入人体内，因其咽部分泌的液体有抗凝血作用，故咬伤后伤口出血较多。

2. 处理方法

（1）当蚂蟥吸附人体皮肤时，可用手掌或鞋底在吸附的周围用力拍击，蚂蟥的吸盘和颚片会自然放开，或在它身上撒些食盐或滴几滴盐水，蚂蟥就会立刻收缩脱下来。也可用肥皂水或醋涂在蚂蟥身上，或用烟头烤一下，即可使其松弛脱落，切勿用力拔蚂蟥。

（2）用 5%～10%的碳酸氢钠溶液冲洗伤口，涂以碘酊，防止感染。如血流不止，可用碳酸氢钠粉敷在伤口上。

6.6.3.4　毛虫蜇伤

被毛虫蜇伤后可用橡皮膏粘出毒毛即可。

6.6.3.5　蜂蜇伤

1. 蜂蜇伤的表现

包括蜜蜂和黄蜂蜇伤。蜂蜇伤是蜂尾的毒刺刺入人体，其毒汁进入皮肤之后，引起局部或全身的中毒反应。

局部可出现淤点、红肿、水疱、风团和剧烈的疼痛或剧痒，蜇伤部位常有毒刺遗留。若多次被蜇伤或群蜂同蜇则可引起大面积肿胀，严重时可出现组织坏死，或伴有全身中毒症状，如头痛、头晕、发热、恶心等。

若为大黄蜂（俗称马蜂）蜇伤，因其毒性强，可引起昏迷、抽搐、休克，甚至可致心脏及呼吸麻痹而死亡。

2. 处理方法

(1) 应立即拔出皮内的毒刺，吸出毒汁，紧急时可用手将四周皮肤捏起，把毒汁挤出，或用嘴吸出（切勿吞咽）。用肥皂水或3%～5%的小苏打水清洗伤口。若为黄蜂蜇伤，因其毒液为碱性，可用醋冲洗，用冰袋外敷，或涂搽地塞米松霜，也可涂3%的淡氨水，有止痛作用。

(2) 若为黄蜂蜇伤，除按上法处理局部外，因其毒汁进入人体可引起皮肤变性坏死，应到医院治疗。又因其毒汁中含有组织胺、五羟色胺及乙酰胆碱等活性物质，可以引起内脏的损害，特别是心肌、肾、胃肠均可受害。若出现全身中毒症状，应立即送医院急救。

思考题

1. 触电方式有哪几种？
2. 试述口对口（鼻）人工呼吸法的操作步骤。
3. 触电急救应遵循哪些安全措施？

第7章

供电企业电力安全管理

7.1 安全生产作业过程控制法及标准卡管理

7.1.1 安全生产作业过程控制法

安全生产作业过程控制法就是作业过程控制的方法。“作业过程”就是一项具体作业的实施阶段。针对具体作业制定措施，进行量化、细化、标准化，并严格执行，保证整个作业过程处于可控、在控状态，不出现任何偏差和错误。

具体来讲，过程控制就是以企业现场生产、技术活动的全过程及其要素为重要内容，按照企业安全生产的客观规律与要求，制定作业程序标准和贯彻标准的一种有组织活动。它涵盖电力生产的全过程，涉及两个层面：一是宏观控制，即运行、检修、物资供应、现场监督等专业全过程安全控制；二是微观控制，即每一个专业的作业从计划管理到措施标准制定、从具体操作到现场检查监督全过程控制。

实施现场作业过程控制，其目的是通过科学有效的管理机制及深化细化的各项措施，保证每一项作业人员的安全和作业对象（设备、设施、系统）的安全，取得企业最佳安全实施安全生产作业过程控制法具有重要意义。长期以来，围绕电力安全生产，各级各单位在建立完善管理体制和运作机制方面做了大量工作。就安全生产管理而言，各类管理制度相对比较健全，但时至今日，部分单位仍感到安全生产如履薄冰，安全状况也时好时坏，其关键问题就是作业中执行“安全可靠的作业方案”没有严、细、实，或许首先就没有认真制订每项作业的“安全可靠的作业方案”。分析电力生产工作中存在的不安全因素和各类设备故障暴露出的问题，主要有两大原因：一是工作过程中人的行为失控；二是工作质量失控。这些都是由盲目性和随意性造成的。为解决上述问题，通常采取的措施是加大到位力度，采取“人治”的方法，耗费了大量的人力和精力，但未从根本上解决问题，效果不佳。该方法也容易造成现场工作人员的依赖思想，不是一种科学的管理办法和作业方案。要实现安全生产的长治久安，必须建立科学的管理机制和方法，要从深化细化管理上下工夫，建立起标准化、规范化、系统化的生产管理机制和制定每一项作业的标准化程序。安全生产是靠工作来保障的，必须做到人要可控、设备要可控、工作措施要可控、能够预防的一切外力因素要可控。只有将各项工作的全过程细化、量化、标准化，实施全过程控制，才能将安全生产落到实处。总之，开展现场作业程序标准化是实现安全生产可控、在控的一项科学有效的方法。具体来讲，实施安全生产作业过程控制法的意义如下：

（1）规章制度的深化、细化。安全生产作业过程控制法，将现场的每项作业经过策划后，针对每一个具体的操作环节，制定保证质量的技术措施和保证安全的控制措施，将所有关系到该项作业的规程制度的具体规定经过深化、细化后，融会到具体的每一步操作中，并严格执行，就能保证将各项规章制度的执行落到实处。杜绝执行规章制度流于形式，实际操作凭经验、想当然的严重违章现象。培养广大职工树立遵章守纪、照章办事的严谨的工作作风。

（2）克服安全工作中的形式主义。当前，电力安全生产中还存在着诸多形式主义，致使许多的安全生产工作的要求没有真正落到实处。“安全工作讲起来重要，做起来次要，忙起来不要”的现象比较严重。要抓好安全生产，实现安全生产的可控、在控就必须采取有效的措施，杜绝形式主义。实施安全生产作业的全过程控制就是行之有效的手段。

（3）安全生产责任制量化到人。安全生产责任制是企业各级领导、职能部门、工程技术人员和生产工人在各自的工作范围内对安全生产应负的责任，是电力企业最基本的一项安全制度，是我国现行安全管理的主要方法，它的实施对保障安全生产起到了巨大的作用。多年来，就如何落实现场团体作业及大规模工程建设等工作的安全生产责任制，贯彻“三不放过”的原则，一直困扰着企业的管理者。安全生产作业过程控制法成功地解决这个长期困扰人们的问题。通过作业程序的严密策划，将每一项现场作业分解为若干个作业环节。在作业程序执行过程中，根据分工，每个工作人员对自己负责的操作程序负全责。履行签字手续，根据签字落实责任，做到了责任制量化、责任到人，有利于考核，有效地解决了团体作业落实责任制“一刀切”的问题，同时也有利于提高工作人员的责任心。比如在变压器差动保护校验作业中，最后一项程序是测向量后变压器带负荷，如果所测向量不对，说明 CT 的极性不对，就可以根据签字将责任落实到该环节的操作人。

（4）安全技术质量关前移。安全生产作业过程控制，突出五个结合：一是安全措施与现场设备相结合，保证安全措施齐全可靠；二是工器具的放置与现场位置相结合，保证工器具定置图正确性；三是技术数据、检修工艺与规程导则相结合，保证检修质量的可靠性；四是材料准备与工作任务相结合，保证材料准备齐全无遗漏而又不浪费；五是工作人员与工作任务相结合，保证工作人员的精神状态和技术素质能够胜任工作。针对每一项现场作业进行策划和设计，并且要经过上一级分管安全、技术有关人员的严格审核，做到了“运筹帷幄，决胜于千里之外”。对每一个作业环节的安全、技术措施和质量要求做到心中有数，保证了安全压力的最小、作业方案的最佳、工作效率的最高、停电时间的最短，实现了安全、技术、质量三关的前移，彻底消灭了现场作业过程中的如履薄冰之感。

（5）规范行为，杜绝违章。电力生产的实践证明，导致大量人身和设备事故的深层次原因是人员的安全意识和自我防范意识缺乏，他们在工作中、作业中的行为不符合安全要求，从而导致事故的发生，有些甚至是重复发生。总而言之，违章是事故的根源；而违章的根源就是具体作业中过程控制不够，行为不规范，行为标准不明确，作业方案没有深化细化，可操作性和针对性不强。安全生产作业过程控制，围绕可控、在控这条主线，将这若干个作业环节融会贯通在一起，一环紧扣一环，既有纵向的工作严密联系性，也有横向的安全、质量的互控性，形成标准程序。

（6）由注重结果转变为控制过程。过去在电力安全生产管理中，各级管理人员和一线职工随时都在关心和注视着本单位的安全天数，看着安全天数抓工作。连续安全天数标志着一个单位安全生产管理的好坏，安全天数多，就说明本单位安全生产搞得好，安全天数少，则说明安全生产有问题。所以，按照连续安全天数兑现安全奖成为电力企业使用多年的安全奖励办法。这种只注重结果而缺乏严格的过程控制的管理办法，往往是事与愿违，人人抓安全生产，但一提安全生产又难免战战兢兢，人人注视着安全天数，但说不定哪一天，这个安全纪录就会被突如其来的各类事故所打断。

实行安全生产作业全过程控制是由注重结果到注重控制过程的转变。各级人员的思想观念也从此发生了质的变化，以前是两眼盯着安全记录板盼安全，现在是抓好过程控制就能保安全。以前是管理粗放，过程控制不规范，现在说到"安全"二字就"一卡在手，尽在掌握"。决策层指挥若定，稳如泰山，管理层特别是安监人员深感轻松自如、信心百倍。以前是生产一线安全压力大，现在是安全来自标准化。因此，应将持"卡"管理、持"卡"操作、持"卡"监督成为全体员工的自觉行为，在安全生产管理中职工才犹如吃了"定心丸"。可以用四个"更"字来总结实施"卡"式管理所带来的变化：工作分工更明确，工作要求更具体，工作过程更程序化，工作责任更直接。由于从注重结果到控制过程观念的转变，认识和责任就会提高，凝聚力和战斗力随之增强，企业的安全生产也就有保障。

7.1.2　标准卡管理

任何事物都不是孤立存在的，特别是新生事物的产生和发展，都具有其必然性。必然性是指客观事物联系和发展过程中合乎规律的、一定要发生的、确定不移的趋势，是在一定条件下的不可避免性和确定性。必然性是产生于事物内部的主要矛盾，决定着事物发展的前途和方向。安全生产作业过程控制法，针对安全生产的主要矛盾——"不可控"，体现人本管理的理念，用控制论的观点对人体行为进行有效的矫正，结合安全生产现状的分析总结，将安全生产的所有要素的控制与管理理念有机地结合起来，突出以安全生产可控、在控为龙头，强化安全生产各要素一体化管理，才孕育出了安全生产作业过程控制法这一的全新安全生产管理方法，其表现形式就是——标准卡。

所谓的标准卡就是将供电企业的每一项生产工作、管理工作，按照全过程控制的要求，对工作计划、工作准备、工作实施、工作总结等各个环节，深化、细化到具体操作的每一步，明确具体操作的方法、操作的措施、操作的标准和操作人的责任，依据工作流程的先后顺序排列组合成的一个针对于每一项具体作业的工作程序。

标准卡针对一项具体作业，规定安全质量目标，指示这个作业过程的所有操作项，规定作业进行的程序，规定每步操作项的安全质量标准，规定完成每一个操作项的方法，规定每一道操作项的责任人，规定作业的完成时间以及规定重要操作项的监督点。总之，凡为完成作业和保证作业安全质量的所有因素的管理项，标准卡都有具体的表述，使每一道操作项自始至终处于可控、在控状态，满足"凡事有章可循、凡事有人负责、凡事有人监督、凡事有据可查"的要求。

标准卡是在作业过程中执行规章制度的细则，规范工作人员行为的法则。也可以说标准卡本质是针对一项具体作业更加具体、细致、标准化、规范化的规章制度。严格的执行作业标准卡是实现安全生产“可控、在控”的关键。

标准卡有如下特点：

（1）落实了“管生产必须管安全”的原则。安全与生产是有机统一的关系，安全寓于生产之中，安全为了生产，生产必须安全。安全生产作业过程控制以标准卡为载体，实现了安全控制与生产控制两条主线并驾齐驱，相互控制，真正实现了“管生产必须管安全”的原则。

（2）实现了各项工作的闭环管理。工作标准卡的每一个操作步骤都充分体现了“安全第一，预防为主”的方针，详实地落实各项安全生产责任制，突出了安全生产质量管理，做到了生产工作中的“五同时”，即在计划、布置、检查、总结、考核生产工作的同时，计划、布置、检查、总结、考核安全工作实现了各项工作的闭环管理。

（3）综合性。工作标准卡沿着质量、安全这两条线，将与完成工作有关的技术数据、要求和工艺、安全规定、风险分析和危险点控制，按照工作发生的先后顺序进行了明确的规定，体现了安全与质量的互控性，相互包容，对立统一，实现了安全与质量的综合控制。

（4）针对性。世界上最好的法制化国家，其最大的特点就是“一案一法”，针对性特别强。工作标准卡也秉承了这一特点，做到了一项工作一卡、一个岗位一卡，每一项现场工作和管理工作都有与之相对应的工作标准卡。

（5）操作科学性。工作标准卡就是一个经过深加工的标准的工作程序，它保证了完成这项工作的方案最佳、效率最高、成本最低，各项技术数据的准确无误，达到了只要按卡操作就能保质保量地完成工作。

（6）严密性。在编制作业标准卡的过程中，必须把作业过程中所有的操作环节、工序和项目，无遗漏的摆列全，并要优化其工作顺序。有了工作顺序才能确定每一道环节如何管理、如何操作，从而保证了工作的严密无遗漏。

（7）培训性。工作标准卡将完成每一项具体工作的质量要求、技术数据、工艺要求、规程规定、法律规定、风险分析以及相关专业的规定，按照工作的先后顺序，都做了明确的规范，只要工作人员照卡学习，就会在很短的时间内全面掌握和应用。

7.2 危险点分析

电工作业的危险点分析是指在作业中有可能发生危险的地点、部位、场所、工器具和行为动作分析等。危险点可概括为三个方面：一是作业人员在作业中违反安全工作规程，随意操作，如高处作业不系安全带，即使系了也不按规定系牢；作业环境存在不安全因素，机器设备等物体存在不安全状态，个人不安全行为等；二是有可能造成危害的设备等物体，如裸露的带电体，人与之接触就会发生触电；设备没有防护设施及其运转部分裸露在外面，人与之接触就会发生伤害等；三是有可能造成危害的作业环境，如环境中存在有毒有害物质，将直接或间接危害作业人员身体健康；蜂、蛇、虫蜇咬，甚至使作业人员发生慌乱失去安全意识发生事故；气象环境恶劣，使作业人员承受不了，发生危害等。

危险点是一种诱发事故的隐患。安全文化理念是对事故预防分析：一是把诱发事故的客观原因归纳为危险点存在；二是认为危险点演变成事故是一个逐渐生成、扩大、临界和突变的过程；三是提出预防事故的重点应放在危险点的分析和预控上；四是指出习惯性违章是生成、扩大危险点甚至使危险点发生突变的重要因素；五是作业时作业人员必须有效地控制危险点；六是强调严禁饮酒后上班，无电当有电操作。

总体上讲电工施工作业主要有触电与电击伤人、设备损坏、高空坠落、物体打击、蜂蛇虫蜇咬、土石方坍塌、火灾、雷电等危险、有害因素发生。

1. 触电的概念与种类

触电一般是指人体触及带电体。触电伤害是指由于电流通过人体或因电流的效应而造成的伤害，其可分电击和电伤两种情况。

电流引起触电与电击伤害事故。由于电气运行人员、安装检修人员、电气设备使用人员或其他人员，因违反操作规程、工作制度、岗位责任、安全注意事项教育不够、知识缺乏、技术水平与管理力度差，或由于电气设备及线路事故等因素，造成人身触电、电击等伤亡事故危险与危害。

2. 电气设备及线路事故

发生这类事故，在人为因素方面有因人员经验不足、知识缺乏、思想麻痹、误操作、违章作业、使用不合格的工器具及不正确使用劳保用品；在物理因素方面影响作业人员，如电气设备安装不当、振荡、调整试验漏项或精度不够、维护检修欠妥、设计或设备与材料质量先天性不足；在环境方面由于温度、潮湿、化学腐蚀及自然气象条件影响，设备设施长期运行自然疲劳老化残损；在管理工作方面有欠缺、安全作业规程不落实、监督检查效果差等因素。事故的表现形式为电路发生短路、过负荷、接地、缺相、绝缘破坏、跳闸、电气设备损坏、触电与电击伤人、高空坠落、物体打击、土石方坍塌伤人、火灾爆炸、线路倒杆断线停电及连带其他事故发生。

3. 风、雨、雷电事故

天气出现风、雨、雷电气象时不适合外勤作业，特别不能登高作业，否则容易出现高空坠落或雷击伤人；雷击现象会造成毁坏建筑物、电气设备和设施。

4. 静电伤害事故

由于生产作业过程中的摩擦、高速运转等原因而产生的静电荷放电会引起爆炸、火灾以及对人身和设备的电击伤害的危险与危害。

5. 在易爆、易燃危险场所，因电气事故引起的爆炸火灾事故

由于电气设备的危险温度、放电火花、电弧、静电荷放电等因素会引起可燃性、易燃性、易爆性物品发生着火、燃烧、爆炸，以及伴随的设备损坏与人身伤害等事故的危险与危害。

7.3 安全风险评估

安全风险评估是安全风险管理的重要手段，它运用安全系统工程学等理论方法，对企

业整体或某项工作任务存在的安全隐患和可能构成的风险进行定性和定量分析，确认企业发生风险的严重程度和可能性，进而采取措施，实现安全风险可控、能控、在控。安全风险评估包括两层含意：一层含意是评估危险程度；另一层含意是评估发生危险可能性有多大。具体地说：

（1）对生产经营活动存在的危险因素进行分析和辨识，找出可能导致人身伤害和人员责任事故的各种危害因素。

（2）对各种危害因素导致事故的可能性和严重程度给出定性或定量的描述。

（3）实施危害监控和预防，将风险控制在可以接受的程度，从而达到预防事故，确保人身安全的目的。

安全风险具有以下特点：

（1）客观实在性。安全风险是客观存在的，不是人们主观臆想出来的；安全风险等级是人们根据不安全因素有可能达到的危害程度做出的判断，这种判断也是以危险客观性为基本依据的，绝不是人们随意编造的。所以，推进安全风险评估，必须坚持从实际情况出发，实事求是。评估的结论应当产生于深入实际，调查研究，掌握真实情况，并做出恰当地分析之后，而不是在它之前。

（2）一定的隐蔽性。正因为具有隐蔽性，才需要进行分析评估，透过现象看本质。这里所说的隐蔽性是指客观存在的安全风险，不容易被察觉，或虽被察觉，但对其危害的严重性估计不足；或者风险还处于潜在的状态，没有明显地暴露出来。

（3）可评估性。人们可以在掌握不安全因素表现及其危险性的基础上，根据有关风险评估理论和标准，对安全风险进行评估，按轻重程度进行分级。比如国外 MⅡ-SID-88A 标准中，把危险严重度分为四类：Ⅰ类，致命的，可造成人员死亡或系统破坏；Ⅱ类，严重的，可造成严重伤害，严重职业病或主系统损坏；Ⅲ类，危险的，可造成轻伤、轻职业病或次要系统损坏；Ⅳ类，可忽略的，不会造成伤害和职业病，系统不会遭到破坏。

（4）可控制性。倘若无控制措施，容忍安全风险滋长蔓延，迟早会酿成生产安全事故。安全风险评估的目的在于控制安全风险。人们了解了安全风险程度后，完全可以采取措施进行控制，把风险有可能造成的危害减到最低。比如用措施限制降低风险的等级，或把高等级的安全风险控制在可以接受的等级范围。

电力企业正是根据安全风险这些特点，开展了安全风险评估及管理工作。以南方电网公司作业风险评估为例，介绍风险评估方法。

7.3.1 风险评估的分类

（1）区域内部风险评估。区域内部风险评估是对作业的危害辨识与风险评估，主要针对作业任务执行过程进行，目的是掌握危害因素在各工种的分布以及各工种面临风险的大小。评估结果应填写《区域内部风险评估填报表》。

（2）区域外部风险评估。针对作业活动区域外的危害因素进行的风险评估，主要是针对可能造成电网、设备和作业人员安全的自然灾害、地理环境、外界人员或物质评估其风险，目的是为应急管理提供输入。评估结果应填写《区域内外部风险评估填报表》。

与《区域内风险评估填报表》不同，《区域内外部风险评估填报表》有“区域”栏，为部门、单位或班组所管辖的可能存在危害因素的区域。所以后面以《区域内风险评估填报表》为例介绍风险评估技术的实现。

7.3.2 《区域内风险评估填报表》的填写

《区域内风险评估填报表》有关项目及填写要求如下：

(1) 工种。它是电力生产活动中专业作业活动的分类。电力生产所涉及的工种主要有调度运行、调度监控、调度通信、输电线路、输电电缆、带电作业、变电运行、变电检修、变电继保、变电电源、高压试验验、化学试验、仪表、管理信息自动化、电网自动化、系统网络、计量装拆、计量检测、配电运维、配电急修、用电报装、抄核收、用电稽查、装表接电、低压、仓储、汽车驾驶等。

(2) 作业任务。它是指各专业涉及的工作任务类别。在实际操作中应将各项任务进行同类项合并归类，作为一项任务。

如不同电压等级输电架空线路巡视可归类为“输电架空线路巡视”、同一主接线方式的线路停电操作可归类为“××kV 线路停电操作”、同一主接线的母线停电操作可归类为“××kV 母线停电操作”等。

(3) 作业步骤。它是作业过程按照执行功能进行分解、归类的若干个功能阶段，如“220kV 线路停电操作”可分解为操作准备（包括接令与操作票、工器具的准备）、断路器操作、隔离开关操作、二次设备操作、安全措施布置、记录与归档等几个步骤。“变压器高压套管更换”可分解为施工准备（包括工作票、作业指导书和工器具、材料准备）、现场安全措施布置、放油、拆除旧套管、安装新套管接线复位、注油、测量与试验、拆除现场安全措施、记录与归档等几个步骤。在分解作业步骤时避免划分过细，以免增加分析的工作量，一般按照完成一个功能单元进行划分。

(4) 危害名称。指执行每一步骤中存在的可能危及人员、设备、电网和企业形象的危害的具体称谓，作业中经常面临的危害名称可针对《安健环危害因素表》进行选择，表中未涉及的危害一般填写格式为“副词＋名词或动名词”，如“压力不足的车胎”“有尖角的设备”等。

(5) 危害类别。危害类别分为 9 大类，包括物理危害、化学危害、机械危害、生物危害、人机工效危害、社会-心理危害、行为危害、环境危害、能源危害。

(6) 危害分布、特性及产生风险条件。对辨识出的危害，在本单位范围内进行普查，确定其存在的数量、位置、时间以及相关的化学或物理特性，即说明在执行同类作业任务时，该危害存在于哪些地方？有多少？什么时间会涉及？该危害的可能重量、强度、长度等如何？

(7) 危害可能导致的风险后果。即现存危害可能引起风险的具体结果信息，包括人身伤残（列明可能的人体伤、残部位）、人身死亡（列明可能的死亡人数）、设备损坏（列明可能损坏的设备或部件）、事故/事件（列明可能的设备和电网事故，包括特大、重大、较大和一般事故，是否中断安全记录等）、健康受损（列明涉及人员的生理和心理上的可能影响）、环境污染/破坏（列明污染/破坏的环境区域和范围）。

(8) 细分风险种类与风险范畴。导致风险的原因及对应的类别参照表 7.1。

表 7.1　　风险的原因及对应的类别

风险范畴		细分风险种类
安全	人身	坠落、灼（烫）伤、摔绊、扭伤、坍塌、触电、交通意外、夹伤、碰撞、打击、剪切、割伤、刺伤、绞伤、中毒、窒息、咬伤、淹溺、感染、爆炸等
	设备	设备烧损、设备疲劳损坏、设备性能下降、设备破损、设备报废、设备停运等
	电网	电压波动、频率波动、系统振荡、系统瓦解、局部停电、大面积停电等
健康		职业病、职业性疾病、心理伤害、精神障碍，职业性疾病包括听力受损、视力受损、职业中毒、肺功能障碍、接触性皮肤伤害、肩劳损、腰肌劳损等
环境		土壤污染、水污染、大气污染、生态失衡、工作环境污染等
社会责任		企业声誉形象受损、供电中断、客户投诉

（9）可能暴露于风险的人员、设备及其他信息。对所评估出的作业风险，确定执行所评估的作业任务涉及的人员数量、作业时间频率、影响的设备或电网范围等。

（10）现有的控制措施。根据确定的风险和风险涉及的人员、设备暴露情况，查找目前已有的控制措施，包括管理人员风险行为、要求执行巡视检查等的具体规定和现场执行要求；改善电网、设备和控制技术等已经应用的工程技术；防止风险而使用的安全工器具和个人防护、安全标志；保证人员意识和技能而开展的常态性的人员学习与教育培训；为降低风险损失而采取的应急措施等。

（11）风险等级分析。进行风险等级分析时需考虑三个因素：由于危害造成可能事故的后果；暴露于危害因素的频率；完整的事故顺序和发生后果的可能性。

风险评估公式：风险值＝后果(S)×暴露(E)×可能性(P)

在使用公式时，根据现有的基础数据和风险评估人员的判断与经验确定每个因素分配的数字等级或比重。

1）后果。由于危害造成事故的最可能结果。从安全（人身伤亡、财产损失、对电网和设备造成的损失等）、健康（无法复原或很难治愈职业病等）、环境、社会责任等四个方面评估后果，给出 1～100 的分值（表 7.2）。

2）暴露是危害引发最可能后果的事故序列中第一个意外事件发生的频率。

表 7.2　　引发事故序列的第一个意外事件发生的频率对应的分值表

序号	引发事故序列的第一个意外事件发生的频率	分值
a	持续（每天许多次）	10
b	经常（大概每天一次）	6
c	有时（从每周一次到每月一次）	3
d	偶尔（从每月一次到每年一次）	2
e	很少（据说曾经发生过）	1
f	特别少（没有发生过，但有发生的可能性）	0.5

3）可能性，即一旦意外事件发生，随时间形成完整事故顺序并导致结果的可能性（表 7.3）。

表7.3 **事故序列发生的可能性对应分值表**

序号	事故序列发生的可能性		分值
	安全、环境、社会责任	职业健康	
a	如果危害事件发生，即产生最可能和预期的结果（100%）	频繁：平均每6个月发生一次	10
b	十分可能（50%）	持续：平均每1年发生一次	6
c	可能（25%）	经常：平均每1～2年发生一次	3
d	很少的可能性，据说曾经发生过	偶然：3～9年发生一次	1
e	相当少但确有可能，多年没有发生过	很难：10～20年发生一次	0.5
f	百万分之一的可能性，尽管暴露了许多年，但从来没有发生过	罕见：几乎从未发生过	0.1

4）风险等级，根据计算得出的风险值，可以按下面关系式确认其风险等级和应对措施。风险等级可分为“特高”“高”“中”“低”“可接受”。

特高的风险：400≤风险值，考虑放弃、停止。

高风险：200≤风险值＜400，需要立即采取纠正措施。

中等风险：70≤风险值＜200，需要采取措施进行纠正。

低风险：20≤风险值＜70，需要进行关注。

可接受的风险：风险值＜20，容忍。

（12）建议采取的控制措施。对评估结果中风险值大于70的，应提出控制风险的措施建议，控制措施建议可从管理措施和工程技术措施两个方面提出，优先考虑工程技术措施。

（13）控制措施的有效性是估计提议的控制措施消除或减轻危险的程度，按照下表进行选择相应等级（表7.4）。

表7.4 **控制措施消除或减轻危险程度对应等级表**

序　号	纠　正　程　度	等　级
1	肯定消除危害，100%	1
2	风险至少降低75%，但不是完全	2
3	风险降低50%～75%	3
4	风险降低25%～50%	4
5	对风险的影响小（低于25%）	5

（14）措施成本因素。根据所提出的建议措施，估计可能需要花费的成本并对应下表选择相应等级（表7.5）。

（15）措施判断结果。计算出具体的判断数值，即

$$判断\ J=\frac{风险值}{成本因素\times纠正程度}$$

判断 $J\geqslant10$，预期的控制措施的费用支出恰当。

判断 $J<10$，预期的控制措施的费用支出不恰当。

表 7.5 成本因素对应等级表

序号	成本因素	等级	序号	成本因素	等级
1	超过500万元	10	5	5万～10万元	2
2	100万～500万元	6	6	1万～5万元	1
3	50万～100万元	4	7	1万元以下	0.5
4	10万～50万元	3			

(16) 建议的措施是否采纳。在"是"或"否"栏根据判断结果以及现场的可操作性、适宜性、资源情况等综合进行判别后确定。

7.3.3 在标准化作业中推进安全风险评估

标准化作业与安全风险评估管理，这两者都有各定的要求，不能用标准化作业取代安全风险评估，也不能用安全风险评估取代标准化作业，但有一点可以肯定，在标准化作业中推进安全风险评估管理，能够使危险点分析更趋于全面、准确，使安全控制措施适应作业现场的实际需要，更加具有针对性和有效性，使作业人员能够提高安全意识和危害辨别能力。

那么，怎样在标准化作业中推进安全风险评估呢？

(1) 坚持以人为本，把评估人员的思想行为作为安全管理规范化的重点内容，抓住控制安全风险的关键环节和决定因素。在编制标准化作业指导书中，有的班组只是分析预知作业过程中环境、机械设备、作业流程等客观因素有可能存在的危险点，制定与之相适应的安全措施，而对于人员安全素质状况却缺乏分析预知，制定的安全措施缺乏实用性。比如某线路维修班准备进行更换耐张单片绝缘子作业，制定的标准化作业指导书列出了预防扎脚、摔伤、狗咬、蛇咬、蜂蜇、溺水、迷路、坠落等措施，但未有分析预知人员素质方面可能发生的问题，致使一名工人因急于完工去医院侍候生病的母亲，在监护人去喝水时抄近路登上相邻的有电的线路而触电。如果作业前对参加作业人员素质状况进行分析预知，发现这名工人思想不稳定，就应该做好思想工作，或者不让其参加此次作业。

安全风险评估表明，作业人员存在思想负担，身体有病，或不熟悉有关安全规程要求、不熟悉作业要领等，都会产生极大的安全风险，必须予以评估，并采取措施把风险降低或消除。

(2) 要评估危险点的严重性和发生事故的可能性，并将结论写入标准化作业指导书。以往的标准化作业指导书中，虽然设有"危险点分析及安全控制措施"的栏目，但因为没对危险点的严重性和发生事故的可能性进行评估，因而就未设"危险点的严重性和发生事故可能性"的栏目。因此，要推进安全风险评估管理，就必须对标准化作业指导书的编写，审批工作予以改进，并增设必要的栏目。

(3) 要通过宣传教育，让每一个参加作业的人员都具备"四个明确"，即明确安全风险的严重性和发生事故的可能性；明确构成安全风险原因的具体表现和辨识方法；明确控制安全风险应采取的措施和方法；明确自己应负的安全职责。以前，在标准化作业中，有的班组只是在作业前宣读一下标准化作业指导书，顶多是提问一两个问题，这就未免有些草率从事。有的作业人员并没有听进去，有的虽然听了，但对存在的危险性仍旧不以为然。特别是有的工作负责人粗心大意，低估了发生事故的危害性，时常违章指挥，甚至强令工人冒险作业。这说明，搞好宣传教育，使大家达到“四个明确”非常重要。

(4) 在评估标准化作业指导书执行情况时，应注意检查和总结安全风险评估情况，对作业人员（包括工作负责人）的作业行为、工作流程、风险意识、风险分析和辨识能力等进行评价，找出差距和不足，提出改进意见和建议。

7.3.4　危险点分析与安全风险评估的联系与区别

危险点分析与安全风险评估两者都是侧重分析评估作业环境、工器具以及人的行为存在的危险因素极有可能引发的后果，都是针对危险因素制定和落实安全措施，以保证人员和财产的安全，因而两者有千丝万缕的联系。但是，两者绝不是一回事，而是有着明显的区别。我们把有可能发生危险的地点、部位、场所、工器具和行为动作看成是危险点。危险点分析，则是在作业前，进行作业现场勘察，联系以往同类作业发生的经验教训，找出即将开展的作业有可能存在的危险因素，并制定相应的措施。安全风险评估，不但要对作业活动存在的危险因素进行分析和辨识，找出可能导致人身伤害和人员责任事故的各种危险因素，而且要对各种危险因素导致事故的可能性和严重程度给出定性和定量描述，进而实施危险控制和预防，将安全风险控制在可以接受的程度，从而达到预防事故，确保安全的目的。可见，安全风险评估较之危险点分析，对危险导致事故的风险性的评估更加具体和细化，更能够唤起员工的安全意识：提高危害辨识能力。一些企业危险点分析工作之所以效果欠佳，其中一条重要教训就是只分析即将展开的作业存在哪些危险点，没有给予作业人员对危险点的辨识能力，也没有评估这些危险点的风险等级，以唤起安全意识，因而，作业人员难免存在一些盲目性，在反事故斗争中打了败仗。

因此，安全风险评估吸纳了危险点分析等做法的优长，具有很强的科学性和实用性，更适用于安全生产管理。

7.4　现代安全管理理论的学习和应用

现代安全管理理论不是凭空产生的，它是在继承优良的传统管理思想和方式的基础上的改革创新，是在总结传统管理经验的基础上综合运用现代社会科学、自然科学和技术科学的理论和方法，来研究现代条件下管理活动的普遍规律和一般方法的。下面介绍几种现代安全管理理论，这对于电力企业安全管理者开阔视野，吸收先进的管理经验，掌握先进的管理方式方法，进一步提高安全管理水平，具有十分重要的意义。

(1) 事故成因理论。所谓成因，即原因，是指造成某种结果或引起另一件事情发生的条件。结果是指在一定阶段事故发展所达到的最后状态，事故就是某种原因导致的一种结果。原因与结果是密切联系、只是相对的，不是绝对的，在一定条件下可以互相转化，即原因变成结果，结果变成原因。事故成因理论从各个不同的侧面揭示了事故的因果性，为人们有效地预防事故提供了依据。

事故成因理论的基本要点有轨迹交叉论、伤亡事故因果顺序、连续过程论、多重原因论、P 理论、能量转移论等。事故成因理论给电力企业安全管理的启示是研究事故的成因，进行卓有成效的预防，为企业提供解决安全管理问题的一把钥匙。必须以人为本来预防事故；要坚持综合治理，全面落实安全规章制度；要正确使用先进的安全装置，充分发挥其防护作用；管理者要提高自身的安全管理水平，做到科学管理。

(2) 权变理论。所谓权变，是指权宜和应变的意思。现代管理学中所指的权变管理是权宜管理与应变管理的合称，就是主张因人、因事、因时空条件、因目标需要而设置不同的管理内容，采取不同的管理方法，做到灵活机动，对症下药。换言之，也就是一切从实际出发，按照客观规律办事，避免主观臆想和武断。在企业安全管理中，由于不懂权变思想，不顾发展变化了的客观实际仍固守既定方案而导致事故发生的实例屡见不鲜。

(3) 安全技术。依据我国对技术的定义，可以把安全技术定义为：安全技术是为了实现安全生产而采用的工艺过程、作业程序、方法和手段。在电力系统中，安全技术主要是指应用自然科学理论及技术成果，结合电力生产实际转化成的工艺过程、作业程序、方法、手段和安全工具设备等。电力安全技术大部分体现在安全工作规程中。

安全技术的基本特点是：

1) 安全技术作为一种特殊的意识形式不能直接发挥作用，必须通过与生产工具设施和劳动者相结合才能发挥作用。

2) 安全技术与科学互为基础，特别是随着近代科学的兴起，使安全技术与科学之间的联系大大加强。基础科学的重大突破常常导致新的安全技术的产生和发展；而安全技术发展中所提出的大量新课题又推动着基础科学研究的发展。例如，有些单位采用的安全自动报警器，就是应用电脑控制理论研制出来的。

3) 安全技术是一个动态发展过程。无论是工艺过程、作业程序，还是安全操作方式方法，都不是一成不变的，而是随着人类认识的深化在不断地推陈出新，即不断地以新的工艺过程取代旧的工艺过程，以新的作业程序取代旧的作业程序，以新的操作方式方法取代旧的操作方式方法。

(4) 安全心理学。安全心理学是从人的心理原因上，研究预防事故规律的一门科学。安全心理学是打开安全管理行为奥秘之门的一把钥匙，学习和应用安全心理学是提高安全管理水平的有效途径。

(5) 团体力学理论。内聚力是企业良好的精神风貌的重要标志，也是做好安全管理工作的基本条件。要增强企业内聚力，使大家同心同德为加强企业安全基础而奋斗，就必须了解和掌握团体力学知识。团体力学是现代行为科学的一个分支，主要研究对象是团体内聚力的行为。在企业安全管理上，有无很强的内聚力非常重要，内聚力就像一只无形的手，驱动着每个职工团结一致、齐心合力地为实现企业的安全目标而奋斗。在考核企业安全管理状况时，也经常使用“内聚力”这个词。凡是内部团结好、工作协调的企业，便说其内聚力强，反之，内部一盘散沙，有令不行、有禁不止的企业，便说其内聚力差或缺乏内聚力。

(6) 协同理论。安全管理者的一项基本职责就是把职工组织起来，互相配合，协同工作，步调一致地争取实现安全生产。因此学习和掌握协同的原理是非常必要的。

(7) 管理艺术。管理艺术水平的高低直接影响安全管理的成效。所谓艺术，从领导工作的角度讲，是指富有创造性的方式或方法。管理艺术就是管理运用自己的科学知识、实践经验、聪明才智和胆识魄力，准确有效地处理管理问题的技巧和能力。有无高超的管理艺术是衡量管理者解决问题的熟练程度、工作水平和创造能力的重要标志。管理艺术和管理方法既有关系又有区别。

(8) 管理方法。管理方法是通向管理目标的桥梁。作为管理者，只有学习和应用反映管理活动规律的管理方法，才能实现安全管理的目标。任何管理职能的发挥或管理活动的开展，都必须以一定的管理方法作为工具和桥梁。管理方法是否科学、是否运用得当，直接影响着管理的成效。运用得当的科学管理方法，对管理效果能起到增力作用，反之，方法不科学，或者对科学方法使用不当，对管理效果则起到减力作用。

(9) 激励理论。调动职工做好安全工作积极性的手段很多，其中一个最起作用，也是常用的手段是激励。发放安全奖金是激励的一种必要方法，不是唯一的方法。要抓好企业安全管理，把大家的积极性和创造性激励或激发出来，管理者必须了解有关激励理论的常识。需要的复杂性决定激励的多样性，管理者要创造有利于调动职工安全生产内在动力的客观条件，也要制订安全目标，既要坚持标准又要考虑可能，以便形成更大的吸引力。对职工的行为及时作出评价，强化安全管理。

(10) 时间学理论。我们每天都工作在一定的时间和空间之中。恩格斯曾经指出："一切存在的基本形式是空间和时间，时间以外的存在和空间以外的存在，同样是非常荒诞的事情。"企业安全管理同样受到时间基本形式的支配。时间学理论对加强企业安全管理具有重要的指导意义：一是有助于探索发生事故的规律；二是有助于提高工作的时效性；三是有助于合理地安排职工的工作。

(11) 系统论理论。随着社会的不断进步，系统理论的内容也日益丰富，它所概括出来的基本原理，对加强企业安全管理工作很有指导意义。系统是有机整体，功能上不是简单相加，系统各要素之间具有相关性、有序性、动态性和开放性。这要求我们：①要用整体的观念观察、分析和处理问题，发挥安全管理活动的整体功能；②要用有序观念观察、分析和处理问题，实行标准化管理；③要用动态观念观察、分析和处理问题，使管理活动不断适应新形势的需要；④要用开放的观念观察、分析和处理问题，善于吸收新的知识和信息。

(12) 控制理论。所谓控制，是指施控者掌握住受控对象，不使其任意活动或超出范围，控制论是 20 世纪最伟大的理论成果之一。安全管理，实际上就是管理主体对管理客体实施控制，使其符合安全生产规范，达到安全生产的目的。作为管理者，经常采用的控制方式有预先控制、现场控制、事后控制、全面控制、最优控制等。只有学习和应用控制论，才能增强安全管理的效果。

(13) 我们处在信息社会，信息是安全管理不可缺少的资源和媒介。要有效地进行安全管理，就必须了解和应用信息论知识。安全管理信息的作用包括：①交流情况的作用，了解其他单位安全工作的经验和教训；②对被管理者施加影响和控制的作用；③事故预测和预防的依据作用；④传播新知识、新技术、新经验的作用。管理者要重视和正确应用安全管理信息：一要做有心人，广泛收集安全管理信息；二要提高安全管理信息传递的有效性；三要运用信息反馈原理，发挥安全管理信息的作用。

(14) 人的特性理论。要正确认识和处理安全管理者与被管理者的关系，应该学一些有关人的特性理论。企业安全管理必须体现职工的主动地位：一是在电力企业，安全管理者与被管理者的根本利益是一致的；二是管理者要破除“家长制”“一言堂”等领导方式，树立依靠职工搞好安全管理的观念；三是要把严格管理与耐心说服结合起来，确保安全措施落实；四是要实行正确的指挥，杜绝违章指挥；五是要正确地理解管理中的服从性和约束性，认真履行管理者的职责。

(15) 概率论理论。概率论产生于19世纪初，它指导人类从随机事件中建筑统计规律，帮助人们在纷繁的信息社会中借鉴过去，预测未来。安全管理亦应了解和掌握概率论，它有助于管理者用以分析违章和事故等随机事件，判定规律，明确其内在联系，预防不安全行为或事故的发生。

(16)“人-机-环境”系统理论。企业安全管理的客体主要是人、机器和环境。学习和运用“人-机-环境”系统知识，有助于认清发生在这一系统中事故的规律性及预防措施，从而对管理客体实施有效的影响和控制，使之处于安全状态。“人-机-环境”理论认为：①“人-机”系统能流向的可逆性理论，正常情况下外部能量通过生产过程做功而被消耗掉，异常情况下，外部能量一部分逆流于人体造成伤害现象；②“人-机”事故的主要诱因是人的失误；③“人-环境”系统事故的成因：一是“飞来”物体的突然伤害；二是存在粉尘、毒气、振动、高频、微波、放射线等环境的伤害。“人-机-环境”理论给企业安全管理的启示是必须加强对作业过程中人员、机器设备和环境的安全管理。

(17) 突变理论。突变理论是一门研究事物突变现象及其规律的科学。企业如何加强安全管理特别是如何预防事故，可以从突变理论中得到启发：一是要从企业实际需要出发，选择究竟是通过突变还是通过渐变来完成一项工作；二是要通过突变和渐变两种方式，促进职工增强安全观念；三是要控制得适度，防止根本性质变的发生。

(18) 权威理论。权威确定是管理者开展安全管理活动的必要条件，但如果对权威认识不清或滥用，也会影响安全管理的成效，因此有必要了解和掌握有关权威的知识。权威理论给企业安全的启示包括：①要全面理解管理中的权威因素；②要正确处理权威与自治的关系，两者要有机结合起来；③要正确处理各要素的关系，全面提高管理者的权威；④要从管理者和被管理者两方面着手，来形成安全管理权威。

(19) 预测理论。实践证明，生产事故是可以预测和预防的。而做到这一点，就必须学习和应用预测学知识，以增强安全管理工作的预见性和有效性。企业安全管理中预测的作用：①预测是决策的前提条件，对管理决策具有导向作用，在某种程度上决定着决策的方向性和正确性；②预测是积极预防的基本环节，以便把工作做在前面，创造安全条件以铲除不安全因素。企业安全管理预测多达150种方法，如预兆预测法、特尔斐预测法、趋势外推预测法、数理统计预测法等。

7.5 电力事故管理

为了对用电事故及时调查处理，凡用户发生影响系统跳闸、主设备损坏等重大用电事故时，应立即向当地电力部门用电监察机构报告。若同时发生人身触电伤亡，则还应向当地安全生产监察机构报告。这些机构必须迅速派出有经验的人员赶赴现场，首先协助用户处理事故，防止事故进一步扩大，并实事求是、严肃认真地进行事故调查分析，总结经验，吸取教训，研究发生事故的原因及防止再发生的对策，协助用户不断提高安全用电水平。

调查分析事故必须做到“四不放过”：即发生事故后，事故原因不清楚不放过；事故责任者和应受教育者没有受到教育不放过；没有采取防范措施不放过；事故责任者没有受到处罚不放过。

7.5.1　用电事故的分类

用电事故的分类方法繁多，可分别按事故原因、事故后果和事故责任等加以分类。下面仅从事故产生的后果出发，把用电事故大致划分为以下四种。

1. 用户影响系统事故

由于用户内部原因造成对其他用户断电或引起系统波动而大量减负荷，称为用户影响系统事故。如公用线路上的用户事故，越级使变电站或发电厂的出线开关跳闸，造成对其他用户的断电。

另外，专线或公用线路上的用户事故，造成系统电压大幅度下降或给系统造成其他影响，致使其他用户无法正常生产，被迫大量停车减载，无论是否越级跳闸，均为用户影响系统事故。

下列情况不作为用户影响系统事故：

(1) 线路开关跳闸后，经自动重合闸良好者或停用自动重合闸的开关跳闸后，3min 内强送良好者。

(2) 用户专用线或专用设备，由于用户过失造成供电中断，或由于用户过失引起对其他转供电用户少送电。

(3) 20kV 以下的用户配电变压器高压侧保险熔断或开关跳闸。

2. 用户全厂停电事故

由于用户内部事故的原因造成用户全厂停电，称为用户全厂停电事故。

两路电源供电的用户，其中一路因事故停电，而另一路正常供电者，不作为用户全厂停电事故；如两路电源供电，其中一路为备用，当主送电源因事故停电，备用电源及时投入恢复供电，而未影响生产者，不作为用户全厂停电事故；若其中一路为保安电源，虽及时投入，但引起生产停顿者，作为用户全厂停电事故。一个工厂的车间分散于不同地点，由供电部门分别供电者，应以供电部门的分户为计算单位。

3. 用户主要电气设备损坏事故

因用户内部事故造成一次电压在 6kV 及以上的主要电气设备损坏（如变压器、高压电机及其他高压配电设备等），无论是否影响生产，均作为用户主要电气设备损坏事故。

4. 用户人员触电死亡事故

除电力部门以外的人员，由于触及产权属于用户的电气设备和电气线路而造成的死亡，无论造成触电的原因如何及责任所属，均应作为用户人员触电死亡事故。

7.5.2　用电事故的调查

进行事故调查的人员到达事故现场后，应首先听取当值人员或目睹者介绍事故经过，并按先后顺序仔细地记录有关事故发生的情况。然后对照现场，仔细分析并判断当事者的介绍与现场情况是否吻合，不符之处应反复询问、查实，直至完全清楚为止。当事故的整个情况基本清楚后，再根据事故情况进行调查。

1. 事故现场调查

现场调查的项目内容应根据事故本身的需要而定，一般应进行以下调查：

(1) 调查继电保护装置动作情况，记录各开关整定电流、时间及保险熔体残留部分的情况，判断继电保护装置是否正确动作，从保险熔体的残留部分可估计出事故电流的大小，判断是因过负荷或是短路引起等。

(2) 查阅用户事故当时的有关资料，如天气、温度、运行方式、负荷电流、运行电压、周波及其他有关记录；询问事故发生时现场人员的感觉（声、光、味、震动等），同时查阅事故设备及与事故设备有关的保护设备（继电器、操作电源、操作机构、避雷器和接地装置等）的有关历史资料，如设备试验资料、缺陷记录和检修调整记录等。

(3) 调查事故设备的损坏部位及损坏程度，初步判断事故起因并将与事故有关的设备进行必要的复试检查，如用户事故造成越级跳闸，应复试用户总开关继电保护装置整定值是否正确、上下级能否配合及动作是否可靠；发生雷击事故时，应复试检查避雷器的特性、接地线连接是否可靠，测量接地电阻值等。通过必要的复试检查，可排出疑点，进一步弄清情况。

(4) 对于误操作事故，应调查事故现场与当事人的口述情况是否相符并检查工作票、操作票及监护人的口令是否正确，从中找出误操作事故的原因。

2. 事故调查必须明确的事项

进行事故调查必须弄清楚和明确下列各项：

(1) 事故发生前设备和系统的运行状况。

(2) 事故发生的经过（发生和扩大）和原因调查及事故处理情况。

(3) 指示仪表、保护装置和自动装置的动作情况。

(4) 事故开始停电时间、恢复送电时间和全部停电时间。

(5) 损坏设备的名称、容量和损坏程度；如为人身触电事故，应查清触电者的姓名、年龄、工作岗位。

(6) 规程制度及其在执行中存在的问题。

(7) 管理制度和业务技术培训方面存在的问题。

(8) 设备在检修、设计、制造、安装质量等方面存在的问题。

(9) 事故造成的损失，包括停止生产损失和设备损坏损失。

(10) 事故的性质及主要责任者、次要责任者、扩大责任者以及各级领导在事故中的过失和应负的责任。

3. 事故调查中的安全措施

调查人员在事故现场应注意以下事项：

(1) 首先应防止事故的进一步扩大，指导和协助用户消除事故并解除对人身和设备的危险，同时尽快恢复正常供电。

(2) 严禁情况不明就主观臆断和瞎指挥，不得代替用户操作。用户处理不力和产生错误时，只能向值班人员提出建议或要求暂停操作，说明情况，统一认识，必要时应请示领导解决。

(3) 严禁对情况不明的电气设备强送电。

(4) 严禁移动或拆除带电设备的遮拦，更不允许进入遮拦以内。

(5) 应与电力调度部门密切联系，及时反映情况。

4. 事故分析

在弄清楚现场基本情况，进行了事故的鉴定试验并恢复用户正常供电后，应将收集到的有关资料，包括记录、实物、照片等加以汇总处理，然后同用户有关人员一起进行研究分析。

事故分析一定要有供电部门代表、发生事故的现场负责人、见证人、企业领导和电气技术负责人参加，必要时邀请有关制造厂家、安装单位、国家安全生产监察单位、公安部门和法医等专业人员参加。对用户引起的系统大事故应有供电部门总工程师主持事故分析会。事故分析要广泛听取各方面的意见，多方面探讨，实事求是，严肃认真，最后使调查情况、实物对照、复试结果等统一起来，找出事故原因。

事故原因清楚后，还要查明事故责任者，在事实清楚的基础上，通过批评和自我批评，教育其本人，并提高大家的认识。对于任意违反规章制度，不遵守劳动纪律，工作不负责任，以致造成事故或扩大事故者，应视情况严肃处理。对有意破坏安全生产，造成用电事故者，要依法惩办。

在明确事故责任者时，反对单位领导一揽子承担，要通过分清事故责任，检查职责分工是否明确、岗位责任制是否落实，以达到事故责任者和其他有关人员共同受教育的目的。

7.5.3　用电事故的处理

在调查分析用电事故、弄清楚事故原因的基础上，要制定切实可行的防范措施。措施要具体并应有负责实施的部门和经办人以及完成的期限。由于违反操作规程等引起误操作的事故，还应对电气工作人员制订技术业务培训计划和实施的具体内容并定期测验或考核。

同时，用户对发生的四种用电事故要及时填写报告，一式三份，一份报当地电力部门的用电监察机构，一份报用户主管部门，一份用户存查。

用电监察人员每进行一次用电事故调查后，除用户填写的事故报告外，自己还要完成有关事故调查的书面详细报告，其内容包括现场调查的全部资料和事故分析会决定的事项以及今后开展安全用电工作的建议。

事故报告和调查报告应妥善保存，作为今后事故统计和典型事故分析的依据。

用电监察机构应由专业技术人员定期对本地区用电事故进行分类综合，以研究分析各类用电事故的动态和发展趋势，掌握各类用电事故发生的规律性和特点，提出针对性的防范措施和反事故对策，指导本地区安全用电工作的开展。同时，指导本地区按季节特点制订反事故措施。

电业部门多年来所实行的电气反事故措施，实践证明是一项行之有效的、保证安全发电、供电、配电的重要工作，它符合全面质量管理的基本核心与基本特点。众所周知，作为一种先进的企业管理方法，全面质量管理最先起源于美国，后来一些工业发达国家开始推行，20 世纪 60 年代后期日本对此又有了新的发展。它的基本核心是强调提高人的工作质量保证和提高产品质量，达到全面提高企业和社会经济效益的目的。其基本特点则是从过去的事后检验和把关为主转变为以预防和改进为主，从管结果变为管因素，查出并抓住影响质量的主要因素，发动全员采用科学管理的理论与方法，使生产的全过程都处于受控制状态。所以，电业的“反事故措施”同样也适用于各工厂企业，尤其是其具体管电部门。

参 考 文 献

[1] 吴新辉，汪祥兵．安全用电［M］. 北京：中国电力出版社，2012.
[2] 苏景军，薛婉瑜．安全用电［M］. 北京：中国水利水电出版社，2004.
[3] 洪雪燕，林建军，王富勇．安全用电［M］. 北京：中国电力出版社，2005.
[4] 曾小春，吕铁梅．安全用电［M］. 北京：中国电力出版社，2014.
[5] 朱照红．企业供电系统与安全用电［M］. 北京：机械工业出版社，2010.
[6] 才家刚．电力施工及用电安全口诀［M］. 北京：机械工业出版社，2011.
[7] 岳永铭．施工现场临时用电安全要点 200.［M］. 北京：机械工业出版社，2012.
[8] 李良洪，郭振东．电工安全用电［M］. 北京：电子工业出版社，2015.
[9] 朱坚儿．安全用电［M］. 北京：电子工业出版社，2014.